U0160288

·岩土多场多尺度力学丛书·

盐分环境人工软黏土工程性质与宏微观行为

邓永锋　张彤炜　谈云志　著

科学出版社

北京

内 容 简 介

本书着眼于近岸环境中，孔隙水盐分对不同矿物构成的软黏土工程性质的影响机制尚不明晰这一问题，开展孔隙水盐分对人工软黏土物理-力学性质的影响规律和宏微观机制研究，是作者团队近年来在该方面最新研究成果的总结。全书包括 5 章，在介绍黏土矿物的物理化学性质和海相黏土形成过程的基础上，重点展现盐分环境中人工软黏土的水理性质、固结特性、强度特性和本构模型 4 个方面的研究进展。

本书适合岩土工程及相关领域研究工作者阅读和参考。

图书在版编目（CIP）数据

盐分环境人工软黏土工程性质与宏微观行为/邓永锋，张彤炜，谈云志著.
—北京：科学出版社，2021.6
（岩土多场多尺度力学丛书）
ISBN 978-7-03-069081-4

Ⅰ.① 盐… Ⅱ.① 邓… ②张… ③谈… Ⅲ.① 软粘土-研究 Ⅳ.① TU447

中国版本图书馆 CIP 数据核字（2021）第 111717 号

责任编辑：孙寓明/责任校对：高　嵘
责任印制：彭　超/封面设计：苏　波

科 学 出 版 社 出版
北京东黄城根北街 16 号
邮政编码：100717
http://www.sciencep.com

武汉中远印务有限公司印刷
科学出版社发行　各地新华书店经销
*
开本：B5（720×1000）
2021 年 6 月第 一 版　　印张：15 3/4
2021 年 6 月第一次印刷　　字数：315 000
定价：**158.00** 元
（如有印装质量问题，我社负责调换）

作 者 简 介

邓永锋，男，1978 年出生，福建清流人，博士，东南大学教授、博士生导师。1999 年 7 月毕业于重庆交通大学港口与航道工程专业，获工学学士学位。2002 年 3 月毕业于东南大学岩土工程专业，获工学硕士学位。2005 年 6 月毕业于东南大学道路与铁道工程专业，获工学博士学位，并获得 2007 年度江苏省优秀博士学位论文。围绕"软土工程学"这个主题，重点开展地质环境变迁过程中土体工程特性演化、特殊土改性与地基处理和土工测试技术与地下结构工程三个方向的研究。目前主持科技部重点研发计划项目课题 1 项，国家自然科学基金项目 4 项、其他省部级以上项目 10 余项。在 *Canadian Geotechnical Journal, Soils and Foundations, Engineering Geology* 等期刊上发表 SCI 论文 40 余篇，EI 论文 80 余篇，授权国家发明专利 10 余项。

张彤炜，男，1983 年 10 月出生，河南省鹤壁市人。2002~2006 年毕业于中南大学城市地下空间工程专业，获学士学位；2006~2009 年毕业于中南大学岩土工程专业，获工学硕士学位；2013~2017 年毕业于东南大学岩土工程专业，获工学博士学位。2014~2015 年，受国家留学基金管理委员会资助，赴法国国立路桥学院博士联合培养。2017 年 7 月至今选留兰州大学土木工程与力学学院工作。主要研究工作方向：①包气带土体中应力-水分-溶质的互馈机制；②基于地质聚合物的特殊土绿色改良方法。作为项目负责人承担国家自然科学基金青年基金、中国博士后科学基金面上项目、国家电网公司系统科学技术项目、中央高校基本科研业务费专项资金项目、甘肃省自然科学基金面上项目等 9 项科研项目。近 5 年发表 SCI、EI 收录论文 18 篇，其中第一作者论文 14 篇。2019 年获

得东南大学优秀博士学位论文称号。中国岩石力学与工程学会环境岩土工程分会青年工作委员会委员、中国地质学会工程地质专业委员会青年工作委员会会员、国际工程地质和环境协会（IAEG）会员。

谈云志，男，1979年9月出生，湖北阳新人，博士，教授，博士生导师，三峡大学首届"青年拔尖人才培育计划"入选者。中国土木工程学会非饱和土与特殊土专业委员会委员、中国土木工程学会土力学及岩土工程分会青年工作委员会委员，中国工程地质专业委员会青年工作委员会委员，湖北省岩石力学与工程学会青年工作委员会副主任委员。2003年本科毕业于武汉工程大学工业与民用建筑工程专业；2006年硕士毕业于三峡大学防灾减灾及防护工程专业；2009年博士毕业于中国科学院武汉岩土力学研究所工程力学专业，从事特殊土力学方面的研究；2009年至今，在三峡大学继续从事非饱和土力学方面的应用研究与相关教学工作。近年来，主持国家自然科学基金青年项目、国家自然科学基金面上项目、湖北省自然科学基金等20余项。近5年来，以第一作者或通讯作者公开发表论文40余篇，出版学术专著2部，申请专利12项。另外，获得湖北省科学技术进步奖二等奖1项（排名第1）、宜昌市青年科技奖1项（排名第1）、湖南省科学技术进步奖二等奖1项（排名第9）、中国公路学会科学技术奖二等奖1项（排名第6）、湖南省自然科学优秀学术论文二等奖1项（排名第3）。2013年、2014年、2015年和2017年获三峡大学优秀硕士论文指导老师称号，2014年和2015年获湖北省优秀硕士论文指导老师称号。

"岩土多场多尺度力学丛书"编委会

"岩土多场多尺度力学丛书"序

　　为了适应我国社会、经济与科技的快速发展，深部石油、煤炭和天然气等资源的开采，水电工程 300 m 级高坝、深埋隧洞的建设，高放核废料的深地处置、高能物理的深部探测等一系列关乎国计民生、经济命脉和科技制高点的重大基础设施建设正紧锣密鼓地开展。随着埋深的增大，岩土工程建设中的多场（地应力、动载、渗流、温度、化学条件等）耦合效应与多尺度（微观、细观、宏观及工程尺度）特性更加突出和复杂。例如，天然岩体是完整岩石与不同尺度的节理/裂隙等不连续系统组成的复合介质，具有非均匀性、非连续性、非弹性等特性，其力学行为具有显著的多尺度特性。岩石的微观结构、微裂纹之间的相互作用、孔隙和矿物夹杂均影响着岩石细观裂隙系统的演化，而裂隙的扩展和贯通与宏观上岩石的损伤和破坏密切相关，也决定了工程尺度上的岩体稳定性与结构安全性。因此，研究岩土多尺度力学特性不仅对岩土工程建设至关重要，同时可以促进岩土力学研究向理论化与定量化方向发展。近年来，岩土微观与细观实验技术与几何描述方法、细观力学损伤模拟方法、从细观到宏观的损伤模拟方法等细-宏观等效研究方法已基本确立了细观到宏观尺度上的沟通桥梁。但这还不够，建立微观-细观-宏观-工程尺度上系统的分析方法才能全面地处理好工程建设中复杂的岩土力学问题。大型岩土工程建设还普遍涉及复杂赋存环境下岩土体的应力和变形、地下水和其他流体在岩土介质中的运动、地温及化学效应直接或间接的相互作用及相互影响。以岩土渗流与变形耦合作用为例，渗流是导致岩土介质及工程构筑物发生变形和破坏的重要诱因，国内外因渗控系统失效导致的水库渗漏、大坝失稳与溃决、隧洞突涌水等工程事故屡见不鲜。渗透特性具有非均匀性、各向异性、多尺度特性和演化特性等基本特征，揭示岩土体渗流特性的时空演化规律是岩土体渗流分析的基础，也是岩土工程渗流控制的关键问题。因此，对于处于复杂地质条件和工程环境中的岩土体，揭示其多场耦合条件下多尺度变形破坏机理、流体运移特征、结构稳定性状态及其演化规律是保证岩土工程安全建设与运行的重中之重。

　　近年来，岩土多场多尺度力学研究领域成果丰富，汇聚了 973、863、国家自然科学基金项目以及其他重大科技项目的科研成果，试验和理论研究成果也被进一步广泛应用于重大水利水电工程、核废料处置工程及其他工程领域中，取得了显著的社会效益和经济效益。在此过程中，我们也欣喜地看到，岩土多尺度、多场耦合理论体系在与工程地质、固体力学、流体力学、化学与环境、工程技术、计算机技术、材料科学、测绘与遥感技术、理论物理学等多学科不断融合的基础上日趋完善。更振奋人心的是，越来越多的中青年学者不断投身其中，推动该研究领域呈现出生机勃勃的发展态势。"岩土多场多尺度力学丛书"旨在推介和出版上述领域的相关科研成果，推进岩土多场多尺度力学理论体系不断发展和完善，值得期待！

"岩土多场多尺度力学丛书"涉及近年来在该领域取得的创新性研究成果，包括岩土力学多场多尺度耦合基础理论、多场多尺度岩土力学数值计算方法及工程应用、岩土材料微观细观宏观多尺度物理力学性能研究、岩土材料在多场耦合条件下的理论模型、岩土工程多场耦合计算分析研究、多场耦合环境下岩土力学试验技术与方法研究、复杂岩土工程在多场耦合条件下的变形机制分析以及多尺度、多场耦合环境下的灾害机制分析等方面的内容。

相信在"岩土多场多尺度力学丛书"的各位编委和全体作者的共同努力下，这套丛书能够不断推动岩土力学多场耦合和多尺度分析理论和方法的完善，全面、系统地为我国重大岩土工程解决"疑难杂症"。

2018 年 11 月

前　言

　　我国沿海地区分布着大量厚层湖相及海相软黏土，具有高含水率、低强度、高压缩性和低渗透性的特征。在软黏土地区修建的建筑、铁路和高速公路，国内、国外都曾出现过地基沉降过大、桥头错台、路基开裂、路基滑移等问题，直接影响到人民的生命和财产安全。例如：1987 年 3 月竣工的陇海铁路线徐州至连云港段，至 1998 年 12 月底路基中心最大沉降达到 2.68 m；2002 年 10 月开工的长江口深水航道治理二期工程，在 12 月第一次寒流大潮风浪作用下，沉箱发生最大 4 m的突然沉降；2004 年新加坡地铁循环线 Nicoll 大道正在施工的地铁基坑突然倒塌，造成 4 人死亡，3 人受伤，现场留下一个宽 150 m、长 100 m、深 30 m 的塌陷区。以上工程事故均与海相软黏土的工程性质相关，因此，海相软黏土的研究对我国沿海地区的工程建设具有重要的现实意义。

　　经过多年的工程实践与研究，工程界和学术界提出土-水-力的相互作用是影响软黏土工程性质的重要原因，而土体盐分也会对这一作用产生不同程度的影响。从 20 世纪 60 年代开始，在关于挪威和瑞典高灵敏度黏土及日本左贺地区的有明黏土的研究中，开始关注盐分敏感性的黏性土。进入 21 世纪，孔隙水的化学成分和力的耦合作用在岩土工程研究中日益得到重视。例如：使用黏土隔离墙或防渗层对污染土隔离和核废料深埋处置时均需考虑孔隙水盐分效应；在天然场地中，盐分变化对一些盐渍化土的力学性质的影响也越来越引起关注。

　　为了更加深入地应对基础设施建设中出现的软黏土问题，在众多研究的基础上，本书汇总了作者团队的最新研究成果，从内部矿物成分、孔隙水盐分在软黏土物理力学特性中所起的作用这一角度出发，主要面向以下问题。

　　（1）海相软黏土中黏土矿物构成存在明显的区域差异，如我国东部沿海地区的蒙脱石含量沿海岸线自北向南规律性变化。为此，本书主要关注盐分环境对不同矿物构成的人工软黏土工程性质的影响规律，以期从主要控制机理的角度，探究近海（岸）基础设施的长期性状。

　　（2）主要关注饱和人工软黏土的变形、强度和渗透等工程特性，如压缩指数、回弹指数、次固结系数、固结系数、临界状态应力比、屈服应力等。

　　（3）对软黏土的颗粒形态、颗粒粒径和孔径分布的变化进行调查，在胶体化学、黏土矿物学等基础科学的认知基础上，探究盐分引起的土体内部结构的变化，从而进一步从微观角度明晰盐分环境对人工软黏土宏观行为影响的内在机制。

（4）基于三轴力学试验和常规土工试验参数，在目前土力学体系的基础上，建立参数较少的简易本构模型，同时能考虑盐分的变化。

本书研究内容在国家自然科学基金面上项目（51378117）、国家重点研发计划项目（2019YFC1806004）、国家自然科学基金青年基金项目（41807225）和中国博士后科学基金面上基金（2019M653791）资助下得以开展。感谢东南大学道路交通工程国家级实验教学示范中心、江苏省城市地下工程与环境安全重点实验室、兰州大学西部灾害与环境力学教育部重点实验室、兰州大学土木工程与力学学院等单位在研究工作开展中提供的试验条件和人才方面的大力支持。

由于成稿时间有限，书中难免存在疏漏之处，有些问题仍待进一步深入研究，不足之处恳请读者来函指正！

作　者
2020 年 9 月 14 日于南京

目 录

第1章 绪 论

1.1 研究背景及必要性

1.1.1 研究背景

江苏沿海地区处于我国沿海、长江和陇海兰新线三大生产力布局主轴线的交会区域，包括连云港、盐城和南通三市所辖全部行政区域，陆域面积 3.25 万 km²，海岸线长 954 km，地区生产总值和人均地区生产总值高于全国平均水平。根据《江苏省国民经济和社会发展第十三个五年规划纲要》，江苏沿海区域再次进入开发高潮，江苏北部地区的高速公路及各种类型的工业民用建筑的建设日趋增多，而这些构筑物常常不得不建于不良软黏土地基上。在这一地区修建的铁路和高速公路，都曾出现过路基沉降过大、桥头错台、路基开裂、路基滑移等问题[1-3]。因此，该地区海相软黏土的研究对我国沿海地区的工程建设具有重要的意义。

海相软黏土广泛分布于世界各地，北美大陆海相黏土以加拿大尚普兰湖软黏土（Champlain clay）为代表[4]，挪威和瑞典高灵敏度黏土（quick clay）是北欧大陆颇具代表性的软黏土[5]，亚洲地区较为常见的有日本左贺地区的有明黏土（Ariake clay）[6]、新加坡软黏土、泰国曼谷软黏土[7]及中国东南沿海地区海相黏土等[8]。易敏和章定文[9]调查了江苏北部海相软黏土的基本物理力学指标分布特征、抗剪强度特性、固结变形特性及蠕变特性，研究发现以连云港为代表的海相软黏土具有高含水率、高液限、低强度、高压缩性、高灵敏度、低渗透性等特点，含水率（$w = 37.1\% \sim 87.4\%$）、孔隙比（$e = 1.041 \sim 2.173$）、液限（$w_L = 28.4\% \sim 66.7\%$）、压缩系数（$a_{1-2} = 0.4 \sim 2.88\ \text{MPa}^{-1}$）都比大部分沿海软黏土高，因此江苏北部海相软黏土的压缩沉降量大，排水固结缓慢，地基稳定性差。江苏北部海相软黏土，以连云港地区为代表，具有蒙脱石族矿物含量高、孔隙水盐分浓度高的特点，可能是其工程性质与一般黏性土具有一定差异的原因。

我国海相软黏土大多数形成于第四纪全新世以后，受多次海侵、海退的影响，形成以滨海相沉积为主的淤泥、淤泥质地层[8]。江苏连云港位于鲁中南丘陵与淮北平原的结合部，整个地势自西北向东南倾斜，平均海拔 1～4 m，密布大中小河流和渠道,在地质历史中广泛沉积了一层灰-灰绿色流塑淤泥及淤泥质黏土的软黏土[9]。距今 6 000 年前,海岸线位置基本与现在一致,此后的海侵使海岸线向内陆推进,距今 5 000 年前达到灌云、阜宁、盐城一线,开始了海相黏土层的底部沉积。随着海岸线向内陆推进,沉积环境由陆相沉积转变为海滩沉积后,继而转变为浅海沉积。海滩沉积以砂为主,石英、长石等大颗粒原生矿物为主要代表。随着海水逐渐变深,陆源碎屑物搬运到此处的距离加大,沉积颗粒逐渐变细,且黏土矿物含量逐步增加,最后形成以黏土沉积为主的海相软黏土层,沉积过程如图 1.1 所示。最终,随着第四纪新构造运动、河流作用、海侵地质作用形成了一层广泛分布的典型的以海积作用为主,以冲海积、残坡积为辅的软黏土层,其典型地质纵断面如图 1.2 所示,包括硬壳层、软土层和下卧层(亚黏土夹粉砂)。

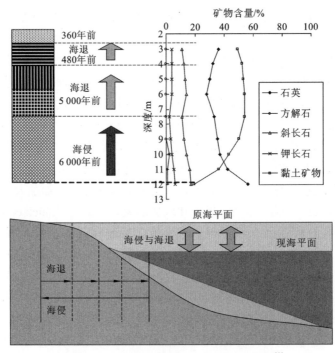

图 1.1 连云港海相软黏土沉积过程示意图[8]

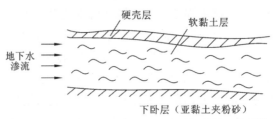

图 1.2 连云港软黏土典型工程地质纵断面示意图[9]

李国刚[10]使用 X 射线衍射的方法分析了中国近海表层沉积物中黏土矿物的组成和分布，其中蒙脱石含量如图 1.3（a）所示。从图 1.3（a）可以分析得出，距离海岸线越远，蒙脱石含量越低，江苏地区近海表层沉积物中蒙脱石族含量在 18%以上。许多学者对江苏沿海黏土的矿物构成和来源进行了研究，结果一致认为苏北沿海主要黏土矿物为伊利石、蒙脱石、高岭石和绿泥石，与海区黏土矿物相似，并得到相似的变化趋势[11-16]。根据黏土矿物的变化趋势，我国东部沿海可划分为北、中、南三个沉积区：北部古黄河口外区伊利石和蒙脱石含量相对高，蒙脱石含量为 21%~22%；中部为辐射状沙脊群区，沉积物多是粗粒径的细砂和粉砂，蒙脱石含量为 8%~18%；南部为长江北口至辐射状沙脊群以南，高岭石含量较高，蒙脱石含量最低，为 5.18%，整体蒙脱石矿物含量由北向南逐渐减少。根据我国沿海地区矿物成分的变化特征，有必要对不同矿物构成的黏性土进行研究，以探究其工程性质的差异及矿物成分在其中所起到的作用。

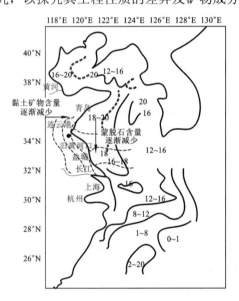 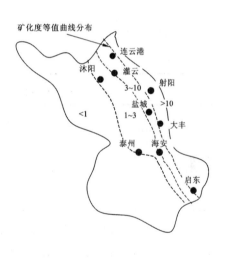

（a）沿海细粒沉积物中蒙脱石含量[13]（单位：%）　　（b）矿化度等值曲线[17]（单位：g/L）

图 1.3　黏土矿物和地下水矿化度分布

根据《江苏省水文地质图》获得的矿化度等值曲线[图 1.3（b）]显示，距离海岸线越近，矿化度越高，孔隙水中的可溶盐中以 NaCl 为主。邓永锋等[18]对距海岸线不同距离处的两条公路（连临高速公路与临海高等级公路）进行多孔原位勘察和测试，并选取离海岸线 50 m 处和离海岸线 30 km 处两个取样点，分析两个场地 5 m 深度处土体的离子浓度等主要参数。表 1.1 是取样点的土体物理性质对比，结果表明两者基本物理性质相近，孔隙比大于 1.5，且含水率基本大于液限。

表 1.2 是两个取样点土体矿物成分 X 射线衍射（X-ray diffraction，XRD）的半定量分析结果，从总矿物和黏土成分分析，取样点土体的次生矿物以伊蒙混层为主，分别占 20% 和 30%。对两个取样点的土样孔隙水进行取样分析，见表 1.3。结果表明孔隙水化学成分以 Na^+ 和 Cl^- 两种离子为主，1#点位孔隙水的总含盐量为 4.9%，而 2#点位孔隙水的总含盐量约为 0.09%，二者含盐量差值接近 50 倍。

表 1.1　取样点的土体物理性质[18]

编号	含水率/%	液限/%	塑限/%	比重/(kN/m^3)	孔隙比
1#	54.7～65.4	51.4～73.9	25.3～29.3	16.2～16.9	1.51～1.84
2#	67.5～79.6	64.2～79.6	29.4～33.8	14.8～15.9	1.79～2.11

表 1.2　取样点的土体矿物成分[18]

编号	总矿物成分含量/%					黏土成分含量/%			
	石英	长石	斜长石	方解石	黏粒	伊利石	高岭石	绿泥石	伊蒙混层
1#	23.2	4.1	15.6	1.5	45.0	29.0	13.0	14.0	44.0
2#	30.0	4.0	13.0	—	53.0	32.0	5.0	6.0	57.0

表 1.3　取样点的孔隙水化学成分[18]

编号	离子浓度/(g/L)					总含盐量/%
	SO_4^{2-}	Cl^-	Ca^{2+}	Mg^{2+}	Na^+	
1#	3.51	25.53	0.57	2.1	14	4.9
2#	0.01	0.37	0.03	0.02	0.45	0.09

通过孔压静力触探试验（piezocone penetration test，CPTU）将两个点位的 1.5～10.5 m 对应深度的净锥尖阻力（q_t）、侧壁摩阻力（f_s）、孔压（u_2）、摩阻比（f_s/q_t）和孔压系数（B_q）进行对比，如图 1.4 和图 1.5 所示。结果表明 1#点位的净锥尖阻力、孔压和孔压系数较 2#点位的大，侧壁摩阻力与摩阻比则正好相反。根据任美锷[13]和叶青超[19]对该地区沉积历史的研究，临海高等级公路所在区域成陆较晚，但试验结果却表明后成陆处软黏土的强度较先成陆的地区大，且天然含水率、液限与含水率的比值、矿物成分（伊蒙混层为主）含量等都较为接近。经过多种因素比对，推测孔隙水盐分变迁是导致土体工程性质差异的原因，因而盐分引起的黏性土力学性质的改变也越来越受到学术界的关注。

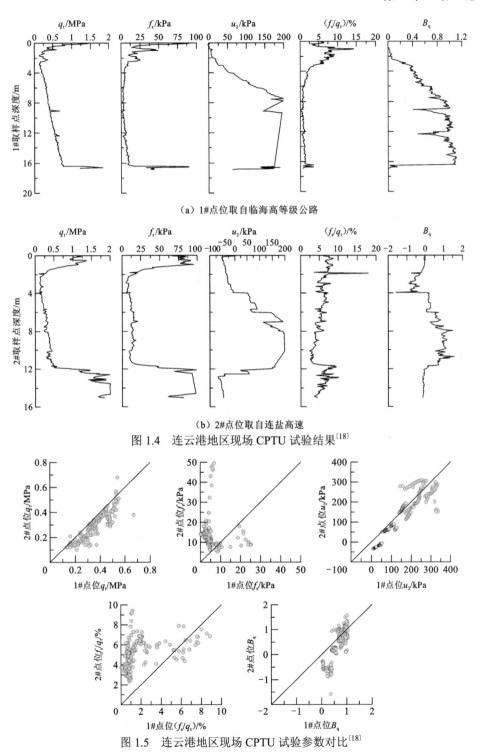

（a）1#点位取自临海高等级公路

（b）2#点位取自连盐高速

图 1.4 连云港地区现场 CPTU 试验结果[18]

图 1.5 连云港地区现场 CPTU 试验参数对比[18]

1.1.2 研究的必要性

目前，孔隙水的化学成分和力的耦合作用在岩土工程研究中日益引起重视，如使用黏土隔离墙或防渗层对污染土隔离和核废料深埋处置时均需考虑孔隙水盐分效应[20]。在地基基础的建设过程中，盐分变化对一些特殊土的工程性质的影响越来越引起关注，以湿陷性黄土为例，黄土中存在大量可溶盐，当黄土的含水率较小时，易溶盐处于微晶体状态，附着在土颗粒表面，起到一定的胶结作用，受水浸湿后，易溶盐溶解，这部分结构强度消失，土体产生湿陷[21]。对于由工矿业的污染和海水入渗形成的盐渍土，土中含盐量增加，则液塑限降低，工程性质发生改变；同时盐渍土在盐分较高时，具有较高的强度，但盐分溶脱后，强度降低[22]。工程设计一般依据现有盐分状态下土样指标或原位测试指标，并未考虑盐分变化使土体工程性质产生变异有可能为工程带来潜在的危害，如边坡失稳、地基承载力降低、变形或差异变形加大等。加拿大和瑞典等地学者通过现场调研，报道了盐分变化后软黏土地基上的公路变形加大、边坡失稳等现象[6,22]。海水具有较高的盐分，在高盐分环境下细颗粒的沉积呈絮凝结构[23]，同时沉积的速度较快，形成了高压缩性和高灵敏度的特点。Bjerrum[24]提出由于人类活动和降雨，高盐分的黏土在缓慢的淋滤作用下，孔隙水盐分逐渐变淡，从而引起抗剪强度的降低和灵敏度的升高，形成了北欧大陆的高灵敏度黏土，主要过程如图 1.6 所示。

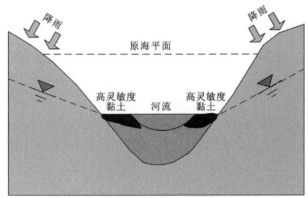

图 1.6 海相黏土淋滤过程示意图[24]

要解决江苏北部地区基础设施建设中出现的相关问题，就必须对矿物成分、孔隙水盐分在软黏土物理力学特性中所起的作用有一个全面系统的认识，而目前国内关于盐分对不同矿物构成的黏性土的物理力学行为和本构关系的系统研究较少。因此，开展孔隙水盐分对黏土与黏土矿物的化学作用机理的研究，明晰盐分浓度、矿物成分与土体物理性质、固结压缩特性和抗剪切强度的关系，具有重大的意义。

开展围绕孔隙水盐分与黏土矿物的相互作用机理的研究，需要解决如下问题。

（1）孔隙水盐分对人工软黏土物理性质的影响机理。土的物理性质，如矿物组成、颗粒粒径、结合水能力（界限含水率）、沉积形成的结构性等，代表颗粒（固相）的基本性质。了解孔隙水盐分（液相）对颗粒（固相）的影响规律和内在机理，是研究土体力学性质的前提。

（2）孔隙水盐分对人工软黏土压缩-固结特性的影响规律。Burland[25]曾指出，重塑土的压缩和强度是解释天然沉积土相应特性的基本前提和参考。重塑土的特性可以认为是土的固有特性，因为其独立于土的天然状态，而土的固有特性是研究天然沉积软黏土的结构及原位特性的基础。压缩特性代表土体在外力作用下的变形，固结特性代表土体变形随时间的变化。因此，研究孔隙水盐分对不同矿物的重塑黏土的压缩-固结特性，可以为进一步加深对海相软黏土长期变形的认识提供试验数据和理论依据。

（3）孔隙水盐分对人工软黏土强度特性的影响规律。土体的强度是岩土工程面对的主要问题，根据临界状态理论，软黏土的临界状态参数决定土体的塑性变形和抗剪强度，进而影响地基和边坡等工程的稳定性。因而，需要开展偏应力状态下，孔隙水盐分对土体临界状态参数的影响研究，预测盐分环境变迁对工程稳定性造成的潜在危害。同时，需要观察盐分对土体微观结构的影响，进而揭示盐分对强度作用的微观机理。

（4）考虑孔隙水盐分作用的软黏土本构模型。本构模型是土的基本应力应变关系，可以描述土体的硬化规律、屈服应力和临界破坏状态等。建立考虑盐分作用的软黏土本构模型，是对试验数据和理论分析的系统总结，为解决工程实际问题提供方法。

因此，为了系统地认知盐分对不同矿物成分构成的黏性土物理性质、压缩-固结特性、强度特性作用的规律和机理，获得盐分效应的宏观表征方法，建立考虑孔隙水盐分作用的本构模型。本书开展孔隙水盐分浓度对不同矿物成分的人工软黏土的工程性质影响的试验和理论研究，研究成果可以为进一步加深对海相软黏土力学行为的认识提供试验数据和理论依据，进而预测在气候和地质环境的变迁下，由盐分运移引起的基础设施的长期变形和稳定性，预测现有设计指标下工程潜在的危害。

1.2 黏土矿物学概述

1.2.1 黏土与黏土矿物

深入研究黏土力学行为与盐分相互作用的宏微观机制，需要从深入认识黏土矿物的物理化学性质开始。黏土（clay）一词来源于希腊文，意指"有黏性的物质"，一般由两个方面定义：一是由其特性（如可塑性、灼烧后固结、微细的颗粒）来规定；二是仅仅由颗粒大小范围来规定[26]。随着 1912 年以后 X 射线衍射试验的发展，明确了黏土的主体是结晶质，被命名为黏土矿物，后来证明这些矿物是层状硅酸盐。另外，非结晶质矿物也常被认为存在于结晶质矿物中，但难以确认。

黏土物质虽种类繁多、成分复杂且性质独特，但是黏土矿物的研究已随着研究手段的进步而取得很大进展。综合黏土矿物的化学成分和结构特征，将黏土矿物定义为：黏土矿物是自然界广泛分布的、具有无序过渡结构的微粒（<2 μm）、含水的层状结构硅酸盐和层链状结构硅酸盐矿物[27]。Meunier[28]指出根据观察尺度来划分，黏土矿物的研究指肉眼观察尺度 1 cm 以下的聚集体、颗粒、晶体、层状硅酸盐的 4 个尺度（图 1.7）。

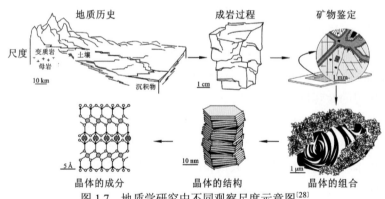

图 1.7　地质学研究中不同观察尺度示意图[28]

黏土矿物作为自然界中分布最广的一种天然矿物，约占岩石圈和风化壳总量的一半，同时作为一种重要的矿产资源，也成为陶瓷、橡胶、塑料、造纸、纺织、食物加工、医药和日用品等工业的重要原料和配料，在国民经济中发挥着重要作用。黏土矿物因其特有的层状和层链状晶体结构、吸附性等特殊的物理化学性质，在材料领域，常将黏土矿物用于制备高性能复合材料；在环境工程领域，黏土矿物用于水体和土壤污染物净化、核废料的处置等方面；在地学领域，黏土矿物用于油气的勘探开发、同位素年龄的测定和古环境古气候的重建。近年来，在岩土工程领域，越来越多学者认识到，黏土力学行为中黏土矿物的重要作用。

1.2.2 黏土矿物的晶体构造

1. 基本结构单元

黏土矿物是构成地球表面岩土体细颗粒组分（<2 μm）的主要矿物，因此对岩土体的力学性质起重要作用。地表的黏土矿物大多数属于含水的层状结构硅酸盐和层链状结构硅酸盐矿物，其晶体结构中每个硅原子一般被四个氧原子所包围，构成[SiO_4]四面体。硅酸盐晶体结构中的四面体既可以孤立地被其他阳离子包围，也可彼此以共顶角的方式连接起来形成各种形式的结构[29]，主要包括如下类型。

1）硅氧四面体片

在层状结构中，所有的硅氧四面体[SiO_4]分布在同一平面内，每个四面体底部的三个氧分别与相邻的三个硅氧四面体共用，在二维空间连接并无限延展为硅氧四面体片（图 1.8），一个四面体片中所有的未共用顶氧都指向同一方向。由于四面体片含有负电荷，在实际的矿物晶体结构中，四面体片能与阳离子结合而存在。四面体配位位置只适应那些体积较小的阳离子，这些阳离子主要是 Si^{4+}，其次为 Al^{3+}，很少为 Fe^{3+}。

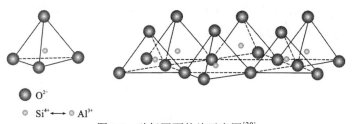

O^{2-}

$Si^{4+} \longleftrightarrow Al^{3+}$

图 1.8 硅氧四面体片示意图[30]

2）铝氧八面体片

八面体是由两层氧离子或氢氧离子紧密堆积而成，阳离子位于其中，呈八面体配位（图 1.9）。这种构型适合于 Al^{3+}、Mg^{2+}、Fe^{2+} 和 Fe^{3+} 等较大的阳离子配位，但不适合于 Ca^{2+}、Na^+、K^+ 等更大的阳离子配位。占据八面体配位位置的阳离子称为八面体阳离子。八面体片含有两个六边形氧或氢氧面，每三个氧或氢氧离子内就有一个配位是虚线或空心的,这个位置可以交替地被阳离子或上层面的氧（或氢氧）所占据。

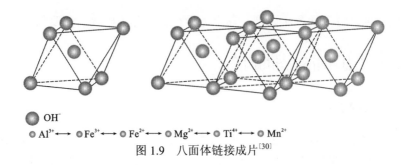

OH⁻ 的图例符号说明：

OH⁻
Al³⁺ ⟷ Fe³⁺ ⟷ Fe²⁺ ⟷ Mg²⁺ ⟷ Ti⁴⁺ ⟷ Mn²⁺

图 1.9　八面体链接成片[30]

2. 基本结构层

层状硅酸盐矿物晶体结构主要是由四面体片与八面体片两种基本结构层组成，这两种基本结构层彼此相连组成结构单元，基本形式分为 1：1 层型和 2：1 层型。

1）1：1 层型

由一个八面体片（层）和一个四面体片（层）结合而成，是层状构造硅酸盐黏土矿物最简单的晶体结构（图 1.10），高岭石族是 1：1 层型矿物的典型代表。从图 1.10 可以看出，在 1：1 层中，四面体片的未共用顶氧构成八面体片的一部分，替代了八面体片的羟基。若八面体片位于下部，则第一个面全部是 OH⁻，接着是八面体阳离子面，再接着是 OH⁻ 和 O²⁻（四面体顶氧）混合面，其后是 Si⁴⁺ 阳离子面，最上边的全部为 O²⁻ 的氧面。

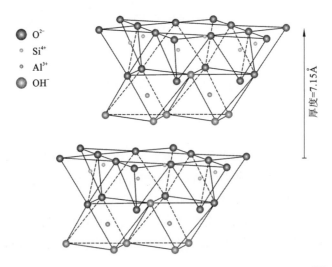

O²⁻
Si⁴⁺
Al³⁺
OH⁻

厚度=7.15Å

图 1.10　高岭石的晶体结构（1：1 层型二八面体层状结构）[30]

2）2:1 层型

层状构造硅酸盐黏土矿物的另外一个基本层就是由两个四面体片和一个八面体片组成的 2:1 层（图 1.11），也称为三层型结构单元层。云母族是 2:1 层型矿物的典型代表。从图 1.11 可以看出，2:1 层与 1:1 层类似，只不过是另外一个四面体片的方位与第一个四面体片的方位正好相反。图 1.11 中最下面一个四面体片是另外一个 2:1 的一部分。2:1 层的底面全部为 O^{2-}，其次为 Si^{4+} 离子面、O^{2-} 与 OH^- 混合面、八面体阳离子面，再其次是另外一个 O^{2-} 与 OH 混合面和另一个 Si^{4+} 面，最后为 O^{2-}。值得注意的是，八面体片的氧被上、下两个四面体片的顶氧部分取代。

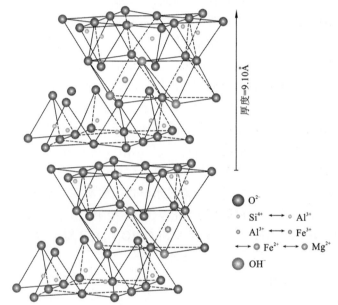

图 1.11 叶蜡石的晶体结构（2:1 层型二八面体层状结构）[30]

1.2.3 黏土矿物的成因与分类

1. 黏土矿物的成因

黏土矿物仅分布在地球外层，主要由长石和其他不稳定的矿物与水圈、生物圈、大气圈等相互作用而形成。其在自然界中主要有三种产出状态：①土壤及风化岩；②由热液、温泉形成的岩脉、矿脉及其蚀变围岩；③现代沉积物和沉积岩，但并不构成火成岩和变质岩等一些形成温度高于 500℃ 的岩石的原始组分。综合考虑这三种产出状态，生成黏土矿物的作用可简单地概括为：①风化作用形成的风化黏土矿物；②热液、温泉作用形成的蚀变黏土矿物；③沉积作用、成岩作用形成的自生黏土矿物；④成岩黏土矿物[29]。

1）风化黏土矿物

风化作用是指在地表或接近地表条件下，坚硬的岩石、矿物在原地发生物理、化学的变化，形成松散堆积物的过程。根据引起风化作用的原因，把风化作用分为三种类型：物理风化作用、化学风化作用和生物风化作用。

（1）物理风化作用。物理风化作用是在地表或近地表条件下，岩石、矿物在原地产生机械破碎而不改变其化学成分的过程。岩石释重、温度的变化是物理风化作用的主要原因。一方面岩石释重引起岩石膨胀，另一方面温度的变化、水的冻结与融化、盐类的结晶与潮解等作用引起岩石、矿物的膨胀与收缩，以上过程都会使岩石、矿物发生崩解。碎屑岩（尤其是黏土岩）、蚀变岩石和片岩等变质岩中的黏土矿物组分，经物理风化作用后，形成粗细不等、形态各异的黏土矿物碎屑，这些黏土矿物碎屑经流水、冰川和风等外动力地质营力搬运、沉积后，构成沉积物和沉积岩的主要黏土矿物成分，即碎屑黏土矿物。

（2）化学风化作用。化学风化作用是在地表或近地表条件下，岩石、矿物在原地发生化学变化并产生新矿物的过程。氧和水溶液是引起化学风化的主要原因。化学风化作用的方式主要是水解作用和阳离子交换作用。

水解作用：造岩矿物的解体必须通过水解作用来实现。水解作用过程使母岩中的造岩矿物结构破坏、金属阳离子带出，形成新的矿物[29]。例如：

$$5KAlSi_3O_8+4H^++4HCO_3^-+16H_2O \longrightarrow KAl_5Si_7O_{20}(OH)_4+8H_4SiO_4+\underline{4K^++4HCO_3^-} \quad (1.1)$$

钾长石　　　　　　　　　　　伊利石　　　　　　　　淋失

因碱金属阳离子的析出，使环境趋于碱性，这时伊利石可进一步水解形成贝得石和高岭石，即

$$KAl_5Si_7O_{20}(OH)_4+nH_2O \longrightarrow Al_2[Si_{1/3}Al_{1/3}]O_{10}(OH)_4\cdots E\cdots nH_2O+Al_2Si_2O_5(OH)_4+2SiO_2+K^+$$

伊利石　　　　　　　　　　贝得石　　　　　　　　　高岭石

（1.2）

如果在较强的酸性介质条件下，伊利石进一步水解，直接转变为高岭石，即

$$KAl_5Si_7O_{20}(OH)_4+2H^++2HCO_3^-+nH_2O \longrightarrow 5Al_2SiO_5(OH)_4+4H_4SiO_4+2K^++2HCO_3^-$$

伊利石　　　　　　　　　　　高岭石

（1.3）

若风化作用继续加深，水解作用继续进行，高岭石也会进一步分解，最终形成铝土矿和蛋白石，即

$$Al_2Si_2O_5(OH)_4+5H_2O \longrightarrow 2Al(OH)_3+2H_4SiO_4$$

高岭石　　　　　　　　　三水铝石　蛋白石

（1.4）

同钾长石一样，钙长石、白云母和黑云母等造岩矿物及火山玻璃也会发生水解反应，形成黏土矿物，水解作用使母岩中的造岩矿物解体并转变成黏土矿物，最终形成三水铝石，结果是碱性阳离子被带走，水分加入，成分逐渐趋于单一化。

阳离子交换作用：吸附于矿物中的一种或几种阳离子被其他阳离子替换而不破坏或不改变矿物结构的过程，称为阳离子交换反应。许多黏土矿物，尤其是蒙脱石矿物具有较大的阳离子交换性能。在这些矿物中，阳离子被吸附于构造层之间，它们与矿物构造层以很低的能量连接着，因此很容易进行交换[29]。

在黏土矿物形成过程中，不仅有水解作用发生，使金属阳离子被带出，形成黏土矿物，而且还有阳离子交换作用发生，使黏土矿物发生转变，如：

$$2Na^+ - 蒙脱石 + Ca^{2+} \longrightarrow Ca^{2+} - 蒙脱石 + 2Na^+ \tag{1.5}$$

$$Na^+ - 蒙脱石 + K^+ \longrightarrow 伊利石 + Na^+ \tag{1.6}$$

$$高岭石 + Mg^{2+} \longrightarrow 蒙脱石 \tag{1.7}$$

与物理风化作用产物之一的黏土矿物碎屑一样，化学风化黏土矿物经流水、冰川和风生外动力地质营力的侵蚀、搬运和沉积后，也构成沉积物和沉积岩中的主要黏土矿物组分，即碎屑黏土矿物。

风化残积黏土或黏土岩位于基岩（母岩）的风化带上，控制其类型的主要是母岩性质，因为不同的母岩经风化作用后，形成的黏土矿物不同。典型的风化残积黏土矿物主要是高岭石和蒙脱石。风化残积高岭石黏土主要是由酸性火成岩（如花岗岩）及其变质岩（如花岗片麻岩）经强烈风化作用（主要是化学风化作用）而形成。由火山灰或凝灰岩风化形成的蒙脱石黏土一般都称为膨润土，但经过搬运再沉积的蒙脱石黏土一般不称为膨润土[31]。

（3）生物风化作用。生物风化作用是生物对岩石、矿物所产生的破坏作用。这种作用可以是机械的，也可以是化学的。生物的机械风化作用主要表现在生物的生命活动上，如植物的根劈作用使岩石裂隙扩大，引起岩石的崩解；动物的机械破坏使岩石破碎、土粒变细。生物化学风化作用是通过生物的新陈代谢和生物死亡后的遗体腐烂分解进行的；植物和细菌在新陈代谢中常析出有机酸等来腐蚀岩石；生物死亡后经过缓慢腐烂分解形成腐殖质，它一方面供给植物必不可少的钾盐等化合物和各种碳水化合物，另一方面对岩石、矿物有着腐蚀作用。

从风化作用上分析，江苏北部地区属于温暖潮湿带，具有中等温度和中等湿度的气候条件，水解、阳离子交换作用的强度有所减弱，一般碱性元素不能被带得太远，介质条件多为弱碱性-碱性，在有机腐殖质存在的情况下，也可为酸性。因此，这一带风化作用所形成的黏土矿物非常丰富，不仅数量多而且种类也多，如伊利石、蒙脱石、贝得石、绿脱石、坡缕石、海泡石等，在酸性介质条件下，还可以形成高岭石和埃洛石等。另外，该地区沉积物部分来自古黄河改道，黄河中上游气候条件是湿度不足，温度较高，蒸发量大于降水量，因此形成的黏土矿物种类很少，主要有蒙脱石和伊利石，在盐碱湖中可能会出现海泡石。

2）自生黏土矿物

黏土沉积作用决定于黏土物质的胶体化学性质，沉积的方式有絮凝作用、淤积（聚凝）作用、吸附作用（黏土质点吸附在碎屑颗粒表面沉积）、浊积和静水沉积作用、碱水盆地的阳离子电性中和作用、黏土悬浮体的比重和黏度增大及同性电荷的相斥作用等。化学溶解物质的化学沉积较复杂，主要取决于沉积水体的温度、压力和化学性质。

沉积过程中所发生的化学反应，有时可以改变陆源黏土矿物的成分，形成新的自生黏土矿物而转入沉积物中。海洋中的自生黏土矿物可在河流附近形成，此时 $CaCO_3$ 沉淀，剩余的 HCO_3^- 同由河流带来的不含钙的非晶质黏土及 Na^+、K^+ 和 Mg^{2+} 相互作用，可形成自生黏土矿物，即

$$2K^+(水中)+2HCO_3^-(水中)+3Al_2Si_2O_5(OH)_4 \longrightarrow 2KAl_2[AlSi_3O_{10}](OH)_2+H_2O+CO_2 \quad (1.8)$$
$$\text{非晶质} \qquad\qquad \text{伊利石}$$

Eslinger 和 Pevear[32]最早提出，自生黏土矿物是沉积盆地中的化学沉积黏土矿物和沉积物-水界面上的化学反应黏土矿物，如化学沉积伊利石[式（1.8）]、海绿石和沉积过程的黏土矿物转化产物等，它们可反映沉积水体的化学特征。

现代海洋沉积物中黏土矿物的分布与邻近大陆的岩石类型和气候有关。Griffin 等[33]的研究结果表明，伊利石是海洋沉积物中最丰富的黏土矿物，这是因为世界上分布有大量的富钾变质岩。现代非海洋沉积物中的黏土矿物，主要是指河流及湖泊沉积物中的黏土矿物。河流和湖泊沉积物中的黏土矿物受地表物源区的影响要比海洋显著，因为河水的含盐度仅是正常海洋的 0.3%。河水中的黏土矿物自生转化所必需的阳离子含量很少，河水平均含 Na^+ 只有海水的 0.06%，含 Mg^{2+} 只有海水的 0.32%，含 K^+ 只有海水的 9.61%，含 Ca^{2+} 只有海水的 3.75%。所以，淡水环境中的黏土矿物转化只能是风化水解的继续，很少有由阳离子交换使一种黏土矿物转变成另一种黏土矿物[34]。

在大多数海相沉积环境中，自生黏土矿物是次常见的或稀少的，原因之一就是少量的新成沉淀物或稀薄的已有碎屑矿物的变成物很难被检测出来。不论是在海水中悬浮，还是沉淀于海底，都可以有一种黏土矿物向另一种黏土矿物的转化。理论上的设想是高岭石向蒙脱石、绿泥石、伊利石转化，也有学者认为伊利石和绿泥石是由蒙脱石形成的。黏土矿物的转化主要是通过阳离子的交换实现的，也就是说，黏土矿物的转化是在不破坏基本晶格骨架的条件下完成的。

3）成岩黏土矿物

自生黏土矿物与成岩黏土矿物的区别是，成岩黏土矿物明显形成于沉积作用之后。成岩黏土矿物可以是新成黏土矿物，也可以是变成黏土矿物，但它们不反映沉积盆地水体的化学条件，代表的仅是沉积物孔隙水的化学性质。自生黏土矿物和成岩黏土矿物之间的区别并不十分明显，但可以把自生黏土矿物看作沉积物-水界面上的沉淀产物和发生在沉积物-水界面上的化学反应产物。而成岩黏土矿物则是形成于沉积物-水界面以下和沉积物之内。成岩作用的类型主要有胶结作用、交代作用、溶蚀作用、重结晶作用、矿物的多型转变、压实作用、压溶作用、不一致溶解作用、沉积后矿物的形成作用等，每种作用类型都有相应的黏土矿物形成。

Mackenzie 和 Garrels[35]给出了不同时代页岩中的黏土矿物类型和分布的研究结果。例如，蒙脱石向伊利石的成岩转化是页岩中最重要的成岩化学变化，一系列的伊利石/蒙脱石间层矿物是这一转化过程的中间产物，随着温度（埋深）的增加，伊利石/蒙脱石间层矿物中的蒙脱石层含量逐渐减少，伊利石层含量逐渐增加，直至所有蒙脱石层全部变为伊利石。蒙脱石向伊利石转化所必需的 K^+，可能主要来自含钾矿物碎屑（主要是细粒钾长石）的溶解。在成岩作用过程中，若孔隙水介质富含 Fe^{2+} 和 Mg^{2+}，蒙脱石就会向绿泥石转化，绿泥石/蒙脱石间层矿物是蒙脱石-绿泥石转化过程的中间产物。高岭石的情况与蒙脱石类似。高岭石在酸性孔隙水介质中稳定，随着埋深（温度）的增加，若水介质变得偏碱性和富 Mg^{2+}，高岭石就会向绿泥石转变；若水介质富 K^+，高岭石就会向伊利石转变。

砂岩成岩作用过程中黏土矿物的转化与页岩成岩作用过程中黏土矿物的转化具有相似的变化趋势，但两者之间仍存在某些明显的差异，原因在于它们的初始物质和岩石渗透率不同。页岩中的黏土矿物碎屑是源区岩石黏土矿物特征的反映，它们大多是黏土粒级（<2 μm），砂岩中的黏土粒级的黏土矿物碎屑则非常少。

4）蚀变黏土矿物

热液作用是一个矿床学术语，是指热液成矿作用，即由各种成因的热液（岩浆热液、地下水热液和变质热液）把深部的矿物质及分散在岩石中的成矿元溶解出来，初步集中，并将其挟带到一定的构造，即岩石中，通过充填、交代等成矿方式，把成矿物质沉淀下来，集中形成热液矿床的作用。热液在运移通道上与围岩相互作用，使围岩发生蚀变形成各种蚀变岩。

围岩在热液作用下所发生的种种变化叫作围岩蚀变。围岩经蚀变后不仅发生化学变化和矿物成分变化，同时也发生明显的物理性质变化，如孔隙度、相对密度等。蚀变黏土矿物是蚀变作用的产物，形成蚀变黏土的矿物既可以是原生的造岩矿物，也可以是早期的蚀变矿物。蚀变黏土矿物的种类很多，滑石、叶蜡石、高岭石、地开石、蒙脱石及其间层矿物、伊利石、绿泥石等都可以以蚀变矿物的形式产出。

例如，泥质化围岩蚀变是指形成以黏土矿物占优势的蚀变作用。深度泥质蚀变的矿物集合体以下列矿物为特征：地开石、高岭石、叶蜡石，常伴有绢云母、石英、明矾石、黄铁矿、电气石、黄玉、氯黄晶和非晶质黏土矿物。中度泥质蚀变岩以高岭石和蒙脱石类矿物占优势为特征，它们主要是火成岩中的中长石和钙质斜长石的蚀变产物，因此它主要发育在含斜长石的岩石中。

2. 黏土矿物的分类

黏土矿物可以分为结晶质黏土矿物和非晶质黏土矿物两个大类。结晶质黏土矿物又有层状构造和层链状构造之分。国际黏土研究协会设立命名委员会专门负责黏土矿物的分类命名工作，表 1.4 是该命名委员会 1980 年公布的国际分类简表[36]。Eslinger 和 Pevear[32] 对层状构造硅酸盐矿物进一步分类（表 1.5），融入了一些后续的研究成果，确定了间层矿物的位置，提出了变 1∶1 层和变 2∶1 层两种变异层型，分类更为详细。

表 1.4　黏土矿物国际分类方案简表[36]

层型	单位化学式电荷数 x	族	亚族	矿物种举例
1:1	0	高岭石-蛇纹石	高岭石	高岭石、地开石、埃洛石等
			蛇纹石	纤蛇纹石
2:1	0	滑石-叶蜡石	滑石	滑石
			叶蜡石	叶蜡石
	0.2~0.6	蒙脱石	蒙脱石	蒙脱石、贝德石等
			皂石	皂石、锂皂石、锌皂石等
	0.6~0.9	蛭石	二八面体	三八面体蛭石
			三八面体	三八面体蛭石
	1	云母	二八面体	白云母、钠云母
			三八面体	金云母、黑云母、锂云母
	2	脆云母	二八面体	珍珠云母
			三八面体	绿脆云母、钡铁脆云母
	不定	绿泥石	三八面体	绿泥石
			过渡型	锂绿泥石、须藤石
	0.1	坡缕石-海泡石	二八面体	鲕绿泥石、镍绿泥石
			坡缕石	坡缕石
			海泡石	海泡石

表 1.5 黏土矿物与黏土矿物相关的层状结构硅酸盐矿物分类表[32]

层型	层间物	族	亚族	矿物种举例
1:1	无或仅有 H_2O	蛇纹石-高岭石 $x=0$	蛇纹石	纤蛇纹石、利蛇纹石
			高岭石	高岭石、地开石、埃洛石
2:1	无	滑石-叶蜡石 $x=0$	滑石	滑石、镍滑石
			叶蜡石	叶蜡石
	水化可交换阳离子	蒙脱石 $x=0.2\sim0.6$	蒙脱石	蒙脱石、贝德石、绿脱石
			皂石	皂石、锂皂石、锌皂石
	水化可交换阳离子	蛭石 $x=0.6\sim0.9$	二八面体蛭石	二八面体蛭石
			三八面体蛭石	三八面体蛭石
	非水化阳离子	云母 $x=0.5\sim1.0$	二八面体云母	白云母、伊利石、海绿石等
			三八面体云母	金云母、黑云母、锂云母等
	氢氧化物	绿泥石 x 不定	三八面体绿泥石	斜绿泥石、鲕绿泥石、镍绿泥石
			二八面体绿泥石	顿绿泥石
2:1 规则间层	可变	无	无	柯绿泥石、滑间皂石
变 1:1	无	无族名 $x=0$	无亚族名	叶蛇纹石、铁蛇纹石
变 2:1	水化可交换阳离子	海泡石-坡缕石 x 不定	海泡石	海泡石
			坡缕石	坡缕石
	可变	无族名 x 不定	无亚族名	铁滑石、黑硬绿泥石、菱硅钾铁石

1.3 黏土矿物的物理化学性质

1.3.1 黏土的表面特性

1. 化学性质

黏土矿物的表面性质是根据研究尺度定义,从纳米到厘米可分为层、微晶、颗粒、团聚体和黏土材料(岩石、泥浆、悬浮液)。水和离子可以通过物理或化学作用在各个层面进行交换,尺度越小,其能量就越大。黏土材料的微观排布方式根据晶体种类(高岭石、蒙脱石、伊利石等)、含水率和层间离子而变化,所有这些参数决定了材料的物理特性,如力学强度、干燥收缩率、悬浮液黏度等。在小晶体(微晶)的尺度上,微观结构涉及化学力和电场力之间的复杂相互作用[37-40]。

1)不同尺度的黏土矿物结构

(1)晶层表面。

2∶1 层的外表面主要由硅氧四面体片形成,这种四面体片由 SiO_4 四面体绕其顶点轴旋转后结合而成,从法向平面看为三角晶格[图 1.12(a)]。相邻两个氧原子的相对高差为 0.02 nm,三角晶格围成的空腔直径约为 0.26 nm,6 个氧的电子轨道的构型使这些腔具有路易斯碱(Lewis base)的特征[图 1.12(b)]。如果在四面体层(Al^{3+} 替代 Si^{4+})或八面体层(R^{2+} 替代 R^{3+})中未发生离子的同构取代,则电子供给能力仍然很低,仅足够与极性分子(如 H_2O)结合。这种复合结构的稳定性差,可以被低能过程破坏。

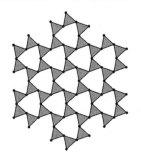 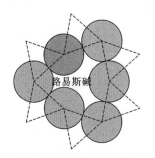 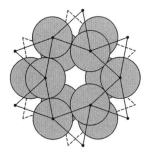

(a)四面体形成的三角晶格　　　(b)三角晶格围成的空腔　　　(c)具有12个顶点的配位多面体

图 1.12　硅氧四面体表面[28]

四面体层中的同构取代将导致被取代的四面体中出现负电荷,这些电荷基本上分布在三个表面氧之间。两层堆叠的蒙脱石微晶中,双三角腔旋转 60° 后发生叠加[图 1.12(c)],从而形成具有 12 个顶点的多面体,其中 6 个顶点更靠近阳离子。根据每个腔体内的负电荷,此多面体可容纳带或不带有水分子的阳离子。

因为 O^{2-} 和 K^+ 的离子直径非常接近,硅氧烷表面的 12 个氧形成 K^+ 的内球[图 1.13(a)],其几何构型几乎完美。当双三角腔中的负电荷较低(每 4 个 Si 为 0.3~0.6)时,诸如 Ca^{2+} 之类的阳离子会键合到其水化层的水分子上[图 1.13(b)]。这些分子与硅酸盐层弱结合,通过低能过程(温度升高 80~120 ℃)释放。这种硅氧烷表面的热力学性质接近于冰的结构,蒙脱石通常属于这种情况。

由 1∶1 层组成的矿物(如高岭石)具有两种类型的外表面:硅氧烷表面和由 OH 基形成的表面。这些层是电中性的,因此阻止了离子或分子在层间空间中的吸附。

两个参数控制着层间阳离子与层表面之间的相互作用:离子半径和它们的水合能(释放复合物水分子所必需的能量)[41,42]。K^+、Rb^+ 和 Cs^+ 碱性阳离子容易失

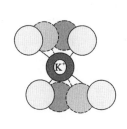 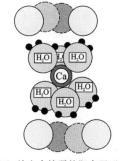

（a）钾等层间阳离子通过　　　　（b）结合力较弱的阳离子形成
6个强键和6个弱键键合　　　　水化层，进入内层使厚度增加

图 1.13　层间阳离子的键合[28]

去对水分子的束缚，它们与基础氧形成复合物，因为它们的水合焓低。由于水化阳离子的直径大于四面体片的六角形腔体的尺寸（>1.4Å），根据层电荷的来源，它们可以占据两个位置，其中一个可以垂直于四面体的基础氧，其中 Al^{3+} 代替 Si^{4+}，当电荷为八面体时，部分进入双三角腔。Ba^{2+}、Na^+ 和 Li^+ 具有更大的水合能，由于其较小的离子直径，它们可以进入更深的六边形腔。Li^+ 足够小，可以与水分子一起进入。Mg^{2+}、Ca^{2+} 和 Sr^{2+} 的水合焓很小，离子半径更小，它们保持与水分子的牢固键合，这些水分子通过弱键（氢键）与氧键结合。这些二价阳离子饱和的层间距离表现为 1 个或 2 个水分子的厚度，具体取决于相对湿度。

（2）晶层的边缘。

大多数黏土矿物微晶的尺寸在 10 nm～10 μm。这些非常小的尺寸极大地增加了边缘对整个表面的贡献。与其他矿物家族相比，这就是黏土的特殊性所在。换句话说，每单位体积，被边缘中断的 Si—O 或 R^{2+}—OH 或 R^{3+}—OH 键的数量非常多，这些界面部位均带电。中性只能通过吸附周围溶液中的离子来获得。例如，对于高岭石，边缘会出现硅烷醇（Si—OH）和铝醇（Al—OH）基团，这些基团的性质随溶液的 pH 而变化：在低 pH 下，铝醇基团固定 H^+；在较高 pH 下，水分子将 OH 基团取代。

四面体层的边缘以 O^{2-} 标记，其可用的价与 Si^{4+} 结合，通过 H^+ 离子的结合来补偿。由于 Si^{4+} 的价高，形成的 OH^- 基团牢固地键合在晶体结构上，只能与 OH^- 络合，不能平衡 H^+。

（3）微粒、聚集体、颗粒。

微粒（particles）被认为是表面力导致的微晶组合，大多数情况下，组合是通过（001）面的叠加来进行的，因此，与单独的微晶相比，产生的层堆叠更厚。这些粒子表现出完全不规则的形状及"凹角"，大小为几微米。仅当将有机物（腐殖酸或黄腐酸等）或无机物（Fe-Mn 氧化物或氢氧化物等）作"配体"（ligand）时，才存在微粒聚集体（aggregates）。聚集体的大小从几微米到几十微米不等，内部孔隙的大小为几纳米。聚集体可以组合更大的单元（granular），这些单元构成土壤、岩石或沉积物的结构元素，内孔尺寸从微米到几百微米不等。

黏土结构的每个尺度都具有不同的结合能，这些结合能赋予其特殊的物理特性：力学强度、电场强度等。同样的，孔隙的大小不同（范围从几纳米到几百微米），填充它们的流体的能量状态也不同。例如，黏土的完全脱水需要更高的能量。

2）层电荷和阳离子交换量

（1）高电荷和低电荷。

构成蒙脱石晶体结构的层电荷(四面体+八面体)每 Si_4O_{10} 单元在 0.30～0.65 C变化，这种差异改变了微晶的化学和物理性质。实际上，阳离子在低电荷层的层间空间中弱结合；它们是完全可交换的，极性分子（如水、乙二醇或甘油）可以进入该空间。相比之下，高电荷层的层间空间中结合更牢固的阳离子并非全部可交换。例如，含 K^+ 的云母和绿鳞石结构即属于这种构型。在这种情况下，这些层会由于吸收极性分子而失去其膨胀能力。

（2）层电荷对阳离子交换量的影响。

理论上，阳离子交换量（cation exchange capacity，CEC）严格地正比于该层间电荷，该比例可以由无层间电荷的层状硅酸盐（叶蜡石）和带最大电荷的层状硅酸盐（云母）两者之间的线性关系代表。事实上，这种比例不是线性关系，主要有两个原因（图 1.14）。第一，黏土矿物的活度系数不同，CEC 是不严格依赖于八面体或四面体离子带负电荷的可交换点位的数目。第二，一些阳离子如 K^+ 或 NH_4^+ 成键后具有不可逆性。

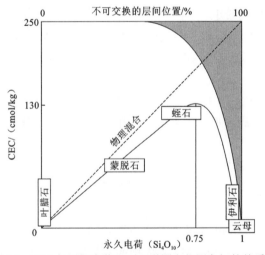

图 1.14　CEC 与层间电荷及不可逆固定位置之间的关系[28]

随着层电荷的增加，通过键合而失去交换能力的位点数量增加。当这一数值显著时，层间空间的厚度减小，并且完全无法进行阳离子交换。例如，2∶1 的层结构"坍塌"，形成伊利石或云母。如果电荷超过 0.75 每 Si_4O_{10}，这种层叠结构就不具有可膨胀性。这种坍塌后的层叠层和剩余的可膨胀层之间的关系可以通过衍射图谱确定，类似于伊利石-蒙脱石混合矿物的衍射图谱中两种矿物的区别。

2. 物理性质

1）比表面积

（1）比表面积的理论计算。

黏土的比表面积对应于给定离子或分子可及的所有可交换位点的表面积之和。这些位置沿着晶体的基面和边缘分布，其比例根据矿物的类型和 pH 条件而变化。层状硅酸盐比表面积的最大值等于各层单元所有面的表面积之和。对于晶体微细化的蒙脱石，hkl 面与 001 面的表面积相比微不足道，而对于高岭石、绿泥石、伊利石或云母 hkl 面大得多。

McEwan[43]研究了蒙脱石矿物比表面积的理论值，单晶胞的宽度 $a = 0.521$ nm 和长度 $b = 0.902$ nm，1 mol 质量为 750.22 g，如果忽略边缘的面积，层的表面积大约等于 $2ab = 0.9399$ nm^2。比表面积 S_0 的计算方法如下：

$$S_0 = \frac{2ab \times N_A}{M} = \frac{(0.902 \times 10^{-18})(6.022 \times 10^{23})}{750.22} \approx 754.4 \text{ m}^2/\text{g} \qquad (1.9)$$

式中：N_A 为阿伏伽德罗常数，大约 750 m^2/g 的计算值可以视为代表层状硅酸盐的最大比表面积，层状硅酸盐的层间空间均可交换离子或分子。如果由于结构原因而无法分离某些层间空间（层间电荷较高的层状硅酸盐中存在不可逆的键合 K^+ 或 NH_4^+），则比表面积会降低（图 1.15）。

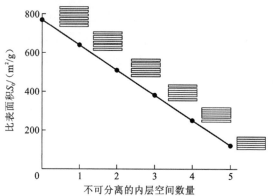

图 1.15 蒙脱石不可分离的内层空间数量与比表面积的关系[43]

（2）比表面积的测量。

黏土样品的比表面积 S_0 等于微粒可吸附的组分的总面积。换句话说，由于测量方法的不同（主要指吸附组分的成分），不存在 S_0 的唯一值。一旦黏土与吸附组分的交换完成，量测吸附组分的总质量，得到了吸附组分的单层质量，总的接触表面就可以计算出来。常见的黏土物质中得到的值列于表 1.6 中。

表 1.6　氮气+水或氮气+溴化十六烷基吡啶（CPB）吸附黏土矿物得到的测量面积

黏土矿物	氮气+水/（m^2/g）	氮气+CPB/（m^2/g）
高岭石	20	15
伊利石	100	100
蛭石	710	720
蒙脱石	850	800

2）表面所带电荷密度

（1）电荷密度。

根据 Sposito[38] 在 1984 年提出的定义，层状硅酸盐的永久电荷 σ_0（也称结构性电荷，structural charge）是由四面体片（Al^{3+} 被 Si^{4+} 置换）或八面体片（R^{3+} 被 R^{2+} 置换）的阳离子被置换所致。假设这些层是严格均匀的，那么电荷密度对应于每个表面单位的负电荷数。永久电荷用库仑每平方米（C/m^2）表示，可以用非常简单的方式计算：

$$\sigma_0 = \frac{e \times 层间电荷}{2ab} \tag{1.10}$$

式中：e 为基本电荷量（$1.602\,2 \times 10^{-19}$ C）；a 和 b 为沿 xy 平面的晶胞几何参数。例如，具有四面体电荷的层状硅酸盐的电荷密度为 0.15～0.70 C/m^2 不等。

由 Sposito[38] 所定义的"结构"电荷密度理论计算值，并不能表征黏土层间阳离子与周围环境的交换能力。蒙脱石和蛭石具有低能键，可以将层间的补偿阳离子连接到 2∶1 层状硅酸盐结构。CEC 相关电荷密度即衡量每单位表面的低电荷数。因为 CEC 及比表面积 S_0 是可以测量的量，所以 CEC 相关的电荷密度可容易地计算出：

$$\sigma_{CEC} = \frac{e \times CEC \times 10^{-2}}{2ab} \tag{1.11}$$

因此，具有低电荷蒙脱石的 CEC 等于 120 cmol/kg，电荷密度 σ_{CEC} 等于 0.209 C/m^2。

（2）扩散双电层。

扩散双电层模型认为层状硅酸盐晶体之间的双层结构类似平面电容。负电荷

均匀地分布在晶层的表面，即 001 晶面。由于电场的分布，阳离子的键合能量随
与带电表面的距离增加而减小，也引起水等极性分子的定向排列[图 1.16（a）]。
Gouy-Chapman 提出阳离子的数量与到带电晶体表面的距离呈指数下降，而阴离
子的数目则反比增加[图 1.16（b）]。Meunier 提到 Stern 模型认为如果考虑带电
表面离子的体积，需要对 Gouy-Chapman 模型进行修改[41]。靠近表面的区域内离
子的分布（即电位）不再为指数分布，该层的厚度为表面吸引离子的半径，该临
界势 E_r 被命名为"Stern 势"[图 1.16（c）]。

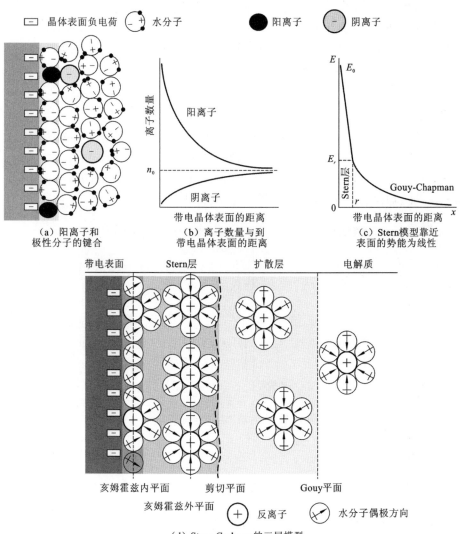

（a）阳离子和
极性分子的键合

（b）离子数量与到
带电晶体表面的距离

（c）Stern模型靠近
表面的势能为线性

（d）Stern-Grahame的三层模型

图 1.16 带负电荷的黏土颗粒的表面电场[28]

（3）双电层结构和 Zeta 电势。

Grahame[44]在 1947 年将 Stern 层进一步划分为内外双层，内层为非水化的反离子层，外层为水化的反离子层，内层与外层的界限为亥姆霍兹内平面（inner Helmholtz plane，IHP），外层与扩散层的分界为亥姆霍兹外平面（outer Helmholtz plane，OHP）。当黏土颗粒分散于溶液中，一部分双电层随溶液（电解质）发生移动，这种电动现象由扩散层[图 1.16（d）]的剪切引起电荷转移。可移动层和固定层之间的电动势（Zeta 电势）可以由悬浮颗粒在电场作用下的迁移率实验测得。

（4）颗粒间的排斥与吸引及颗粒布朗运动。

颗粒表面之间的相互作用一般由胶体稳定性（Derjaguin-Landau-Verwey-Overbeek，DLVO）理论描述，该理论考虑了扩散双电层和范德瓦耳斯力之间的相互作用[45]。颗粒之间的相互作用的能量是吸引势和排斥势相互作用的结果，两者都是距离的函数[37]。范德瓦耳斯力与溶液中的电解质浓度无关，随距离呈双曲线下降。电场产生的推斥力随距离增加呈指数下降，电解质浓度越大，排斥力越弱（图 1.17）。对于给定电解质浓度的溶液，由吸引力和排斥力平衡形成的能量势垒被超越，则颗粒的絮凝将发生。电解质浓度越高，该能量势垒越低。悬浮黏土颗粒的稳定性不仅与颗粒之间的静电斥力相关，还与对抗重力作用的布朗运动相关。布朗运动随颗粒的增大而减弱，但随着温度上升而增强。

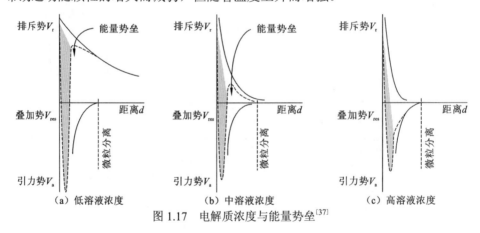

图 1.17　电解质浓度与能量势垒[37]

3. 流变学性能

1）悬浮颗粒的物理状态

黏土悬浮液的流变性质取决于聚集体的尺寸和颗粒间的作用力。黏土矿物的微晶或微粒可以通过三种接触方式凝聚：①面-面接触；②边缘-面接触；③边缘-边缘接触[图 1.18（a）]。这些聚集体的稳定性取决于悬浮液的黏土颗粒浓度、离

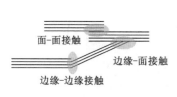

（a）三种类型的颗粒接触　　　　（b）蒙脱石矿物由于微晶的挠曲形成蜂窝结构

图 1.18　悬浮液中团聚体的形态

子浓度及力或热的扰动。表观黏度（η）随聚集体尺寸增加而升高，当这些聚集体被分散则黏度减小。蒙脱石悬液具有特殊的颗粒结构，因为微晶厚度小，可以发生弯曲变形，所以其聚集体形成"蜂窝"结构[图 1.18（b）]。如果黏土浓度高，悬浮液成为凝胶体且在孔结构中储藏大量的水。

2）表观黏度-剪切速率/黏弹性关系

剪切过程中，表观黏度 η（Pa·s）与剪切速率 $\dot{\gamma}$（1/s）和剪切应力 τ（Pa）之间的关系主要包括如下模型。

（1）Newtonian 模型：$\tau = \eta\dot{\gamma}$，无阈值，恒定的黏度；

（2）Binghamian 模型：$\tau = \tau_0 + \eta_{pl}\dot{\gamma}^n$，阈值应力，恒定的黏度；

（3）Ostwald 模型：$\tau = k_\eta\dot{\gamma}^n$，无阈值，黏度随 $\dot{\gamma}$ 而变化；

（4）Herschel-Buckley 模型：$\tau = \tau_0 + k_\eta\dot{\gamma}^n$，阈值应力，黏度随 $\dot{\gamma}$ 而变化。

根据 Ostwald 模型给出的表观黏度 $\eta = k_\eta\dot{\gamma}^{n-1}$：如果 $n<1$ 时，表观黏度随 $\dot{\gamma}$ 增加而减小（剪切稀化）；如果 $n>1$，表观黏度随 $\dot{\gamma}$ 增加而增加（剪切稠化）。根据 Binghamian 模型或 Herschel-Buckley 模型，当所施加的应力超过屈服应力 τ_0，才会表现出流体的性质。阈值应力对应于其中聚集体的有限数量的移动到产生流动的最小应力。该应力依赖于边缘-边缘、边缘-面或面-面之间的相互结合的能量势垒。当 $\tau < \tau_0$，悬浮液表现得像固体，这种固体具有黏弹特性，弹性模量 G 与剪切速率和应力之间的关系：

$$\frac{1}{G}\frac{\mathrm{d}\tau}{\mathrm{d}t} + \frac{1}{\eta}\tau = \dot{\gamma} \tag{1.12}$$

在剪切力的影响下，聚集体被拆散，直到悬浮液表现得像牛顿流体（剪切稀化）。当剪切停止，悬浮液中的颗粒再次聚集，恢复到原来的状态，称为触变性。

3）悬浮体的流变行为

流变测试可以建立应力和剪切速率之间的关系。Pignon 等[46]将黏土悬浊液定义为 4 种状态（图 1.19）。

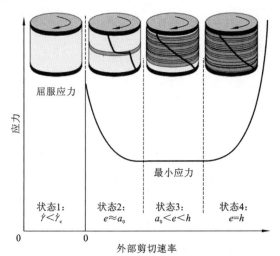

图 1.19　合成皂石悬浮液的流变曲线[46]

e 为剪切带厚度，a_0 为颗粒尺寸，h 为样品高度聚集体

（1）表现为弹性行为，悬浮液的流动状态取决于所施加的速度梯度；

（2）表现为局部剪切，剪应力下降，剪切带的厚度接近于聚集体的尺寸；

（3）剪切层厚度增加，直到整个样品发生剪切，应力保持恒定；

（4）均匀剪切，剪切速率的增加引起剪切应力的增大（剪切稀化）。

1.3.2　黏土的胶体特性

1. 胶体悬浮液

土壤胶体是指粒径在 0.01～10 μm 具有低水溶性的固体颗粒，这些胶体的化学成分主要包括黏土矿物、金属氧化物和土壤腐殖质。如果胶体的悬浮体系没有在很短的时间内发生沉降（如 2～24 h），胶体悬浮液被认为是稳定的。由于流动的水或渗滤溶液的夹带作用，土体中稳定的胶体会引起侵蚀和淀积作用，胶体稳定性与颗粒和化学物的迁移密切相关。悬浮液中土壤胶体通过聚结以形成多孔、大质量块体的过程被称为絮凝。如图 1.20 所示，三种动力学模型用于描述絮凝的机制。第一种为适用于小于 1 μm 的布朗运动模型（异向运动絮凝），第二种为剪切诱导的同向运动絮凝，第三种为差异沉降过程中颗粒的同向运动絮凝。

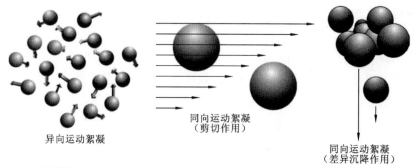

图 1.20 絮凝的三种机制[47]

异向运动絮凝,主要适用于胶体粒径<1 μm;剪切作用和差异沉降作用引起的同向运动絮凝,
主要适用于胶体粒径>1 μm

悬浮液中的布朗运动类似于溶液中的分子扩散,由斯托克斯-爱因斯坦模型表示:

$$D_{\text{diffuse}} = \frac{k_B T}{6\pi\eta R} \tag{1.13}$$

$$k_p = 2\pi R_{11} D_{\text{diffuse}11} \tag{1.14}$$

式中:D_{diffuse} 为分子的扩散系数;k_B 为波尔兹曼常数;η 为水的剪切黏度;R 为胶体粒子的半径(假定有效球形);k_p 为絮凝速率系数(为碰撞速率的 0.5 倍);R_{11} 为二聚体的直径;$D_{\text{diffuse}11}$ 为二聚体的扩散系数。

斯托克斯-爱因斯坦关系式表明,如果温度较高时,流体黏度低,或者如果胶体是非常小的胶体,扩散将更快。

剪切引起的同向絮凝速率系数 k_0 如下:

$$k_0 = \frac{16}{3}\dot{\gamma}R^3 \tag{1.15}$$

式中:$\dot{\gamma}$ 为剪切速率;R 为单体的直径。

描述重力场差异沉降絮凝公式是斯托克斯定律:

$$k_{\text{DS}} = \frac{g}{9\eta}(\rho_s - \rho_f)\pi R_{12}^2 \left| R_{12}^2 - R_2^2 \right| \tag{1.16}$$

式中:g 为重力加速度;ρ_s 和 ρ_f 为单体和流体的质量密度;R_{12} 为二聚体半径,通过单体半径之和来近似;R_2 为较小单体的半径。

2. 稳定性比

前述给出的描述絮凝机制的絮凝速率系数模型中[式(1.15)、式(1.16)],只显示出对物理参数的依赖性,如绝对温度、流体性质和胶体尺寸。这些机制显然不依赖于化学变量,如背景电解质浓度或 pH,尽管后者也影响土壤胶体的絮凝行为。

图 1.21 显示了赤铁矿在 pH=6 和 25 ℃条件下离子浓度和絮凝速率之间的关系[48]。当 KCl 浓度高于 80 mmol/kg 时,絮凝速率系数 k_p 不再变化,因此,将所有絮凝速率系数与该摩尔浓度下的絮凝速率系数的比值 k_p([KCl]=80 mmol/kg)/k_p 作为标准化参数。对于赤铁矿而言,KCl 表现为一种中性电解质,因此该比值可以认为主要受电解质浓度的影响。因此,将稳定性比定义为

$$W = \frac{初始快速絮凝速率系数}{观测初始絮凝速率系数} \tag{1.17}$$

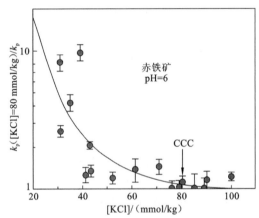

图 1.21　pH=6 条件下赤铁矿胶体悬浊液絮凝的速率系数 k_p 与 KCl 浓度的相关性[48]

CCC 指临界絮凝浓度(critical coagulation concentration)

引发快速絮凝的主要原因是:颗粒表面的扩散反离子层和带电粒子之间相互作用弱,而范德瓦耳斯力始终存在并占据主导,最终导致凝聚胶体。然而,引起快速絮凝的机理并不是唯一的,因为具有相同电荷符号的两种胶体之间的排斥库仑力也可以通过电荷中和而减弱。这种诱导快速絮凝的模式是吸附反离子和带电粒子表面之间强烈相互作用的结果,其中包括质子化和金属阳离子或无机/有机阴离子的内球表面络合。图 1.22 示出了在 25 ℃环境下 pH 对悬浮于 NaNO₃ 溶液中的赤铁矿胶体絮凝速率系数 k_p 的影响[49]。结果显示,当 NaCl 浓度为 100 mol/m³ 时,在任何 pH 下 k_p 为 1.8×10^{-18} m³/s。在较低的 NaCl 浓度下,pH 的效果是明显的,其中 pH ≈ 9.2 时 k_p 的值作为最高值,高于其他条件三个数量级。如图 1.22 所示,如果采用式(1.17)的定义,W 与 k_p 基本满足如下关系,$\lg k_p = -\lg W + \lg k_p$([NaNO₃]=0.1 mol/L),$W$=1.0 定义为零电荷点(point of zero charge),即该 pH 下表面电荷为零。

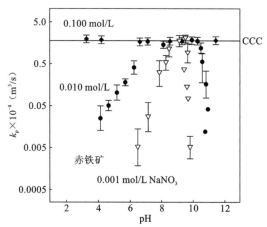

图 1.22 悬浮于 NaNO₃ 溶液中的赤铁矿胶体絮凝速率系数 k_p 与 pH 的相关性[49]

水平线为临界絮凝浓度 CCC

3. 絮凝物的分形

通过研究絮状氧化物的电子显微镜照片，絮凝物原生颗粒的数量 N 通常和颗粒长轴长度 L 存在幂指数的关系：

$$N_f = A_f L_f^{D_f} \tag{1.18}$$

式中：A_f 和 D_f 为正值的参数，这种幂指数关系也已在絮凝的计算模拟结果得到证明。因为产生絮凝的主要机制是颗粒运动和碰撞，所以数量 N_f 和 L_f 随时间的变化又可以表示为与絮凝速率系数的关系[50]。另外，D_f 可认为是分形的维数。假设 $D_f=1$，则絮凝物可被描述为圆形原生颗粒形成的线性链状结构。假设 $D_f=2$，则絮凝物可被描述为原生颗粒相互嵌套和包裹的二维空间结构，此时 A 为表征嵌套结构几何形状的参数。如果出现 $1<D_f<2$，其结构介于链状物和嵌套包裹之间，此时絮状物是一个高度卷曲的粒子链，颗粒在空间中盘旋但没有相互包裹嵌套。

氧化物和黏土矿物胶体絮状物分形维数的测量值通常在 1.2～1.9。在计算机模拟中，允许胶体以斯托克斯-爱因斯坦扩散系数[式（1.14）]随机扩散，直到它们碰撞，然后立即聚结，结果与大气气溶胶的 D_f 值范围（1.7～1.8）相当。因此，数据和计算表明，快速聚结导致絮状物的大小是时间的幂律函数，分形维数在 1.75 左右。

图 1.23 显示了赤铁矿悬浮液稳定性比 W 与分形维数 D_f 的关系，当 W 下降一个数量级时，D_f 值从 2.1 下降到 1.7 左右。分形维数的降低意味着絮状物空间填充性质降低。密度越大的絮状物形成得越慢，胶体就有时间充分絮凝，从而形成更紧密的结构。各种研究发现，在化学反应控制下形成的絮状物的分形维数在 1.9～2.1。

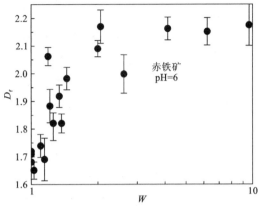

图 1.23 赤铁矿悬浮液的稳定性比（W）与分形维数（D_f）的相关性[49]

1.3.3 黏土颗粒与水的相互作用

1. 黏土中水的能量状态

除自由水以外，呈片状形态的黏土矿物中水有三种存在形式：吸收于颗粒表面的吸附水；包含在黏土矿物晶体层间域内的层间水；包含在构造内部的氢氧根（OH⁻）。其中吸附水的脱出，对构造无影响，但层间水、OH⁻的脱出使构造发生变化。

可以用两种方法提取吸附在黏土材料中的水分子：通过加热使它们蒸发，以及通过施加压力将其挤出。对钠蒙脱石微晶或大小在 0.10~0.35 μm 的颗粒进行热重分析，发现在多个不同温度下都会发生水分子损失[图 1.24（a）]。在一个开放的系统中（分子可以自由逸出或被惰性气流拖拉），黏土颗粒外表面和内表面的弱结合水分子在 56.8 ℃蒸发，牢固结合到层间阳离子的水分子的释放需要 191.5 ℃的温度[51]。强结合水的热力状态与自由水不同，而是与冰更为相似[52]。

在开放系统中更高的温度（685.9 ℃）下[图 1.24（a）]，可以形成微晶的结构。脱羟基的质量平衡方程可以写为：$2OH^- \longrightarrow O+H_2O$。Guggenheim 和 Van Groos[52]从脱羟基叶蜡石中发现，铝中的部分 Al^{3+} 八面体薄片 6 倍配位转换为 5 倍配位结构[图 1.24（b）]。层状硅酸盐 1:1、2:1 和 2:1:1 结构的差异主要来自 OH⁻基在晶体结构中的数量和位置。高岭石内表面与外表面的羟基表现出完全不同的性质，后者与晶体骨架的结合较弱，因此在较低温度下可以释放。

另外，压力脱水的方法包括常规的固结试验和注气排出液体的方法。考虑具有给定直径的孔，空气进入孔结构的压力随流体盐度（离子强度）增加而降低，需要对气压和孔径之间的关系进行修正。

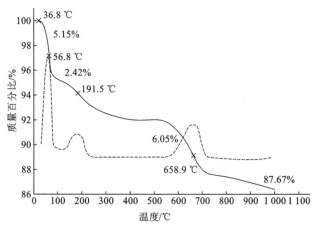

（a）饱和怀俄明型钠基蒙脱石（Wyoming bentonite）的热重分析结果，
显示出两个低温脱水阶段和脱羟基阶段

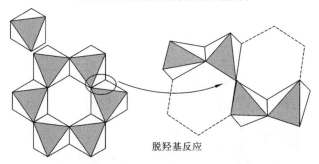

脱羟基反应

（b）八面体Al^{3+}阳离子的6倍配位损失为5倍配位
图 1.24　脱水和脱羟基反应[51]

　　土的干缩现象也是由于其内部残余水量的变化，如图 1.25 所示，孔隙比 $e=V_v/V_s$ 和体积含水率 $\theta=V_w/V_s$ 的关系反映了孔隙自由水和吸附在黏土表面水的释放。一般通过三个阶段来描述土体收缩：第一阶段，e 与 θ 为线性关系，表示孔隙体积增加则水的体积成比例地减少；第二阶段，收缩率小于失去的水量，意味着空气进入孔中（进气值）；第三阶段，相对于水的损失，土样的体积没有变化（收缩极限）。

　　Velde[53]指出黏土在干缩之后往往引起开裂，裂缝和交点的空间分布与土的性质密不可分［图 1.26（a）］。由于常在二维空间测量裂缝的分形维数，分形维数在1～2 变化［图 1.26（b）］。夏季干燥环境下溶液在孔隙中的流动引起裂缝网络的发展，因此膨润土和盐渍土的化学成分和微观结构起着至关重要的作用。对土壤和黏土的水理行为的建模较困难，因为它取决于固液界面、孔隙的分布规律或固体本身。Van Damme 和 Fripiat[54]强调了非饱和状态土壤的结构可以通过上下边界之间的分形维数分布来建模，饱和状态的水理行为由土水的动态比例来描述。

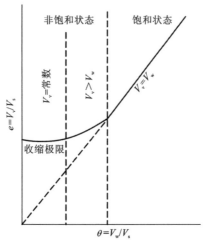

图 1.25　黏土矿物的失水收缩曲线

V_s、V_v 和 V_w 分别代表固体、孔隙和水的体积

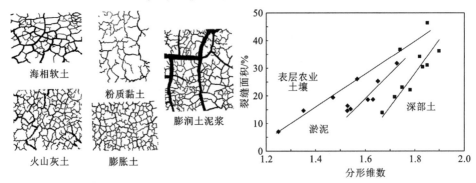

（a）在干燥引起的收缩作用下土壤和泥浆破裂的例子　　（b）裂缝分形维数与裂缝面积之间的几何关系

图 1.26　失水收缩对黏土材料的宏观影响

2. 水吸附等温线

黏土的亲水性可以通过其吸附等温线来评价，因为水在黏土上的结合能为 $\Delta G = RT \lg a_w$（a_w 为水活度），所以等温线表征了黏土固定的水量随 a_w 变化。黏土的亲水性主要使用两种方法在恒温条件下进行确定。

（1）在气体加压入渗后称重，测量解吸附的水量。此方法用于高水分活度（$0.89 < a_w < 1$）。

（2）对于较低的值（$0 < a_w < 0.9$），通过干燥器方法（空气的相对湿度由 $H_2SO_4 + H_2O$ 混合物控制）测量吸附或解吸附过程。

解吸附的含水率单位为 mg/g，无量纲，与水活度 a_w 或水蒸气分压（p / p_0）（两者均表示相对湿度）的关系如图 1.27 所示[55]。假设第一层吸附水分子是连续的，将解吸附的水量（体积 V）除以与单层相对应的水量（体积 V_m）来确定吸附层的数量。根据 BET（Brunnauer，Emmett 和 Teller）函数描述吸附（其中 c 为常数）：

$$\frac{V}{V_m} = \frac{c(p/p_0)}{(1-p/p_0)[1+(c-1)p/p_0]} \tag{1.19}$$

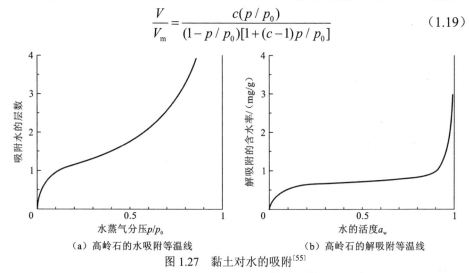

（a）高岭石的水吸附等温线　　　（b）高岭石的解吸附等温线

图 1.27　黏土对水的吸附[55]

对于给定的黏土，水吸附等温线的形状随饱和层间的阳离子而变化[图 1.28（a）]。吸附水的量，特别是曲线的拐点，取决于层间阳离子的亲水性。因此，达到 0.1 g/g 的含水率，Ca^{2+} 饱和的怀俄明型蒙脱土水蒸气分压为 0.1，而 Ba^{2+} 或 Cs^+ 饱和的怀俄明型蒙脱土水蒸气分压分别为 0.2 和 0.5。对于给定的阳离子，吸附的含水量会随着测量温度的降低而降低[图 1.28（b）]。

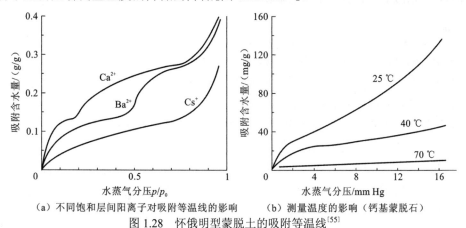

（a）不同饱和层间阳离子对吸附等温线的影响　　（b）测量温度的影响（钙基蒙脱石）

图 1.28　怀俄明型蒙脱土的吸附等温线[55]

3. 层间吸水膨胀

表面吸附水的概念并不对应于所有类型黏土，实际上，在中性矿物（高岭石、叶蜡石、滑石、蛇纹石）中，或在夹层电荷高的矿物中（大于 0.8 每 Si_4O_{10}）伊利石和云母及 2∶1∶1 的矿物质（亚氯酸盐）中，只有晶体外部表面具有吸附能力。无论环境中的蒸汽分压如何变化，层间距都不会改变。蒙脱石或蛭石不是这种情况，蒙脱石或蛭石可以在其层间空间中吸收水分子。这些分子的数量随水的水蒸气分压增加而增加，进而增加层间距。因此，对于 Na^+ 饱和的怀俄明型蒙脱土，当 p/p_0 增加时，层间距从 9.60 Å（0 水层）到 12.5 Å（1 水层）、15.5 Å（2 水层）和 18.8 Å（3 水层）变化。

蒙脱石的层间空间饱和的状态取决于阳离子的性质。例如，Na^+ 和 Li^+ 在蒙脱石中层间水分子的层数趋近于无限大；Ca^{2+}、Mg^{2+} 和 Ba^{2+} 为 3 个水层；K^+ 在蒙脱石中具有 2 个水层（八面体电荷），其他阳离子在蒙脱石中仅具有 1 个水层。

先前经过强烈干燥的黏土，不能再次储存相同的水量[47]。对于 Na^+ 或 K^+ 饱和黏土，储存水量差异较小。对于 Ca^{2+} 或 Mg^{2+} 饱和黏土，这种差异要高得多。这意味着黏土颗粒在干燥期间经历了重排，且孔壁变厚。蒙脱石或蛭石吸附水的非常强烈的解吸附带来了这些微晶内部的重组，由于剪切力造成的滑动使这些微晶的层不再那么无序地堆积。堆积的有序性随着干燥强度或干燥—润湿循环重复次数的增加而增加。

1.4 盐分与软黏土工程特性

1.4.1 盐分与黏性土物理指标

土是由颗粒（固相）、水（液相）和气（气相）所组成的三相体系，土的三相组成物质的性质、相对含量及结构构造等各种因素，必然在土的颗粒粒径分布、界限含水率、透水性等一系列物理性质上有不同的反映。土的物理性质是土的最基本工程特性，在一定程度上决定了它的力学特性。20 世纪 90 年代开始，为了明晰盐分对黏土物理性质的影响规律，大批学者展开了对土的沉积特性、界限含水率、介质的渗透性等方面的研究。

Chen 和 Anadarajah[56]研究了孔隙水的化学成分对高岭土悬浊液沉积体积的影响。试验选取了不同浓度的 $NaCl$、$CaCl_2$、$AlCl_3$ 溶液，以及 10 种介电常数不同的有机溶液，在不同的化学环境下进行高岭土的悬浊液静置沉积试验，量测改变化学浓度及介电常数后土体沉积体积的变化。试验结果显示：随着溶液浓度的增加及离子价态的提高，高岭土的最终沉积体积减小；循环改变溶液浓度的过程中，降低盐溶液的浓度，土体的体积不会发生明显的回弹；介电常数的改变引起双电层斥力 f_r 和范德瓦耳斯力 f_a 的同时变化，最终的沉积体积受 f_r–f_a 的控制；认为假设悬浮体系颗粒之间为不平行接触，片层相互之间有一定的接触角度，则更接近实际测得的沉积孔隙比。

Sridharan 和 Prakash[57]进一步研究了不同介电常数的有机溶液、不同浓度的NaCl 溶液、不同离子价态的氯化物三种环境下高岭土和膨润土的沉积特性，探讨了化学沉积环境对不同矿物成分的黏性土最终沉积体积的影响。从试验结果得到如下结论：对于高岭土，最终的沉积体积受颗粒间抗剪力影响；对于膨润土，沉积体积受双电层斥力的影响；引力的增加和斥力的减小，引起高岭土沉积体积的增加；引力的减小和斥力的增加，则引起膨润土沉积体积的增加；双电层理论适用于膨润土，而不适用于高岭土；离子价态主要影响水化半径。

如图 1.29 所示，Kaya 等[58]发现高岭土的沉降类型（絮凝和分散）不仅受水环境的离子浓度影响，也受 pH 的影响。当水环境为酸性（pH<7），由于颗粒边缘的正电荷强度增加，团粒形成边缘-面接触的结构，沉降类型为絮凝沉降；当水环境为碱性（pH>7），由于颗粒边缘的正电荷强度降低，沉降类型为分散沉降或累积沉降。碱性环境下最终的沉积厚度较小，结构更致密；酸性环境下最终的沉积厚度较大，结构更疏松。Zeta 电位与 pH 和最终沉积厚度有较好的相关性。

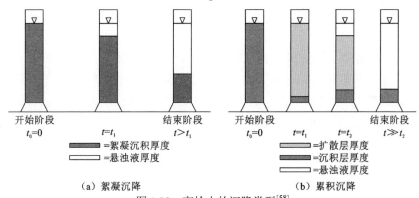

图 1.29 高岭土的沉降类型[58]

以上研究分析了化学环境对高岭土和蒙脱石土的沉降特性的影响，发现最终沉积的孔隙比受离子价位和浓度、pH 和黏土矿物控制，并根据双电层理论提出了相关机理，为研究天然沉积土的结构提供了理论依据。

Kaya 和 Fang[59]还探讨了不同介电常数的有机溶液对黏土的物理-化学参数的影响，主要包括：CEC、Zeta 电位（ζ）、表面电荷密度、孔径分布和界限含水率。其中，界限含水率作为研究黏土物理特性的一个首要参数，对介电常数变化非常敏感：随着介电常数的减小，高岭土、膨润土和天然黏土都趋向于絮凝或团粒化，对于液限较低的黏土，当孔隙流动液体的介电常数小于水的介电常数，表现出粉土或砂土的性质。黏土的孔径分布也明显受孔隙流动液体的介电常数影响，由于团粒化的影响，不同孔径的累积体积增加。土的 CEC 随着介电常数的减小而减小，介电常数对膨润土 CEC 的改变程度大于高岭土。孔隙液体的介电常数低于水，土的 Zeta 电动势（ζ）随着介电常数的减小而减小，主要原因是双电层的压缩或表面电荷密度的减小。根据 CEC 和表面电荷密度的关系，以及 Zeta 电位（ζ）与表面电位的关系，Kaya 等[59]解释了介电常数对黏土界限含水率和孔径分布等常规物理指标的影响规律。

随后，Ören 和 Kaya[60]研究了孔隙水的离子价态（Na^+、Ca^{2+}、Fe^{3+}）与黏性土液限、塑限和缩限之间的关系，试验结果发现离子价态的升高会同时提高黏性土的液限、塑限和缩限。Yukselen-Aksoy 等[61]和 Di Maio 等[62]的试验数据表明盐分对蒙脱石含量较高的黏土液限影响较大，而对以高岭石、绿泥石等矿物为主的黏土影响较小。

渗透系数是表征土体渗透性的重要参数，以往研究表明孔隙水的化学作用同样对土体渗透性有重要影响。Bowders 和 Daniel[63]在对压实的高岭土和伊利石土的渗透试验中，采用甲醇、乙酸、庚烷、三氯乙烯四种溶液，结果表明中性的甲醇浓度并不影响试样的渗透系数，而当黏土颗粒间的双电层结构收缩，渗透系数增加。而双电层距离的改变是由于溶液的介电常数改变，对于中性的有机溶液，渗透系数 k 随介电常数的减小而增大。同时提出假设：如果有机溶液不影响土的液塑限和沉积速度，则对渗透系数影响较小；反之，则对渗透系数影响较大。Schmitz[64]采用双电层理论对压实黏土的渗透系数进行预测。Smiles[65]发现盐分环境下导水系数是土水势的函数，盐分浓度的提高会增加介质的透水性；盐分对透水性的影响主要是影响了土水势。

1.4.2 盐分与黏性土力学指标

最早关于孔隙水的化学成分对土体变形和强度的影响研究，可以追溯到 20 世纪 40～60 年代。Winterkorn 和 Moorman[66]在 1941 年最早进行了 Na^+、K^+、Mg^{2+} 对黏土抗剪峰值强度影响的试验。Bolt 等[67,68]随后在 1955 年和 1956 年发明了一种采用氮气加压的仪器[图 1.30（a）]，对含 Ca^{2+} 或 Na^+ 的纯黏土悬浊液或泥浆进行压缩试验，量测孔隙比 e 与氮气压力 lgP_g 之间的关系，并对比双电层理论公式计算的 e-lgP_g 曲线[图 1.30（b）]。结果表明，通过双电层理论可以较好地表示离子浓度对纯黏土悬浊液或泥浆压缩特性的影响。

挪威海相黏土是典型的盐分沉积环境下的高灵敏度黏土，Bjerrum 和 Rosenqvist[69]早在 1956 年在室内制作了天然沉积的挪威海相黏土，一部分试样在盐分环境下沉积，一部分试样在蒸馏水环境下沉积，随后在不同的压力下固结完成后，进行盐

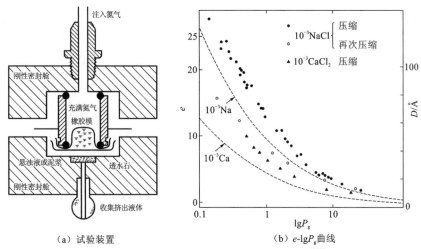

（a）试验装置　　　　　（b）e-lgP_g 曲线

图 1.30　纯黏土泥浆压缩试验装置和结果[68]

分淋出的试验，最后测土的不排水剪切强度。试验结果表明，海相黏土的孔隙水盐分淋出后，不排水剪切强度降低，灵敏度增加；盐分环境下沉积的土体，不排水剪切强度大于蒸馏水环境下沉积的土体。

Kenney[70]通过纯黏土矿物和天然土的排水直剪试验认为，矿物成分是残余剪切强度的主要影响因素。土的矿物成分主要为石英、长石和方解石，残余内摩擦角 $\varphi > 30°$；主要为云母、伊利石等云母类矿的土体，残余内摩擦角 $\varphi > 17°$；主要为蒙脱石族矿物的土体，残余内摩擦角 $\varphi < 11°$。Bjerrum[69]在对 Drammen 市政大厅的不均匀沉降分析中，采用现场十字板剪切试验对场地进行勘察，试验结果如图 1.31 所示。结合室内淋滤试验和现场十字板剪切试验的结果分析，地下水长期缓慢的淋滤作用降低了孔隙水的盐分和抗剪强度，引起主楼与裙楼之间的裂缝。

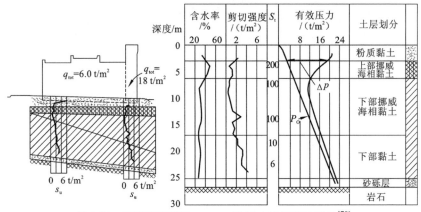

图 1.31　挪威东南部 Drammen 现场十字板剪切试验[70]

q_{tot} 为建筑物的均布荷载；s_u 为十字板试验确定的剪切强度

Barbour 等[71, 72]采用一种改进的固结仪对膨润土和砂的混合物及天然土进行压缩试验，试验装置如图 1.32（a）所示，压缩过程可以在底部和顶部注入 NaCl 溶液。淋率压缩试验得到的 e-lgt 曲线如图 1.32（b）所示，由结果可知，注入 NaCl 溶液后会产生附加体积变化，其机理与渗透压力引起的有效应力变化有关。

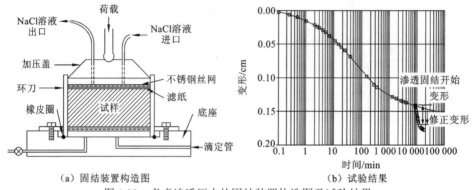

（a）固结装置构造图　　　　　　　　（b）试验结果

图 1.32　考虑渗透压力的固结装置构造图及试验结果

进入 20 世纪 90 年代后，Abdullah 等[73]和 Sridharan 等[74]采用控制孔隙水盐分的重塑土或击实黏土（即制样过程中预设盐分），研究了不同盐分（不同价位）、酸碱度和黏土矿物组成下土体的力学特性，认为含蒙脱石矿物的黏土对盐分的种类、浓度、pH 等反应，较以含高岭土矿物为主的黏土灵敏，尤其反映在与黏土结构相关的一些参数，如次固结系数、回弹指数、膨胀力等参数。Yukselen-Aksoy 等[61]指出，当土体液限小于 110%时，海水对土体的稠度指标和压缩特性影响主要由土的应力历史等地质因素决定，当土体液限大于 110%时，则主要由土体中可交换阳离子类型和矿物组成决定。

Gajo 和 Maines[75]通过可注入强酸和强碱的固结装置，对天然 Na 基膨润土进行压缩试验，试验装置如图 1.33 所示。结果显示 H$^+$浓度的微小增加就会引起较

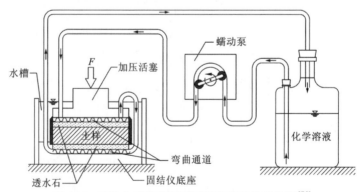

图 1.33　可注入强酸和强碱溶液的固结仪构造图[75]

大的体应变，且这种体应变在注入蒸馏水后表现为不可逆，而注入 NaCl 溶液则体应变部分可逆，注入 NaOH 溶液体应变可完全恢复（图 1.34）；高浓度的 NaOH 溶液（>0.1 mol/L）也得到同样的结果，但这种体应变的恢复对 NaOH 浓度变化不敏感。

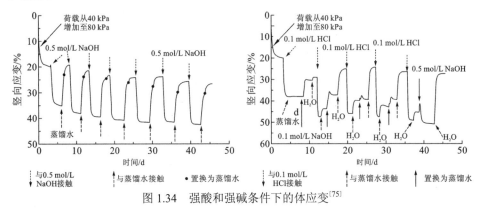

图 1.34　强酸和强碱条件下的体应变[75]

Zhang 等[76]研究了压实高庙子膨润土 GMZ01 在盐溶液饱和情况下的体应变，得出如下结论：高庙子膨润土的膨胀变形不仅与上部荷载有关，也与盐溶液的浓度有关；上部压力对饱和过程中的压缩性影响较小，但对预压后土体的屈服应力有重要影响。

以上孔隙水盐分对土体工程性质影响的研究对象，大多为泥浆或压实膨润土，近年已有部分学者开始关注孔隙水盐分对原状土工程性质的影响。Wakim[77]为了研究盐分对原状土的影响，将泥岩放到即定的盐分溶液中浸泡，测定土体膨胀率，发现盐分能够抑制土体的膨胀。随后 Deng 等[78]认为纯粹的浸泡不能保证土体内的孔隙水充分置换，改造了传统的固结仪，对 2.4 MPa 自重应力作用下比利时核废料处置库围岩（黏土岩），采用蒸馏水进行换盐，换完盐后，再进行加卸载试验，研究盐分对土体固结特性的影响，结果表明换盐后土体的固结参数仅有微小变化。法国国立路桥学院崔玉军团队的 Nguyen 等[79]采用同样的办法，对比利时黏土岩的下层黏土 Ypresian 黏土进行换盐试验，与黏土岩的结果进行对比，发现 Ypresian 黏土对孔隙水盐分的响应更灵敏，并认为黏土中蒙脱石含量是主要原因。瑞士洛桑联邦理工学院 Laloui 团队的 Witteveen 等[80]在总结了已有的研究成果及一维压缩试验的基础上，采用渗透吸力表征了孔隙水盐分表对土体工程性质的影响，以击实伊利土为对象，探讨了孔隙盐分对土体压缩和强度的影响，并建立了相关本构模型。

国内对盐分作用下黏性土的力学性质研究主要集中在环境岩土领域。20 世纪 60 年代，化工部南京勘察公司老厂房地基土污染导致土质改变造成建筑物破坏，之后我国开展了金属离子对土体工程性质影响的研究。在孔隙水盐分对泥浆沉积影响方面，郭玲等[81]、曹玉鹏和吉锋[82]、詹良通等[83]、刘莹和王清[84]、王俊鹏[85]开展了淡水和海水，以及不同离子种类及浓度对沉积特性的影响。在孔隙水盐分对天然土体工程性质方面，吴恒等[86]提出地下水变异对土体强度及性状的影响，分析了城市建设引起地下水化学场变异的因素，对地下水化学成分变异后水土作用的化学机理做了探讨。汤连生等[87,88]认为具有力学效应的水化学反应主要有溶蚀作用、沉淀或结晶作用和阳离子交替吸附作用三种，并认为通过水土的化学作用，可以调整土的物理力学性质，从而改良土壤，防止环境地质灾害。

梁建伟等[89]探讨了 NaCl 溶液对人工混合黏土和科威特 Bubiyan 滨海重塑盐渍土抗剪强度的影响，发现含盐量或孔隙液离子浓度对不同成分的极细颗粒黏土的抗剪强度及指标、界限含水率产生的影响程度不同。张倩[90]通过试验探讨了盐分种类对土体粒径的影响，得出单一盐类对土粒粒径影响程度的顺序：$CaCl_2 > MgSO_4 > MgCl_2 > NaCl$；拓勇飞等[91]和邵光辉等[92]则采用了 Ohtsubo 等[6]的方法，分析了孔隙水盐分中金属离子与土体原位强度的关系，发现孔隙水中 Fe^{3+}的浓度与土体原位强度密切相关。

在污染土和特殊土的研究领域，刘汉龙等[93]和朱春鹏等[94,95]探讨了酸碱度对土体物理性质、压缩和强度的影响。相兴华等[96]探讨了 NaOH 和 $NH_3 \cdot H_2O$ 两种溶液对土体的孔隙比、液塑限和微观结构的影响。刘宏泰[97]探讨了黄土在不同 pH 溶液的渗流过程中土体强度和微结构的变化。柴寿喜等[98-100]探讨了含盐量对石灰固化滨海盐渍土稠度、强度、微结构参数和渗透系数的影响规律。

1.4.3 盐分影响黏性土力学行为的机理

根据目前的研究，孔隙水化学成分主要通过两种作用对土体力学性质产生影响：①根据 Gouy-Chapman 双电层理论，当溶质通过扩散进入黏土孔隙水中，外表面带负电荷的片状黏土颗粒及黏土凝聚体便会吸引正电荷离子，从而使得相邻黏土颗粒及凝聚体之间的电荷斥力和双电层厚度减小，引起孔隙体积的减小；②由于黏土颗粒与层间离子的半透膜特性，膜两侧的渗透压力差产生的强结合水流动使得土体发生渗透固结。

Gouy[101]和 Chapman[102]提出的双电层理论，被认为是应用最广泛的解释颗粒-水-阳离子相互作用关系的理论[68,103,104]。如图 1.35（a）和图 1.35（b）所示，根据双电层理论，土体颗粒带有负电荷，在其周围存在电场，作为极性分子的水分子和水溶液中的阳离子一起被吸附在土颗粒附近，并由于静电引力的差异，越靠近土体颗粒表面，静电吸引力越强，阳离子浓度越高[105]。水化离子和极性分子被吸附在颗粒表面附近形成固定层。由固定层向外，静电引力逐渐减小，水化离子和极性分子的活动性逐渐增大，形成扩散层。固定层和扩散层中的阳离子（反离子层）与土粒表面负电荷共同构成双电层。图 1.35（c）为两平行片层间的双电层，已知扩散层间的离子浓度，则可以根据双电层间的电荷密度和电势能分布，Poisson-Boltzman 方程，计算黏土片层之间的距离和片层之间的斥力。

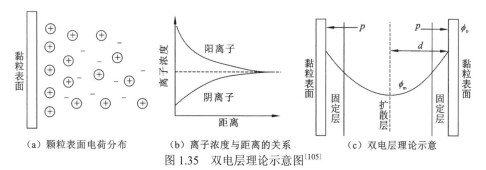

（a）颗粒表面电荷分布　　（b）离子浓度与距离的关系　　（c）双电层理论示意

图 1.35　双电层理论示意图[105]

Bolt[67]提出了采用两个片层之间的距离计算土体孔隙比的理论计算公式，需要的主要参数为双电层斥力 p_r、双电层系数 K（代表电动势的分布）、比重 G_s 和土的比表面积 S_0 等。双电层斥力 p_r 和双电层系数 K 的计算则建立在一系列的物理化学参数上，如中轴线处离子浓度、介电常数、中轴线处的电动势、离子价、波兹曼（Boltzmann）常数等。Van Olphen[106]在胶体化学的基础上，进一步完善双电层理论，并给出了一些电化学参数的参考值。Sridharan 和 Jayadeva[104]在双电层理论的基础上推导了压缩指数 C_c 与电化学参数之间的关系。

双电层理论提供了理解水-土-化学体系的基本依据，但是在实际应用中存在如下问题：①Sridharan 和 Rao[107]、Horpibulsuk 等[108]认为土的压缩性由颗粒间的抗剪强度和双电层斥力两个机理控制，因此盐分对不同的矿物成分（高岭石土和蒙脱石土）的黏性土的压缩影响不同；②双电层理论假设土颗粒之间相互平行，接触形式为片状的面-面接触，而实际中的饱和土颗粒形态和颗粒间接触形式多样，因此对于饱和土的适用性并不明晰；③黏土颗粒之间存在斥力，也存在范德瓦耳斯力，而双电层理论则主要计算颗粒间的斥力。

Mitchell[109]指出，采用渗透压力的概念来描述孔隙水对压缩和回弹的影响，应用更为简单和广泛。如图 1.36 所示，渗透压力的定义为阻止液体在半透膜间流动的压力。黏土晶片之间为天然的半透膜，半透膜只允许水分子通过，而不允许离子或胶粒通过。图 1.36（a）为初始状态，半透膜左侧的盐分浓度 C_{Ao} 大于右侧的盐分浓度 C_{Bo}，两侧的水头高度相同 $u_a=u_b$，盐分浓度的差异使水分子有从右侧流向左侧的趋势；图 1.37（b）为平衡状态，随着水分子从右侧流向左侧，左侧浓度逐渐降低，右侧浓度逐渐升高，最终达到浓度平衡，两侧的水头高度产生差异；图 1.37（c）为假设左侧施加压力 s_π，阻止水分子从右侧流向左侧，保持水头高度相同，则 s_π 为渗透压力。

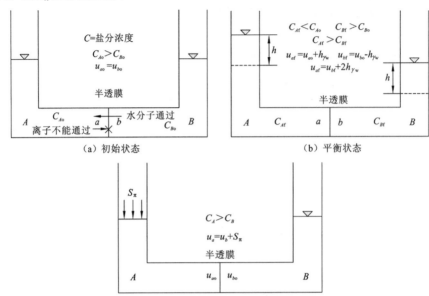

（a）初始状态 　　　　　　　（b）平衡状态

（c）渗透压平衡

图 1.36　渗透压力作用过程[109]

h 为水头高度；γ_w 为水的重度

Loret 等[110]从微观角度分析了渗透压力对膨胀力的影响。如图 1.37 所示，对于饱和黏性土，微观结构由粒团、自由水、结合水和孔隙构成。粒团由平行的黏土矿物片状晶体组成，片层之间的距离为 10～20 Å，中间吸附强结合水，强结合

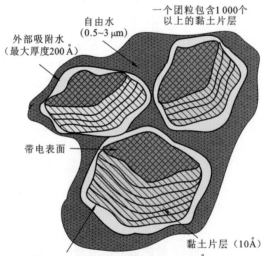

图 1.37　黏土微观结构示意图[110]

水在高水力梯度下也不发生流动，并和粒团发生一起变形；粒团外部由弱结合水包裹，并共同组成随机排列的片状搭接结构；一般粒团之间的孔隙直径大于 1 μm，并充满自由水，自由水可以在水力梯度的作用下自由流动。可认为粒团周围被半透膜包裹，半透膜只允许水分子通过，而胶粒和离子不能通过半透膜。膨润土的膨胀过程可分为晶体膨胀和渗透膨胀：晶体膨胀指黏土晶片之间吸水，水分子进入片层之间，由 1 个分子的厚度增加到 3～4 个分子厚度；晶体吸水饱和后，大的粒团分离成小的粒团，粒团的表面积增加，粒团的外表面吸附弱结合水的厚度增加，发生渗透膨胀。

Barbour 和 Fredlund[72]从有效应力的角度分析了外部化学环境对黏土体积变形的影响。由于黏土的微观半透膜性质，当层间吸附水与宏观孔隙流体存在浓度差时，半透膜两侧的渗透压力差促使吸附水由微观孔隙解吸附进入宏观孔隙，从而使得粒团内微观孔隙减小发生整体变形；从宏观尺度分析，黏土外部溶液盐分浓度较大，而黏土土体内浓度较小，在黏土内外部渗透压力差的驱动下，孔隙水会由低浓度的黏土内通过半透膜向高浓度的外部流动。无论是微观尺度还是宏观尺度，孔隙水的渗透流动均能够产生负的孔隙水压力，增大土体的有效应力，进而引起整个土体的固结变形，这种由吸附水解吸附产生的渗透流动即半透膜效应，造成的土体固结称作渗透固结。Witteveen 等[80]提出渗透吸力的概念，即把渗透压力作为溶质吸力考虑，并利用这一变量考虑了孔隙水化学力对屈服应力的影响。渗透压力或渗透吸力从宏观角度解释了孔隙水和土体的相互作用，目前的研究多集中在一维变形问题。

1.5　本书的主要内容

我国江苏地区海相软黏土的矿物成分沿海岸线自北向南规律性变化，其主要的矿物成分蒙脱石含量逐渐减小，高岭石含量逐渐增加。如前所述，盐分对软黏土力学行为的影响，不得不考虑其矿物成分的差异。本书着眼于近岸环境中，孔隙水盐分对不同矿物构成的软黏土工程性质的影响不明晰这一现状，以矿物成分可控的人工软黏土为研究对象，围绕孔隙水盐分与黏土矿物间物理力学作用的问题，开展孔隙水盐分对其物理力学性质的影响规律和机理研究，建立考虑孔隙水盐分作用的软黏土本构方程，明晰盐分与矿物成分在土体变形和强度变化中所起的作用，为进一步加深对软黏土力学行为的认识提供试验数据和理论依据。本书主要内容如下。

（1）孔隙水盐分对黏性土水理性质的影响研究。天然黏土存在矿物成分、比表面积、层间阳离子等分布不均匀的问题，为了明晰盐分和矿物成分对土的物理性质的影响机理，采用人工软黏土（商用高岭土、膨润土的混合物）制样，首先确定土的矿物成分、颗粒粒径分布等参数，然后将土和不同浓度的 NaCl 溶液混合后，进行测量液塑限、沉积类型与沉积速率、Zeta 电位、小应变模量 G_{max}、膨胀力的干缩开裂试验，探讨阳离子浓度、矿物成分与各项物理指标之间的关系，明晰其对力学性质产生影响的内在机理。

（2）孔隙水盐分对人工软黏土变形的影响研究。对具有不同盐分浓度和矿物成分的人工软黏土进行固结试验，探究孔隙水盐分对饱和重塑黏土压缩特性和渗透特性的影响规律。首先将常规固结仪改造成三种特殊的固结仪，一种直接将固结盒材料改造为有机玻璃材质；一种在常规固结仪的基础上增加渗透的功能，记录不同盐分缓慢渗透作用下土体的变形；一种为大直径固结模型试验，采用有机玻璃材质，用于模拟土的不同应力历史。其次进行常规固结试验，通过试验结果获得土的孔隙指数 I_v、压缩指数 C_c、回弹指数 C_s、屈服应力 p_0、次固结系数 C_α、渗透系数 k_v 等参数，探讨 Burland 体系下受盐分影响的 $\lg\sigma_v$-I_v 归一化方程，各项参数与盐分浓度或渗透吸力的关系，延拓 Tavennas 关于渗透系数和孔隙比线性相关的认识。

（3）孔隙水盐分对人工软黏土强度的影响规律及微观机理。针对具有不同盐分浓度和矿物成分的人工软黏土进行一系列三轴固结不排水剪切试验，探讨孔隙水盐分对软黏土临界状态应力比 M、有效黏聚力 c' 和有效内摩擦角 φ' 等强度参数的影响。采用扫描电子显微镜（scanning electron microscope，SEM）试验和压汞（mercury intrusion porosimetry，MIP）试验相结合的方法，对软黏土的微观颗粒形态、颗粒粒径和孔径分布进行分析，探讨盐分对强度影响的微观机理。

（4）本构模型与数值模拟。根据三轴固结不排水剪切试验结果，将渗透吸力作为宏观变量，建立考虑盐分影响的软黏土弹塑性本构模型，对修正剑桥模型的屈服方程、考虑基质吸力的硬化规律和相关流动方程进行扩展。为了验证盐分变迁条件对工程产生的潜在危害，采用数值分析软件 GeoStudio 创建一个海堤工程，耦合海堤应力场与渗流场、盐分迁移场和土体参数的变化，分析路堤应力分布、基础变形、孔隙水压和盐分浓度变化下海堤安全系数的动态演化。

第2章 盐分环境中人工软黏土的水理性质

土的三相组成物质（固相、液相、气相）的性质、相对含量及土的结构构造等各种因素，必然在土的颗粒粒径分布、界限含水率、透水性等一系列物理性质上有不同的反映。因此，土的物理性质是土的最基本工程特性，在一定程度上决定了它的力学特性。

为了明晰盐分对不同黏土矿物的物理性质的影响，本章以高岭土（高岭石矿物为主）和膨润土（蒙脱石矿物为主）组成的人工软黏土为研究对象，开展 X 射线衍射矿物成分分析、激光粒度分析试验、密度计颗分试验、液塑限试验、沉积试验、Zeta 电位测试、弯曲元试验、膨胀力试验和干缩开裂试验，探讨阳离子浓度、矿物成分与各项物理指标之间的关系，通过多种试验结果相互比对，明晰盐分与黏土矿物相互作用的内在机理。

2.1 典型黏土矿物与人工软黏土

2.1.1 高岭土与膨润土

蒙脱石和高岭石是常见的黏土矿物。蒙脱石晶胞之间靠分子间相互作用力（范德瓦耳斯力）相互连接，连接力较弱，水分子容易进入晶胞之间。因此，蒙脱石的晶格是活动的，具有高塑性、高压缩性、低强度、低渗透性。高岭石晶胞内电荷平衡，晶胞之间是氧离子和氢氧根连接，氢氧根中氢与相邻晶胞中的氧形成氢键，起着连接作用，性质较稳定，水分子不易进入晶胞。

Deng 等[111]采用 XRD 分析法调查了连云港地区距离海岸线不同距离的两处场地的矿物成分，根据试验结果，黏土矿物成分主要为伊蒙混层，含量接近于50%，而伊蒙混层中蒙脱石含量都超过40%，该地区土体的孔隙水盐分对工程性质有重要影响。同时，如前所述，根据以往对江苏海岸线海涂土壤的矿物成分研究，从北部旧黄河入海口至南部长江入海口，蒙脱石含量在22%～5%变化，高岭石逐渐变为主要黏土矿物。

因此，以海相软黏土的矿物构成为背景，将以蒙脱石矿物为主的膨润土和以高岭石矿物为主的高岭土，按照不同比例混合形成的人工软黏土为研究对象。其中，高岭土选用徐州矿务集团有限公司夹河煤矿高岭土厂生产的商用高岭土，膨润土选用镇江市丹徒区牧丰矿产品加工厂生产的商用膨润土（图2.1）。从表面观察，颗粒分布较均匀，无团粒与大粒径杂质。为了进一步确认其纯度，首先对试验材料的矿物成分进行鉴定。

（a）夹河高岭土　　　　　　　　　　　　（b）镇江膨润土

图2.1　试验材料的外观

2.1.2　人工软黏土矿物成分分析

XRD 分析法是研究结晶构造和鉴定黏土矿物最常用的一种方法，其原理基于不同矿物具有不同的晶体构造。X 射线是一种波长很短的光波，穿透力强，当其射入黏土矿物晶格中时，由于反射光与折射光的相位差，将发生衍射现象[图2.2（a）]。不同的黏土矿物，晶格构造不同和晶胞厚度不同，将产生不同的衍射图谱。衍射的必要条件为布拉格定律（Bragg's law）：

$$2d_{\text{Layer}} \sin \theta_{\text{XRD}} = N \lambda_{\text{XRD}} \tag{2.1}$$

式中：d_{Layer} 为晶格距离；θ_{XRD} 为 X 射线入射角；N 为正整数；λ_{XRD} 为 X 射线波长。在实际使用中变化入射角对试样进行扫描，得到多个 2 倍入射角与对应的衍射强度数据，按照衍射强度的图谱鉴定矿物。试验步骤：采用规范《沉积岩中黏土矿物和常见非黏土矿物 X 射线衍射分析方法》（SY/T 5163—2018）规定的悬浮液法提取粒径小于 2 μm 的黏土矿物，滴在载玻片上风干，分别应用自然风干定向样品（N 片）分析、乙二醇饱和处理定向样品（EG 片）分析和高温处理定向样品（T 片）分析三步完成。X 射线衍射仪[图 2.2（b）]的测试条件为：CuKα 射线（一种波长为 1.541 8 Å 的 α 射线）辐射，扫描角度一般取 5°～45°。

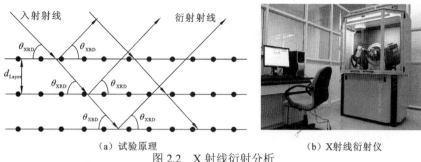

（a）试验原理　　　　　　　　（b）X射线衍射仪

图 2.2　X射线衍射分析

　　图 2.3～图 2.6 为高岭土和膨润土的全岩片和定向片 XRD 分析图谱，根据规范《沉积岩中黏土矿物和常见非黏土矿物 X 射线衍射分析方法》（SY/T 5163—2018）中规定的 0.353 nm、0.358 nm、0.7 nm、1.0 nm、1.7 nm 对应的衍射峰强度，可以对矿物含量进行定量分析，定量分析结果见表 2.1。由结果可知，研究选用的高岭土的主要矿物成分为高岭石，膨润土的主要矿物成分为蒙脱石，膨润土所含石英的比例大于高岭土。

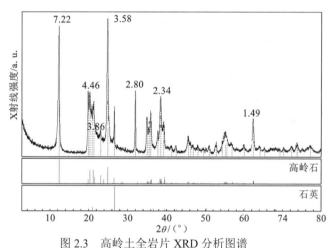

图 2.3　高岭土全岩片 XRD 分析图谱

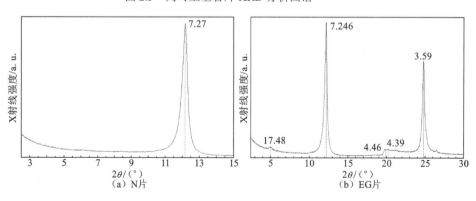

（a）N片　　　　　　　　　　（b）EG片

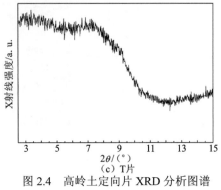

（c）T片

图 2.4　高岭土定向片 XRD 分析图谱

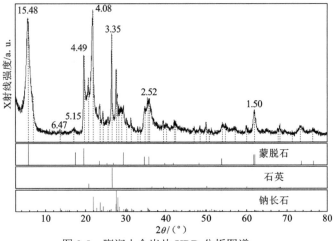

图 2.5　膨润土全岩片 XRD 分析图谱

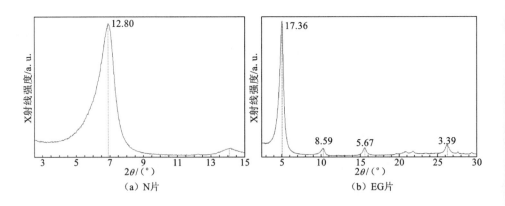

（a）N片　　　　　　　　　　　　　　（b）EG片

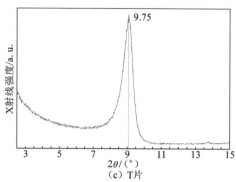

图 2.6　膨润土定向片 XRD 分析图谱

表 2.1　高岭土和膨润土的矿物成分

土类	总矿成分含量/%					黏土矿物成分含量/%		
	石英	菱铁矿	斜长石	方解石	黏土矿物	高岭石	绿泥石	蒙脱石
高岭土	2.9	8.6	—	—	88.5	100	—	—
膨润土	19.2	—	11.5	1.9	67.4	1.4	0.9	97.7

2.2　粒　径　分　布

2.2.1　黏性土粒径分布的分析方法

土的粒径分布是土的基本属性，它对土的物理力学性质起着重要的控制作用。传统土的粒径分布分析方法主要有筛分法、密度计法及激光粒度分析法。筛分法适用于粒径大于 0.075 mm 的粗粒土，密度计法和激光粒度分析法适用于粒径小于 0.075 mm 的细粒土，本书采用两种方法对土的粒径分布进行分析。

1. 密度计法

斯托克斯定律假定颗粒是球形的；颗粒周围的水流是线流，且颗粒大小要比分子大得多，在以上条件下球状的细颗粒在水中的下沉速度与颗粒直径的平方呈正比。因而，可以利用不同粒径的土在水中下沉速度不同的原理，将粒径小于 0.075 mm 的细颗粒进一步分组。密度计法是目前国内外广泛采用的方法。密度计法求得的粒径并不是实际的土粒尺寸，而是与实际土粒在液体中具有相同沉降速度的理想球体的直径，即水力当量直径或称名义直径。密度计法可以测得土粒沉

降距离 L 处的悬液密度，并由此计算出小于该粒径的累计质量分数。采用不同的测试时间 t，即可测得细颗粒组的相对含量。

根据美国材料实验协会 ASTM D7928—2017 规范和国内《土工试验方法标准》（GB T50123—2019），细颗粒组的相对含量 $P_{Hydrometer}$ 可根据比重计所在位置的高度计算。其原理为液体悬浮颗粒越多，溶液密度越大，比重计在悬浊液中收到的浮力就越大，根据比重计的体积和重量就可以得到悬液的密度。如果给定颗粒比重和一定温度下水的比重，量筒体积已知，悬液密度可从密度计读取，就可以计算出某一时刻密度计所在深度一定范围内的颗粒质量[112]。对应某时刻 t 的颗粒粒径 $D_{Hydrometer}$ 的计算方法如下：

$$D_{Hydrometer} = K_{Hydrometer} \sqrt{L/t} \qquad (2.2)$$

式中：L 为液面与密度和比重计相同点的距离，称为有效下沉距离，可通过规范列表和比重计读数求得；t 为沉降时间；$K_{Hydrometer}$ 为粒径计算系数，与悬液温度和土颗粒比重有关。具体的试验过程根据美国 ASTM D7928—2017 规范操作。所不同的是，根据规范需要首先采用 4%（NaPO$_3$）$_6$（六偏磷酸钠）溶液作为分散剂，对土样进行浸泡。本书的试验方法中除采用分散剂浸泡试样外，还对试样进行蒸馏水浸泡和 5%NaCl 溶液浸泡，然后进行密度计颗分试验。

2. 激光粒度分析法

激光粒度分析法是在 20 世纪 70 年代发展起来的一种有效的、快速测定粒度的方法，相对于经典的沉降法和重力沉积作用法来说，具有精度高、快速、人为因素造成的误差小等优点[113]。

激光粒度仪的工作原理是基于光与颗粒之间的作用。在光束中，一定粒径的球形颗粒以一定的角度向前散射光线，这个角度接近于与颗粒直径相等的孔隙所产生的衍射角。当单色光束穿过悬浮的颗粒流时，颗粒产生的衍射光通过凸透镜聚于探测器上（图 2.7）[114]，记录下不同衍射角的散射光强度。同时，不发生衍射的光线，经凸透镜聚焦于探测器中心，不影响发生衍射的光线，因此颗粒流经过激光束时产生一个稳定的衍射谱[115]。衍射光的强度 $I(\theta)$ 与颗粒的粒径有如下关系：

$$I(\theta_{Laser}) = \frac{1}{\theta_{Laser}} \int_0^\infty r^2 n(r) J_1^2 \left(\theta_{Laser} \frac{2\pi}{\lambda_{Laser}} r \right) dr \qquad (2.3)$$

式中：θ_{Laser} 为散射角度；r 为颗粒半径；$I(\theta_{Laser})$ 为以散射角度为变量的光强度函数；$n(r)$ 为颗粒的粒径分布函数；λ_{Laser} 为激光的波长；J_1 为第一型贝叶斯函数。根据测得的 $I(\theta_{Laser})$，通过反演求得颗粒的粒径分布 $n(r)$。

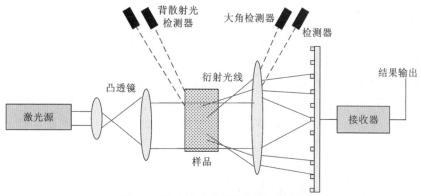

图 2.7　激光粒度分析仪原理示意图

本书试验采用马尔文（Malvem）公司生产的 Mastersizer Micro（MAF5000）激光衍射粒度仪测定商业用膨润土和高岭土的粒度分布，分析了盐分环境、六偏磷酸钠分散环境、蒸馏水环境中颗粒粒径分布的差别，证明盐分环境中的黏粒的絮凝作用。

Mastersizer Micro（MAF5000）激光衍射粒度仪将主机和分散系统集成一体［图 2.8（a）］，用于湿法测量，可量测 0.3～300 μm 范围的任意形状颗粒；重现率优于 0.5%且准确率优于 2%，可在 2 min 内快速获得测量结果。

（a）Mastersizer Micro 激光衍射粒度仪　　　　　　　　（b）操作过程

图 2.8　Mastersizer Micro 激光衍射粒度仪与操作过程

试验采用徐州矿务集团有限公司夹河煤矿高岭土厂生产的商用高岭土，镇江市丹徒区牧丰矿产品加工厂生产的商用膨润土。分别测定高岭土、膨润土和人工软黏土（膨润土和高岭土的质量比为 1∶4）的粒径分布曲线。

首先取干燥土样 200～300 g，碾碎，过 2 mm 筛子，过筛后土样量取 30 g，倒入 200 mL 纯水或 5%质量浓度的 NaCl 溶液中，充分浸泡搅拌。同时根据《土工试验方法标准》（GB/T 50123—2019）的建议浓度配制 4%(NaPO₃)₆（六偏磷酸钠）溶液作为分散剂使用。第一组、第二组试样与蒸馏水搅拌混合，第三组与 5% 质量浓度的 NaCl 溶液搅拌混合。然后，在第一组试样的悬液中加入分散剂 10 mL，第二组与第三组不加分散剂。用粒度仪专用烧杯盛 800 mL 蒸馏水，置于样品区，设定分散装置的泵速 3 000 r/min，启动分散装置并进行对光，使光强度达到 75 以上。最后，启动测试软件，将试样悬浊液缓慢滴入烧杯中，当遮光度达到 10%～20%，保存测试数据［图 2.8（b）］。

2.2.2　不同盐分环境的粒径分布

图 2.9 反映了密度计法和激光粒度分析法在分散剂条件下，高岭土和膨润土的颗粒分布曲线。从图 2.9 中可以看出，激光粒度分析法由于测量范围的限制（>0.3 μm），两种土的颗粒分布曲线的差异较小，而密度计法得到的膨润土 0.7 μm 以下的颗粒含量为 35%，大于高岭土 0.7 μm 以下的颗粒含量为 13%；两种方法测得的膨润土中间粒径 d_{50} 小于高岭土。

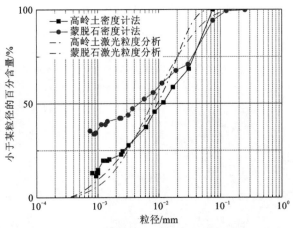

图 2.9　分散剂环境下高岭土和膨润土的颗粒分布曲线

超细粉体颗粒具有自发团聚的倾向，而且颗粒越细小，团聚越严重。超细粉体的分散程度主要取决于颗粒间的范德瓦耳斯力和毛细力，当粒径≤2 μm 时，其颗粒间的范德瓦耳斯力比其重力大几百倍以上，它们不会因重力而分离[116]，因此为了避免黏土细颗粒之间的团聚效应,测试结果真实地反映了矿物组粒的尺寸，悬浊液中加入了六偏磷酸钠作为分散剂。其主要机理为：暴露在黏土矿物边缘的氧化铝是两性的，在低 pH 下表现为正电性，在高 pH 下表现为负电性。因此，低 pH 会引起颗粒带正电荷的边缘与带负电荷的表面相互作用，导致颗粒从悬液中絮凝，六偏磷酸钠的加入提高了溶液 pH，使悬液稳定或黏土颗粒分散[117-119]。

反之，为了研究黏土的团粒性，可以不添加分散剂，对比盐分或蒸馏水对黏土极细颗粒团粒性的影响。但是，盐水的密度大于水的密度，在进行密度计试验过程中，需要修改密度的参数。土颗粒在盐分环境下迅速沉降，密度计停留的位置高于水-土界面的位置，从而无法通过密度计的读数计算细颗粒的相对含量。因此，无法获得盐分环境的密度计试验结果。

图 2.10 为使用分散剂和不使用分散剂的密度计试验结果，黏土颗粒在分散的化学环境下，中间粒径 d_{50} 与蒸馏水环境下有较大差异。使用分散剂后，测得的 d_{50} 明显减小。

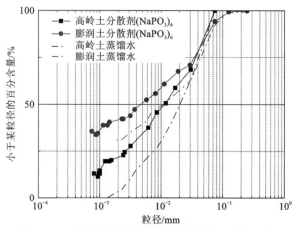

图 2.10　分散剂与蒸馏水环境下颗粒分布曲线对比

由于试验方法受限，本书采用激光粒度分析法对比盐分对 0.3 μm 以上的粒径分布影响。图 2.11 为蒸馏水与 5%NaCl 溶液环境下高岭土（简称 K）颗粒累积分布与密度分布曲线，从颗粒累计分布曲线可以看出，盐分环境下浸泡搅拌的高岭土 d_{50} 的粒径要大于蒸馏水环境下的悬浊液，说明蒸馏水环境下高岭土的分散性较好。进一步观察分布密度曲线，发现蒸馏水环境下 5 μm 以下的黏粒分布密度要大于 5%NaCl 溶液环境下的分布密度，而 30 μm（粉粒范围）的规律则相反，说明在盐分环境下，由于离子浓度的升高，部分黏粒形成类似粉粒的团粒。同样的规律可以在图 2.12 膨润土（简称 B）的对比分析中发现。以上结果说明，对于 0.3 μm 以上的黏粒，无论是高岭土还是膨润土，盐分都会使黏粒发生絮凝。

试验中发现的规律可以通过以下机理进行解释：①黏土表面带负电荷，表面吸附阳离子浓度的增加，导致扩散双电层变薄，黏粒间的斥力弱于吸引力（范德瓦耳斯力），黏粒相互聚凝；②NaCl 溶液的 pH 呈中性，黏土矿物边缘氧化铝带正电，与黏土颗粒表面互相吸引，形成点-面接触，发生絮凝。通过以上两种机理，

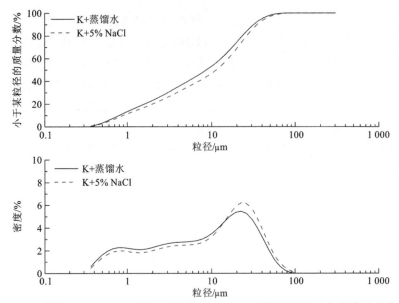

图 2.11　蒸馏水与 5%NaCl 溶液环境下高岭土（K）颗粒累积分布与密度分布曲线

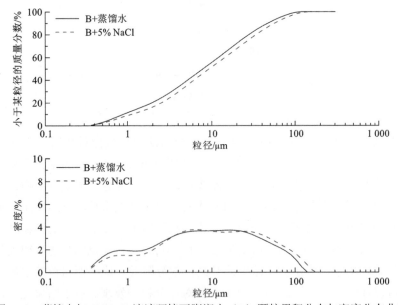

图 2.12　蒸馏水与 5%NaCl 溶液环境下膨润土（B）颗粒累积分布与密度分布曲线

盐分对黏土颗粒的粒径分布（指累积分布与密度分布曲线）产生影响。该机理将通过其他物理试验进一步验证。

综上所述，通过在盐分环境下和蒸馏水环境下形成的悬浊液进行激光粒度分析法或密度计法得到颗粒累积分布曲线，从试验结果可以发现，0.3 μm 粒径以上，盐分环境下浸泡搅拌的三种土的 d_{50} 粒径要大于蒸馏水环境下的悬浊液，说明蒸馏水环境下黏土的分散性较好。进一步观察密度分布曲线，发现蒸馏水环境下 5 μm 以下的黏粒分布密度要大于 5%NaCl 溶液环境下的分布密度，而 30 μm（粉粒范围）的规律则相反，说明在盐分环境下，由于离子浓度的升高，部分黏粒形成类似粉粒的团粒。但是，由于试验方法的限制，无法获得盐分对 0.3 μm 以下颗粒粒径的影响，只能通过沉积试验进行分析。

2.3　界限含水率

2.3.1　界限含水率与土-水相互作用

1. 含水率与土的物理状态

1）稠度

液限、塑限是与土的性质相关的两个重要的界限含水率，不同的液限、塑限反映了土的矿物成分、比表面积和颗粒粒径分布的区别，因此被广泛用于土的分类，并被各国规范所接受（美国 ASTM D2487-17e1，英国 BS EN ISO 17892-12: 2018，中国 GB/T 50123—2019）。

众所周知，黏性土的物理状态的变化，如固态、塑态或流态，与黏土和水的比例变化密切相关。黏土科学常采用稠性一词概括这一现象。有时根据这种性质对土质进行分类。Casagrande 和 Attgeberg 是这方面的先驱者。稠性，表示原为不是固体（在外力作用下不容易发生形状和体积变化的物体）也不是液体（在常温下虽然不具固定形状，却具有一定体积的流动体）的中间型物体的硬度——稠性的术语，叫作稠度。

2）分散

黏土加大量的水，就成为泥水，再加低浓度的阳离子溶液，黏土颗粒悬浮在水中难以沉淀，这种现象叫作分散或反絮凝，这种液体被命名为悬浮液、溶胶。这种现象可能是黏土矿物的表面有很多负电荷吸附阳离子，并且由于同号离子相排斥，颗粒因其相互排斥而长期浮游在水中所致。然而黏土矿物的整个表面并不都被负电荷所包围。所以有时颗粒之间由于静电引力或者叫作分子间范德瓦耳斯力引力的作用等，使颗粒间相互吸引。迄今仍认为吸附在表面的水和溶液中的离子一起对黏土颗粒的分散起作用，即由于水的偶极矩，吸附于颗粒表面。

颗粒表面上多是四面体层的底面氧元素组成的六角网配位体，所以吸附在其上面的水分子层则呈固定的排列，并且可叫作二维的水结晶。在此水层之上，有规则地重叠水分子层（有规则水的范围，其厚度一般小于 10 Å），规则性配位逐渐转化为紊乱的自由水。不让颗粒相互接近的因素为水分子层的形成，阴离子的相互排斥和水合力及颗粒特别微细也是原因之一。水分子层的厚度决定于离子浓度、种类和原子价。一旦离子浓度变高，分散反而受到妨碍，这种现象叫作凝聚。对分散剂而言，一价离子比二价离子适宜。若溶液里的离子浓度提高，致使水分子电偶层变薄，若分散剂为碱性者更为有效。这可能是在碱性条件下，颗粒表面的(OH)⁻基离解度高，使表面阴离子电荷增大所致。

3）絮凝

盐类溶液的浓度逐渐增高时，分散着的颗粒凝聚（逐渐变成大的颗粒而沉淀）的现象称为絮凝。引起凝聚的因素，如加热、蒸发干涸、冷冻及振荡等。这些因素对减少电偶层厚度或者对促进颗粒与颗粒的接触方面都有作用。

在凝聚而成的块中，黏土矿物的聚合状态并非全紊乱状态。当外界的 pH 低时，容易生成类似屋架的架空结构。其原因如下：颗粒的表面多半是由层间剥落下来的氧元素面，并且带有负电荷。与此相反，端部的 Al^{3+} 和 OH⁻同时暴露，所以有时正电荷比负电荷暴露得多。当外界的 pH 高时，颗粒表面的 OH⁻离解度增高，颗粒表面的负电荷增大，这就是分散的原因。当 pH 变低，在颗粒表面上增加正电荷，颗粒的端面与表面容易结合。如此看来颗粒端面的 pH 低时带正电荷，大时则带负电荷。

黏土矿物凝聚时的构造，多数情形为黏土颗粒之间包含着溶剂状态下凝聚的，即为凝胶（狭义的凝胶体）。近年来，处理水用的絮凝剂特别被重视，最有效的方法是具有尽可能快速中和悬浊颗粒的物质，曾广泛使用的有碳酸铝。

4）黏性

搅拌黏土矿物颗粒的悬浮液，就有一种黏着的感觉，即所谓黏性。黏性是在流动着的物质内部设想一平面，在与速度（移动速度、变形速度、速度梯度）同一方向上，外力（移位的应力）以该面为界，相对地在两侧表现流体的性质。

黏性可以用速度与外力的关系表示，描述黏性的模型主要分为宾汉（Bingham）流动和牛顿（Newton）流动。对于悬浮液，浓度极小时，则接近牛顿流动。速度

与外力的比例系数 η 称为黏性系数或者黏度，单位是 $g / (cm \cdot s)$。

悬浮液中的微细黏土矿物颗粒，由于表面的阴离子、交换性离子溶液中的离子的作用，在其周围覆盖着水分子层，而且表面的离子溶液中的离子也多半是水合状态，由此可以认为悬浮液的黏性是由以水为介质而生成的黏土颗粒与离子（溶液中的）之间的界面滑动。

4）塑性

当黏土颗粒与水分的比值进一步增大，黏土呈现可塑性，即施加外力则产生变形，卸载后不再变形，但是变形为连续，不会发生破裂。塑性与水分子层的厚度、颗粒直径和形状等相关，其机理与黏性相似，但一般认为自由水未参与其中。当碱性离子存在时，较小的应力可能产生较大的塑性变形；当存在较高的离子价时，流动所需的应力提高，比一价离子变形时需要更多的水分子。

2. 界限含水率试验

为了进一步明晰盐分浓度对土的界限含水率的影响，本书将徐州产高岭土（以下简称 K）、镇江产膨润土（以下简称 B）、MX80 膨润土[120,121]（以下简称 MX80）、Speswhite 高岭土（以下简称 Speswhite）按不同比例与蒸馏水、1% NaCl、3% NaCl、5% NaCl 和 10% NaCl 混合，测定液限塑限。试验材料为 K、K+5% B（K 与 B 的质量比为 19∶1）、K+10% B（K 与 B 的质量比为 9∶1）、K+20% B（K 与 B 的质量比为 4∶1）、MX80 和 Speswhite。

土的界限含水率试验，目前主要采用锥式仪法联合测定液限和塑限，或采用锥式仪或碟式液限仪法测定液限，配合滚搓法测定塑限。Casagrande 在 1932 年提出了蝶式液限仪法确定土的液限，但是由于低液限土的质量对滑动的影响，为了避免人为误差，目前锥式仪法被认为可以得到相对可靠的液限并被广泛采用[122]。对于高液限的膨润土，Sridharan 和 Prakash[122]则建议采用碟式液限仪法。郭莹和王琦[123]针对部分细粒土进行了室内落锥法确定液限和塑限的试验研究，试验结果表明：对于一些细粒土在双对数坐标上圆锥下沉深度与含水率之间的关系并非线性关系，无法依据线性关系确定液限、塑限。

综合以往的研究成果，本书对高液限的膨润土（B 和 MX80）采用碟式液限仪法确定液限，其他类型的黏土采用锥式仪法测定液限，塑限统一采用滚搓法确定，试验操作方法根据《土工试验方法标准》（GB/T 50123—2019），使用仪器图片如图 2.13 所示。测定含水率过程中，需要按照 NaCl 溶液的质量浓度，扣除盐分晶体的质量。

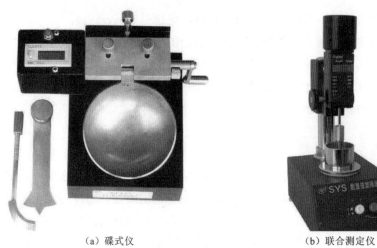

（a）碟式仪   （b）联合测定仪

图 2.13 界限含水率测定仪器

2.3.2 盐分影响下的界限含水率

图 2.14 为不同类型的黏土液限 w_L 和塑限 w_P 与 NaCl 浓度的关系，从图中可以看出：K 的液限与塑限随 NaCl 浓度变化并不明显，变化范围为 1%～2%；随着掺入蒙脱石的含量增加，液限与塑限随 NaCl 浓度的增加而下降的趋势明显，K+5% B 的液限从 34% 下降到 30%，K+10% B 的液限从 48% 下降到 35%，K+20% B 的液限从 71% 下降到 35%；对于 B 和 MX80，液限分别从 260% 下降到 64%，560% 下降到 103%；对于中国产的高纯度水洗 Specwhite，液限改变不明显，塑限略有上升，从 25% 上升至 30%。图 2.15 为塑性图中连云港软土（LYG caly）[17]、K+20% B 和高岭土（K）与蒸馏水或 5% NaCl 盐水混合后的液塑限对比，从图中可以看出：对于低液限黏土，盐分对液塑限的影响较小；对于高液限黏土，盐分的增加则使高液限黏土趋于低液限黏土。

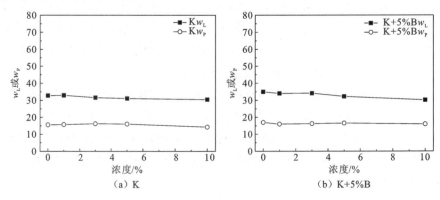

（a）K   （b）K+5%B

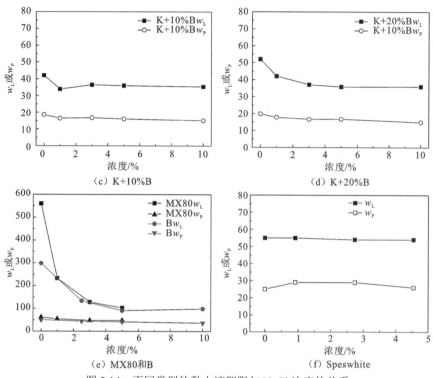

（c）K+10%B　　　　　　　（d）K+20%B

（e）MX80和B　　　　　　　（f）Speswhite

图 2.14　不同类型的黏土液塑限与 NaCl 浓度的关系

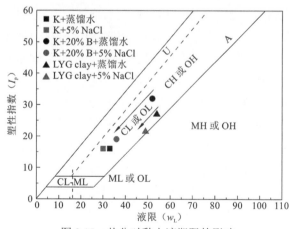

图 2.15　盐分对黏土液塑限的影响

CL 低液限黏土；ML 低液限粉土；OL 低液限有机质黏土；CH 高液限黏土；
MH 高液限粉土；OH 高液限有机质黏土

Sridharan 等最早开展了膨润土和高岭土液限机理的研究，认为两种土的液限机理不同[107, 124]。Abdullah 等[73]发现 KCl 处理后的黏土液限大幅降低。Kaya 和

Fang[59]研究了有机溶液对细粒土液塑限的影响，认为介电常数影响了土的聚团，进而影响了液塑限。Sridharan 等[74]研究了盐分对 Ariake 黏土和 Isahaya 黏土现场十字板剪切强度和液塑限的影响，认为矿物成分的不同，盐分对其作用的机理也不同。Ören 和 Kaya[60]研究了不同矿物成分的人工软黏土液限、塑限和缩限之间的关系。Yukselen-Aksoy 等[61]和 Di Maio 等[62]认为盐分对蒙脱石含量较高的黏土液限影响较大，而对以高岭石、绿泥石等矿物为主的黏土影响较小。

对于黏土的液塑限机理，Sridharan 和 Rao[124]认为，当土体接近一定的含水率时，颗粒之间的抗剪能力接近极限，层间的距离达到使颗粒之间充满自由水的最大值，即为液限。因此，在液限状态下，双电层对颗粒接触起到重要的作用。层间吸力与介电常数呈反比，层间斥力与介电常数呈正比。增加颗粒间的吸力会增加颗粒的抗剪能力，增加颗粒间的斥力会减少颗粒间的抗剪能力。Sridharan 和 Rao[107]通过将介电常数差别较大的有机溶液与黏土混合，进行直剪试验，证明了土的排水固结剪切强度会随孔隙水溶液的介电常数增加而迅速减少。

因此，增加介电常数会产生以下后果：①增加双电层厚度，使液限增加；②降低了抗剪能力，因此降低液限。Sridharan 进一步提出了可能影响高岭土和膨润土液限的机理：对于高岭土，介电常数的改变并没有对双电层厚度产生明显的影响，但是明显改变了抗剪能力，因此孔隙水的介电常数增加，减少了抗剪能力，降低了高岭土的液限；对于膨润土，介电常数对双电层的影响要大于对抗剪能力的影响，因此介电常数增加，导致双电层厚度的增加，液限增加。

Sridharan 和 Rao[124]选取的介电常数为 1.89～81，而根据 Hasted 等[125]和 Hong 等[126]的测试结果，盐水的介电常数变化范围较小。根据 Sridharan 和 Rao[124]的试验结果，在水与盐水的介电常数范围内，高岭土的液限变化较小，本书中的液限试验结果也通过试验证明了该结果。而不同浓度的盐分，对膨润土的液限的有较大影响，因此蒙脱石的存在可能是盐分对黏土液塑限影响的主要因素。

液限为达到颗粒分离的极限含水率。图2.16为盐分对一般黏性土作用的机理，自然界黏土中存在多种矿物，在颗粒之间充满蒸馏水的条件下，液限由吸附结合水决定[图 2.16（a）]。当孔隙之间充满 NaCl 溶液后，根据双电层理论[109]，双电层的厚度由于孔隙水的离子浓度升高而变薄，颗粒间引力大于斥力，结合成团粒。因此，同样的含水率，颗粒之间的自由水更多，超过该条件下的液限。对于比表面积大的蒙脱石，这种作用占主导。

图2.17为文献[25,61,126,127]中天然软黏土的液限 w_L 与塑性指数（$I_p=w_L-w_P$）的数据与本书数据对比，结果表明，土的塑性指数与液限保持良好的线性相关关系，说明土的持水能力与液限正相关，而盐分改变了人工软黏土的持水能力。

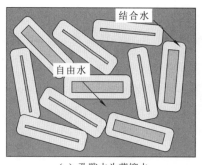 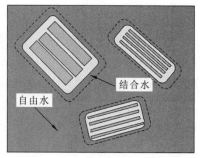

（a）孔隙水为蒸馏水　　　　　　　　（b）孔隙水为盐水

图 2.16　盐分对黏土液塑限影响的机理

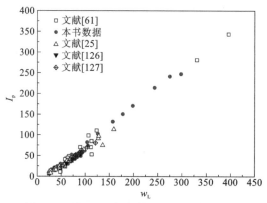

图 2.17　液限 w_L 与塑性指数 I_p 之间的关系

图 2.18 为不同的膨润土、高岭土及天然黏土[62, 122]的液限随 NaCl 浓度变化的关系，从图中可以看出，其初始液限越大，盐分对液限的改变也越大。

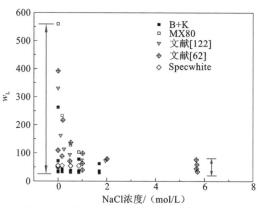

图 2.18　液限 w_L 与 NaCl 浓度之间的关系

将各种不同浓度盐分人工软黏土的液限 $w_{L(c)}$ 除以蒸馏水人工软黏土的液限 $w_{L(c=0)}$，进行归一化，即 $w_{L(c)}/w_{L(c=0)}$，得到 $w_{L(c)}$ 与 NaCl 浓度 c_{NaCl} 之间的关系（图 2.19）。将 Di Maio 等[62]的天然黏土 Bisaccia 黏土（伊利石-蒙脱石混层含量 10%）和 Marino 黏土（蒙脱石含量 30%）与本书数据进行对比，从图 2.19 可以看出，蒙脱石含量越高，加入盐分后液限的改变越大；主要由蒙脱石构成的膨润土，液限随盐分浓度变化的趋势较为接近。将不同矿物成分的黏土液限与孔隙水浓度的关系，统一采用式（2.4）进行拟合：

$$w_{L(c)}/w_{L(c=0)} = b + \frac{1-b}{1+(c_{NaCl}/m)^3} \qquad (2.4)$$

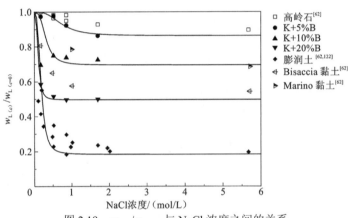

图 2.19　$w_{L(c)}/w_{L(c=0)}$ 与 NaCl 浓度之间的关系

将拟合曲线绘制于图 2.19 中，对比发现式（2.4）中的常数 b 代表溶液浓度趋于饱和溶液浓度时 $w_{L(c)}/w_{L(c=0)}$ 的值，代表液限改变的幅度，该值与蒙脱石矿物的含量相关；m 代表液限变化趋于稳定的浓度临界值，也与蒙脱石族的含量相关。

综上所述，通过孔隙水盐分浓度影响下的界限含水率试验，可以得到如下结论。

（1）盐分对低液限黏土的液限影响较小，对高液限黏土的液限影响较大，且液限越高，改变的幅度越大。

（2）盐分对高岭土与膨润土液限改变的机理不同。对于高岭土，主要机理是介电常数的改变，使颗粒间的抗剪能力发生变化，而盐分浓度对介电常数的影响较小，因此盐分对高岭土液限影响较小；对于蒙脱石族含量较高的膨润土，主要机理是双电层厚度随离子浓度增加而变薄，降低了土的持水能力。

（3）将 $w_{L(c)}/w_{L(c=0)}$ 与 c_{NaCl} 的关系采用归一化的公式表示，其常数与蒙脱石族的含量有关。

2.4　盐分环境中人工软黏土的沉积特性

2.4.1　人工软黏土的沉积试验

本书对高岭土（K）、膨润土（B）和人工软黏土（B：K=1：4）进行沉积试验，探讨盐分与蒸馏水环境下沉降特征的区别，并进一步验证激光粒度分析仪中发现的结果。

由于初始含水率对黏土的沉降类型有影响，根据 Imai[128] 的试验参数设定，统一将黏土与水或 5% 浓度的 NaCl 溶液，按质量比 1：20 混合（含水率 2 000%，干土质量 45 g）。将混合物搅拌 10 min 以上，搅拌均匀后迅速移入直径 6 cm 的量筒，达到预定高度 32 cm 后，继续搅拌 5 min 以上，采用保鲜膜密封量筒的开口，静置观察液面的变化情况，并记录土与水分界面下降速率。

搅拌过程中发现，膨润土和人工软黏土（BK），在与水混合后会形成明显的絮凝聚团，而与盐水混合后则不会形成絮凝聚团（图 2.20）。这一现象说明，离子浓度增加使土的渗透系数增加，水可以迅速进入块体内部，形成均匀的泥浆。

（a）B+蒸馏水　　　　（b）B+5%NaCl　　　　（c）BK+蒸馏水　　　　（d）BK+5%NaCl

图 2.20　黏土在土中的搅拌分散过程

本试验共采用 6 个试样，编号为 K+0%、K+5%、B+0%、B+5%、BK+0% 和 BK+5%，分别代表高岭土+蒸馏水、高岭土+5% NaCl 溶液、膨润土+蒸馏水、膨润土+5% NaCl 溶液、人工软黏土（质量比 B：K=1：4）+蒸馏水、人工软黏土（B：K=1：4）+5% NaCl 溶液，试样编号及说明如图 2.21 所示。

2.4.2　人工软黏土沉积速率和沉积类型

Kynch[129]、McRobert 和 Nixon[130] 建立了悬浮系统中土的沉降理论［图 2.22（a）］，但该模型考虑的悬浮模式较单一。Imai[128,131] 改进了该系统，在黏土沉积过程中增加了絮凝形成这一阶段［图 2.22（b）］，并按照含水率从高到低，将土的沉降分

K+0%   K+5%   B+0%   B+5%   BK+0%   BK+5%

图2.21   试样编号说明

为4种类型：分散沉降，土颗粒之间无相互作用；自由絮凝沉降，自重沉降过程中胶粒的吸引作用形成絮凝结构；分区沉降，团粒之间的相互作用强烈，清水与分散之间的界面明显；固结沉降，主要由固结理论控制其沉降行为。

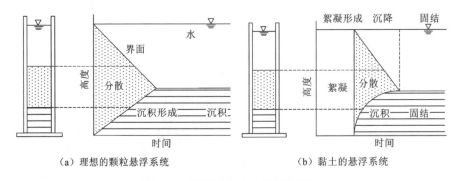

（a）理想的颗粒悬浮系统   （b）黏土的悬浮系统

图2.22   悬浮系统中土的沉降理论

经过8个月的持续观测，拍照记录了不同间隔时间的液面变化（图2.23、图2.24、图2.25），并得到分界面的高度与时间的关系（图2.26、图2.27、图2.28）。

（a）0 min   （b）10 min   （c）30 min

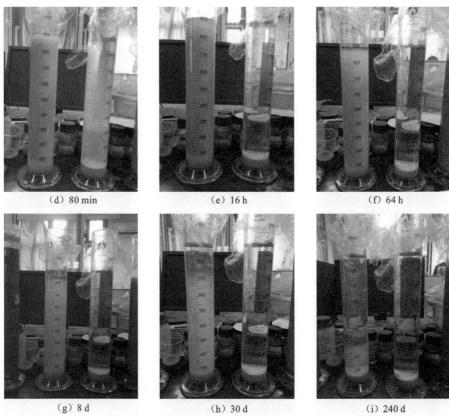

(d) 80 min 　　　　　　　　 (e) 16 h 　　　　　　　　 (f) 64 h

(g) 8 d 　　　　　　　　 (h) 30 d 　　　　　　　　 (i) 240 d

图 2.23 　K+0%和 K+5%沉积试验对比

（a）0 min 　　　　　　　　 （b）10 min 　　　　　　　　 （c）30 min

(d) 1 h　　　　　　　(e) 16 h　　　　　　　(f) 6 d

(g) 8 d　　　　　　　(h) 30 d　　　　　　　(i) 240 d

图 2.24　B+0%和 B+5%沉积试验对比

(a) 1 min　　　　　　(b) 30 min　　　　　　(c) 60 min

(d) 2 h　　　　　　　(e) 16 h　　　　　　　(f) 6 d

(g) 30 d　　　　　　　(h) 66 d　　　　　　　(i) 240 d

图 2.25　BK+0%和 BK+5%沉积试验对比

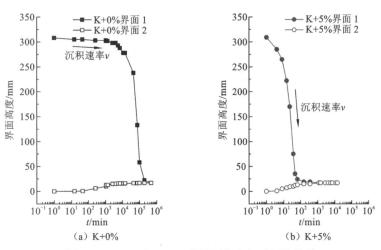

(a) K+0%　　　　　　　　　　　(b) K+5%

图 2.26　K+0%与 K+5%的界面高度与时间的关系

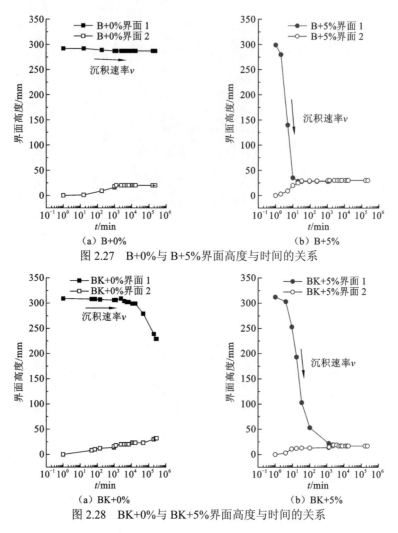

图 2.27　B+0%与 B+5%界面高度与时间的关系

图 2.28　BK+0%与 BK+5%界面高度与时间的关系

　　图 2.23 为高岭土在蒸馏水和 5%NaCl 溶液环境下的沉积过程，从图中可以看出，16 h 以后 K+0%开始出现上、中、下三个液面分层，该沉降过程属于 Imai 定义的自由絮凝沉降[128,131]，大颗粒在自重作用下首先发生沉降，但沉降过程中由于胶粒的吸引作用，而减慢了下沉速度，并由于布朗运动和黏粒的边缘-面相互吸引作用，逐渐与周围颗粒累积发生絮凝。在絮凝形成过程中，分散体系与液体的第一分界面并不明显（见 8 d 和 30 d 照片），最终形成土-水的稳定分界面（见 240 d 照片），但观察可知上部液体较浑浊，显然存在分散颗粒。而 K+5%则偏向于 Imai 定义的分区沉降，颗粒之间作用强烈，絮凝作用发生迅速，由于离子浓度的增加，反离子层减薄，斥力降低，在较大的净吸力（范德瓦耳斯力减去斥力）作用下，黏土颗粒迅速絮凝成集合体下沉，最终土-水界面明显，且液体中无分散颗粒。

根据图 2.22 中对土的沉降体系的描述，分界面随时间的变化曲线的第一个平缓段为黏土的絮凝形成阶段。从图 2.26 中 K+0% NaCl 和 K+5% NaCl 的对比结果可知，K+0%的絮凝形成时间在 10^4 min，K+5%的絮凝形成时间在 10 min 以内，说明高岭土在离子浓度较高的水环境下，絮凝形成较短，颗粒之间相互作用强烈；在蒸馏水环境下，液体中存在部分分散颗粒，但最终沉积形成的土体高度相同（17 cm）。图 2.26 曲线的斜率代表沉降速度，观察结果可知，盐分作用下加快了颗粒的沉降速度，根据斯托克定律，进一步验证了激光粒度分析法试验中得到的结果。

图 2.24 为膨润土在蒸馏水和 5% NaCl 溶液环境下的沉积过程，具有更明显的差别，从图中可以看出，直到 30 d，B+0%才开始出现上、中、下三个液面分层，而且一直截止到 240 d，两个液面高度一直维持稳定，说明蒸馏水环境下的膨润土，其沉降过程可划分为分散沉降，分散体系稳定，小颗粒之间相互排斥，表现为净斥力，未发生 Kaya 等描述的累积絮凝[58]，即重力作用下逐渐与周围颗粒吸引累积发生絮凝。而 B+5%在 30 min 后即出现明显的分界，同样也属于分区沉降，颗粒之间作用强烈，最终形成土-液体界面明显的体系，且液体中不存在分散颗粒。

从图 2.27 中 B+0%和 B+5%试样液面高度与时间的关系曲线对比结果可知，B+5%的絮凝形成时间在 1 min 以内，说明其絮凝形成时间更短，颗粒之间相互作用强烈。同样的，如图 2.27 所示，絮凝阶段曲线的斜率随盐分的增加而增加，盐分作用下加快了颗粒的沉降速度。

图 2.25 为人工软黏土在不同环境下沉积过程。从试验结果可知，BK+0%也属于自由絮凝沉降类型，在 240 d 后液面分层稳定，与高岭土和膨润土不同的是，部分在重力下沉过程中，发生布朗运动和边缘-面吸引作用下的絮凝沉降，但中间的分散体系最终稳定在一定高度。而在高离子浓度条件下，与高岭土和膨润土相同，属于分区沉降，颗粒之间作用强烈，最终形成土-液体系中不存在分散颗粒。由于颗粒的粒径沉降速率不同，分散体系中存在两层，最终沉积的土体也有明显的两层。

从图 2.28 中的对比结果可知，BK+0%的絮凝形成时间为 10^4 min，BK+5%的絮凝形成时间在 10 min，说明 BK+0%的絮凝形成时间受高岭土控制。最终形成的土的高度分别为 32 cm 和 17 cm，说明 BK+5%在高离子浓度条件下，最终形成的土的高度受强结合水膜厚度的影响，堆积高度较小，互相之间表现为净吸力。同样，液面高度与时间的关系曲线中也可以发现，盐分作用下加快了颗粒的沉降速度。

海相软黏土的沉积历史和沉积环境，对土的结构有重要影响。一般而言，土的结构可分为单粒结构、蜂窝结构和絮凝结构三种类型。砂土对应的单粒结构和粉土对应的蜂窝结构，受土的沉积环境影响较小，而对于黏土，沉积过程中形成的絮凝结构或是分散结构，与矿物类型、孔隙溶液的离子浓度、pH 和土与水的质量比有重要关系[58]。

Sridharan 和 Prakash[132]认为高岭土和膨润土的沉降机理不同，膨润土的沉积是与双电层斥力有关，高岭土的沉积则与其本身的结构有关。而 Kaya 等[58]则认为，对于高岭土，pH 较低的酸性环境下，由于黏土颗粒的点-面接触，形成絮凝沉降；在 pH 较高的碱性环境下，当离子强度较低时，形成分散沉降，当离子强度较高时，形成絮凝沉降。

在以往研究的基础上，结合以上试验结果，分析盐分对人工软黏土沉积特性的影响机理。

对于细小的黏粒(粒径 0.005～0.0001 mm)或胶粒(粒径 0.0001～0.000 001 mm)，重力作用很小，能够在水中长期悬浮，不因自重而下沉。这种情况下，粒间作用力有粒间斥力和粒间吸力，均随颗粒间距离的减小而增加，但增长速率不同。斥力的大小与双电层的厚度有关系，随离子浓度、离子价位及温度的增加而减小。吸力主要指范德瓦耳斯力，随着颗粒间距离增加很快衰减，这种变化取决于土粒的大小、形状、矿物成分、表面电荷等因素，但与水溶液的性质几乎无关。粒间作用力的作用范围从几埃米到几百埃米，它们中间既有吸力也有斥力，当总的斥力大于吸力时表现为净斥力，当总的吸力大于斥力时表现为净吸[133]。

在高含盐量的水中沉积的黏性土，由于离子浓度的增加，反离子层减薄，斥力降低，在较大的净吸力作用下，黏土颗粒容易絮凝成集合体下沉，形成盐水的絮凝结构。在无盐的环境下沉积，有时也可能产生絮凝，主要原因有两方面：一是静电吸力，由黏粒的边（正电荷）与另一黏粒面的负电荷接触产生；二是布朗运动，悬浮颗粒在运动过程中可能形成边缘-面连接，在重力作用下形成无盐溶液中的絮凝。当土颗粒间表现为净斥力时，土颗粒将在分散状态下缓慢沉积，这时土颗粒平行排列，形成分散结构[56-58]。

具有絮状结构的黏性土，其土粒间的联结强度往往由于长期的固结作用和胶结作用（铁、硅、钙）而得到加强，同时又具备不稳定性，随着溶液性质的改变或受到振动后可重新分散，因此，絮凝结构的黏土具有更高的灵敏度。

高岭土在蒸馏水环境下和盐分环境下都会发生絮凝沉降，但是絮凝时间不同，这说明高岭土的沉降机理是重力作用和盐分环境下颗粒间絮凝的共同作用；而膨润土在蒸馏水环境下土颗粒间表现为净斥力，颗粒间平行排列，具有分散结构；膨润土在盐水环境下则迅速絮凝，沉降类型表现出与高岭土相似的分区沉降，且最终堆积高度降低，说明膨润土的沉积结构主要受水环境的影响。

综上所述，通过土的沉积试验，得到如下结论。

（1）根据 Imai[128,131]对沉降类型的划分，在蒸馏水环境下，高岭土与人工软黏土表现为自由絮凝沉降，膨润土表现为分散沉降；在 5% NaCl 溶液环境下，三种土都表现为分区沉降。

（2）盐分环境下土的絮凝形成时间较短，相互之间表现为净吸力，颗粒之间相互作用明显。对于高岭土，盐分仅影响了絮凝时间，但对最终的堆积高度影响较小；对于人工软黏土，由于膨润土的存在，盐分减小了最终堆积高度，说明絮凝作用压缩了片层之间的距离。

（3）在盐分的作用下，黏土颗粒的沉降速率加快，说明絮凝作用改变了粒团的直径，进一步证明了激光粒度分析法试验中的结果。

2.5　界限含水率与土的小应变剪切模量相关性

2.5.1　压实土的小应变剪切模量测试

盐分对土的界限含水率有重要影响，而界限含水率的不同，土的压实特性和弹性模量等特性都会产生差异。G_{max} 指小应变范围（10^{-6}）土的剪切模量，也称小应变剪切模量，通常用来表征土体的刚度，室内通常采用共振柱试验和弯曲元试验确定，是一种无损的测试手段。

以往研究表明，土的小应变剪切模量主要受含水率和吸力的影响[134]。Ng 等[135,136]采用弯曲元试验研究了非饱和土剪切模量的各向异性。Inci 等[137]、Khosravi 等[138]和 Heitor 等[139]研究了干湿循环对 G_{max} 的影响。但是界限含水率、G_{max}、最优含水率和吸力之间的关系，却需要进一步的明晰。

本书将对三种不同液塑限的土在不同的含水率下压实至同一干密度，进行弯曲元试验，并从吸力和微观结构的角度，对含水率、土的液塑限和小应变剪切模量之间的关系进行探讨。

试验采用三种人工软黏土 ITL-1、ITL-2 和 ITL-3，分别由 7 种不同含量的标准砂（1.0～2.5 mm 粒径标准砂 HN 1.0～2.5、0.6～1.6 mm 粒径标准砂 HN 0.6～1.6、0.4～0.8 mm 粒径标准砂 HN 0.4～0.8、0.31 mm 平均粒径砂 HN 31、0.34 mm 平均粒径砂 HN34、0.001～0.01 mm 粉细砂-粉土 C4、0.001～0.02 mm 粉细砂-粉土 C10）、高岭土（Speswhite）和膨润土混合[140]，膨润土的含量分别为 6.67%、20% 和 33.33%，每种土的质量分数见表 2.2。

表2.2　试验材料的质量分数　　　　　　　　（单位：%）

试验材料	ITL-1	ITL-2	ITL-3
HN 1.0～2.5	13.33	13.33	13.33
HN 0.6～1.6	6.67	6.67	6.67
HN 0.4～0.8	6.67	6.67	6.67
HN 31	3.33	3.33	3.33
HN 34	3.33	3.33	3.33
膨润土	6.67	20.00	33.34
C4	16.67	16.67	10.00
C10	20.00	20.00	13.33
高岭土	23.33	10.00	10.00

　　三种土的颗粒粒径分布曲线、液塑限和击实曲线分别如图 2.29～图 2.31 所示。颗粒粒径分布曲线由 9 种已知土的颗粒级配按照不同掺量计算得到，液塑限试验依据美国 ASTM-D2487-17e1 规范进行[141]，击实试验依据法国规范 AFNOR—1999[142]试验进行。从试验结果可知 ITL-1 为低液限黏土，ITL-2 和 ITL-3 为高液限黏土；三种土的最大干密度分别为 $1.89 \times 10^{6} \, g/m^{3}$、$1.85 \times 10^{6} \, g/m^{3}$ 和 $1.63 \times 10^{6} \, g/m^{3}$，最优含水率分别为 11%、13%和 14%。最大干密度随液限的增加而减少，最优含水率随液限的增加而增加，这一规律与 Blotz 等[143]的结论相一致。

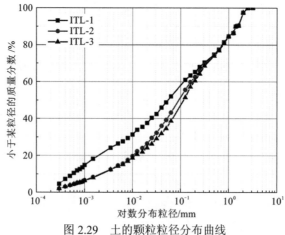

图 2.29　土的颗粒粒径分布曲线

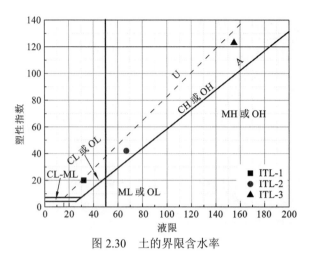

图 2.30　土的界限含水率

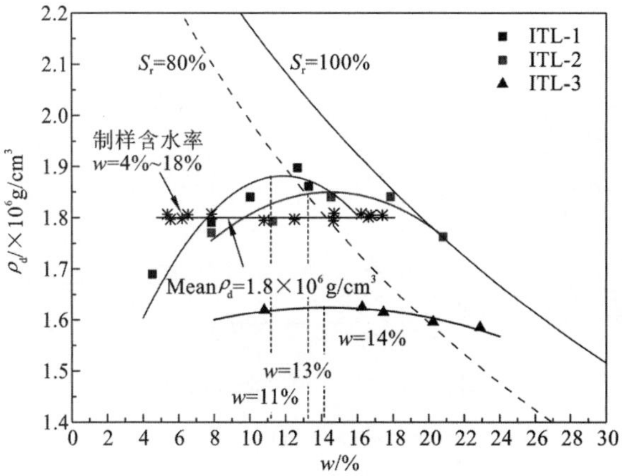

图 2.31　土的击实曲线结果

2.5.2　压实土的总吸力测试

将准备好的土自然风干后，过 1 mm 的筛，然后用喷枪将水轻轻喷洒在土中至不同的目标含水率（4%~18%），装入密封袋中静置 24 h，使水分分布均匀。用图 2.32 所示的静压装置以 0.3 mm/min 的速度将土压至同一干密度（1.8×10^6 g/m³）。静压制样器由活动活塞、可提升的底座和内径 50 mm 的套管构成。

最终的试样为直径 50 m、高度 50 m 的圆柱体（图 2.33），每一种试样制备两个平行样。为保证密度的均匀性，静压分三次完成，每层静压结束后将表面刮毛处理。

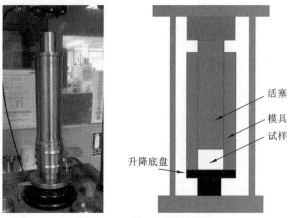

图 2.32　静压制样装置

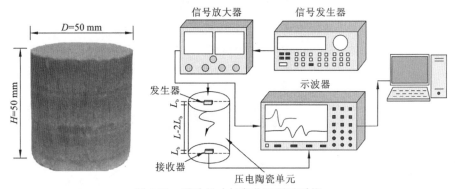

图 2.33　试验尺寸与弯曲元测试系统

　　如图 2.33 所示，弯曲元测试系统由信号发生器、信号放大器、两个压电陶瓷单元和示波器构成。压电陶瓷单元安装在试样的两端，一端传递经放大的信号源，一端接收穿过试样后的信号，通过记录信号穿过试样的时间，得到剪切波速 $v_s=L_{tt}/\Delta t$，其中 L_{tt} 为试样高度减去压电陶瓷单元嵌入深度后的净距离，Δt 为初至波的到达时间。通过剪切波速 v_s 和密度 ρ 可以得到土的小应变剪切模量 $G_{max}=\rho v_s^2$。

　　由于近距效应和串扰效应，在输出信号中准确地确定接收时间很困难，众多学者针对这一问题进行了研究[144-149]。Leong 等[147]建议采用高频率信号来消除近距效应。Lee 和 Santamarina[146]发现将试样用导线接地，则可以避免串扰效应。5～30 kHz 为弯曲元试验常用的信号源范围，图 2.34 为该范围内试样的典型时域接收信号，虚线为平行试样，测试过程中试样始终保持接地。从结果看出，15 kHz 以上试样的时域接收信号起点稳定，且平行试样的起始点基本重合，说明重复性较好。根据 Lee 和 Santamarina[146]的建议，本书所有试样统一选用 20 kHz 作为信号源，起点选取位置如图 2.34 所示。

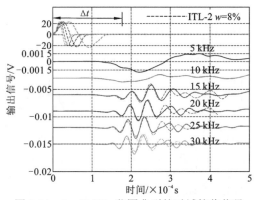

图 2.34　5～30 kHz 范围典型的时域接收信号

完成弯曲元试验后，将试样小心切割后，放入 WP4C 吸力测试仪的样品室中平衡约半小时后，测得总吸力。WP4C 吸力测试仪和试样的照片如图 2.35 所示，其工作原理是通过探头感应温度，得到与温度对应的相对湿度，进而测得土的总吸力[150]。

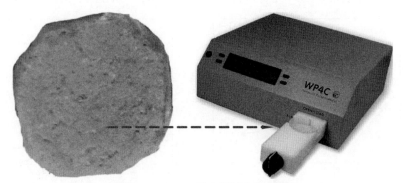

图 2.35　WP4C 吸力测试仪和试样

2.5.3　小应变剪切模量、总吸力与最优含水率

图 2.36 为初始含水率在 $w=4\%\sim18\%$ 的弯曲元试验结果，由结果可知，曲线 v_s-w 和 G_{max}-w 为类似击实曲线的抛物线形状。在选定的含水率范围内，ITL-1、ITL-2 和 ITL-3 的剪切波速最大值为 250 m/s、280 m/s 和 350 m/s，G_{max} 最大值为 130 MPa、160 MPa 和 245 MPa，说明在同一干密度的前提下，随着土的液限增加，其剪切波速和小应变剪切模量的峰值相应增加。剪切波速或小应变剪切模量的峰值对应的初始含水率分别为 9%、13% 和 14%，与击实曲线中的最优含水率 11%、13% 和 14% 接近，同样该峰值含水率也随土的液限增加而增加。

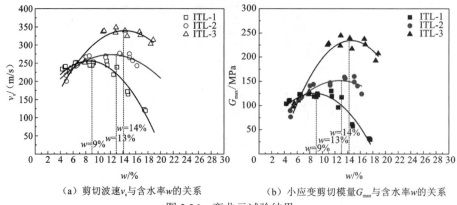

（a）剪切波速v_s与含水率w的关系　　　　（b）小应变剪切模量G_{max}与含水率w的关系

图 2.36　弯曲元试验结果

Vanapalli 等[151]和 Delage 等[152]认为重塑土的初始含水率对细粒土的微观结构有很大影响，而吸力是土的微观结构的宏观表现。图 2.37（a）为总吸力 ψ 与含水率 w 的关系，从图中看出，总吸力随含水率的增加而减小，液限较高的 ψ-w 曲线位于液限较低的曲线上方，说明同一含水率，高液限土的总吸力要高于低液限土。

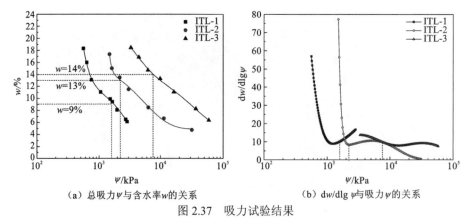

（a）总吸力ψ与含水率w的关系　　　　（b）dw/dlg ψ与吸力ψ的关系

图 2.37　吸力试验结果

众多学者通过压汞（mercury intrusion porosimetry，MIP）法压汞曲线建立与土水特征曲线的关系[153-156]。压汞试验测量土的孔径分布的原理是利用土与汞的表面张力，与吸力由毛细作用下表面张力控制的原理相同。汞进入土孔隙的压力，与孔隙直径相关的毛细作用下表面张力也相关。但汞、水两者与土颗粒的接触角不同，压汞的过程相当于土的干燥过程，退汞的过程相当于土的湿化过程。因此，根据其工作原理，可以推论总吸力可代表土的孔径，dw/dlg(ψ)-w 的曲线可以认为是压汞曲线的孔径分布密度。

为了得到 ψ-w 曲线连续的斜率变化 dw/dlg(ψ)-w，将 ψ-w 关系用式（2.5）拟合为连续的曲线：

$$y = b_1 \cdot e^{-\frac{x}{m_1}} + b_2 \cdot e^{-\frac{x}{m_2}} + b_3 \tag{2.5}$$

式中：b_1，b_2，b_3，m_1 和 m_2 均为拟合参数。

图 2.37（b）为 $dw/dlg(\psi)$-w 拟合曲线，由结果可知三种土都呈现双峰结构。对于每一种土，G_{max} 对应的含水率，基本在 $dw/dlg(\psi)$-w 曲线的最低点。

Vanapalli 等[151]提出当饱和度接近非饱和土水特征曲线的残余状态，总吸力迅速变化，相似地，在最优含水率范围内总吸力的迅速变化使得 $dw/dlg(\psi)$-w 曲线的最低点与 G_{max} 最大值对应的含水率没有精确的对应。

对于三种土，G_{max}-w 曲线的最优含水率所对应的总吸力分别为 1.7 MPa、2.3 MPa 和 6.5 MPa，随着土的液限增加而增加。该现象可以通过以下原理进行解释：由于高液限黏土的总吸水能力更强，粒团达到饱和需要更高的含水率，因此同样的含水率，压实土的颗粒直接接触面积较小，需要更多的水达到 G_{max} 最大值。

通过以上的分析，可以得到结论：击实曲线的最优含水率、G_{max}-w 曲线的最优含水率、$dw/dlg(\psi)$-w 曲线的最低点三者有良好的对应关系，其机理可通过如下分析进行解释。

Delage 等[152]通过 MIP 试验研究了压实土的微观结构，发现低于最优含水率时，土的团聚现象更明显，微观结构表现为双孔结构；高于最优含水率时，土颗粒分布更加均匀，微观结构表现为单孔结构。这一特征可用来解释 G_{max}-w 曲线的峰值现象：当低于最优含水率时，团聚体间的孔隙构成土的主要结构，团聚体的接触为土体提供刚度；当重塑含水率增加时，团聚体逐渐吸水饱和，接触面积增大，引起 G_{max} 增大，当达到最优含水率时，接触面积达到最大，G_{max} 达到最大值；高于最优含水率后，团聚体被完全破坏，毛细作用控制土的刚度，当吸力增加时，G_{max} 相应地增加（图 2.38）。

因为剪切波速现场获取方便，对构造物无损害，目前越来越多的学者通过控制弹性模量来控制压实度，以代替以往通过控制干密度来控制压实度，所以，小应变剪切模量作为弹性模量的参数，不仅在室内试验获取方便，而且在现场测试时也便利且无损，具有传统方法所不具备的优势[157]。

综上所述，对三种不同液限的人工软黏土进行击实试验、弯曲元试验和吸力测试，得到如下结论。

（1）击实曲线的最大干密度随着液限的增加而减少，最优含水率随液限的增加而增加。

（2）v_s-w 和 G_{max}-w 为类似击实曲线的抛物线形状，同一干密度的前提下，随着土的液限增加，其剪切波速和小应变剪切模量的峰值相应增加。剪切波速或小应变剪切模量的峰值对应的初始含水率与击实曲线中的最优含水率接近，该峰值随土的液限增加而增加。

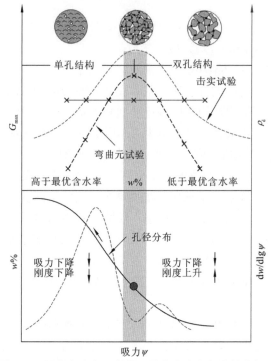

图 2.38　最优含水率、弯曲元最优含水率相关性的机理

（3）从吸力和微观结构的角度解释了压实土小应变剪切模量随含水率变化的机理：当低于最优含水率时，团聚体间的孔隙构成土的主要结构，团聚体的接触为土体提供刚度；当重塑含水率增加时，团聚体逐渐吸水饱和，接触面积增大，引起 G_{max} 增大；低于最优含水率后，团聚体被破坏，毛细作用控制土的刚度，吸力增加，G_{max} 相应地增加。

2.6　盐分对人工软黏土膨胀力的影响

2.6.1　膨胀力测试方法

如果自然界中的土体蒙脱石含量较高，则会表现出高活动度、高液限、膨胀性，对孔隙水离子成分敏感的特点。对于连云港海相黏土，土中的蒙脱石含量较高，而海水中主要含 Na^+、Ca^{2+} 和 Mg^{2+} 等离子。膨胀力作为土的基本性质，有必要进一步明晰其与盐分的关系。

以往的研究表明膨胀力与干密度、NaCl 浓度和温度有关[158-162]，但是多集中在高膨胀性的 Na 基膨润土。本书将 0 mol/L、0.17 mol/L、0.52 mol/L 和 0.86 mol/L 四种浓度的 Na^+、Ca^{2+}、Mg^{2+} 与同一干密度的 Ca 基膨润土接触，探讨离子类型与浓度对膨胀变形、膨胀力与水分迁移的影响。

如前所述，研究采用镇江产膨润土，膨润土的液塑限和矿物成分见表 2.1 和图 2.14。其比表面积为 733.98 m^2/g，可交换阳离子量为 78.07 mmol/100g，比重为 2.73[163]。

NaCl 溶液的质量浓度分别为 1%、3% 和 5%，$MgCl_2$ 的质量浓度为 1.62%、4.86% 和 8.1%，$CaCl_2$ 的质量浓度为 1.9%、5.69% 和 9.45%，相当于 $Na^+/Ca^{2+}/Mg^{2+}$ 具有相同的摩尔浓度，分别为 0.17 mol/L、0.52 mol/L 和 0.86 mol/L。

将膨润土在常规固结仪的环刀中静压至同一干密度 1.14 g/cm^3，环刀尺寸为直径 61.8 mm，高度 20 mm。膨润土的天然含水率为 10.9%。

ASTM D4546-14e1 中测量土的膨胀力有三种方法[164]：平行试样先加载后浸润法、单试样先加载后浸润法和先浸润后加载法。本书采用平行试样先加载后浸润法（图 2.39），可以得到浸润后单向的压缩和膨胀变形，基本过程如下。

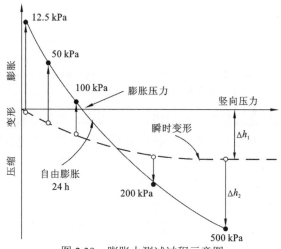

图 2.39　膨胀力测试过程示意图

（1）将至少 4 个试样安装在固结仪中，分别施加 12.5 kPa、50 kPa、100 kPa、200 kPa 和 500 kPa 的荷载（图 2.39），当变形每小时不超过 0.01 mm 时，可认为变形稳定，记录下百分表读数。

（2）在固结仪容器中加入蒸馏水或不同浓度的盐溶液，记录 24 h 内试样坍缩或膨胀的变形量 h_2。

（3）当变形每小时不超过 0.01 mm 时，拆除试样，测量土的含水率，将所有试样的变形绘制于竖向压力与变形的坐标系中，用平滑曲线连接后，与 X 坐标轴相交的点，即为膨胀力。整个过程在室温（25℃左右）情况下进行。

2.6.2　盐分环境中人工软黏土的膨胀力与膨胀变形

1. 膨胀力与膨胀变形

将具有代表性的最终高度 h 与时间的关系绘制于图 2.40。从图 2.40（a）的结果可知，在 12.5 kPa 的上部荷载作用下，0.86 mol/L 高浓度的盐溶液 NaCl、$CaCl_2$ 和 $MgCl_2$ 都大幅降低了膨胀量，由离子价态产生的最终膨胀量的差异不明显。

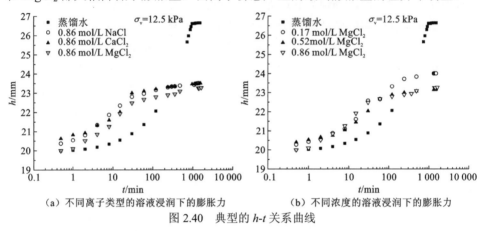

（a）不同离子类型的溶液浸润下的膨胀力　　（b）不同浓度的溶液浸润下的膨胀力

图 2.40　典型的 h-t 关系曲线

变形随时间的变化经历了三个阶段：缓慢吸水、迅速膨胀、膨胀变缓。根据非饱和土吸力的原理和蒙脱石膨胀的机理分析，第一阶段是平缓阶段，可能是吸力作用下缓慢吸水的过程，大孔隙先填充，小孔隙缓慢吸水；第二阶段是晶片和粒团吸水膨胀的阶段，大孔隙被填充，整个土体迅速膨胀；第三阶段是土体吸力下降，吸水速率降低，膨胀变缓的阶段。

蒸馏水浸润条件下，试样的第一阶段较慢，溶液浸润条件下，第一阶段吸水较快，膨胀速率（h-t 曲线的斜率）高于蒸馏水浸润条件。该阶段主要受土的渗透性影响，说明高浓度溶液会使膨润土开始阶段渗透性增加，使土体迅速吸水。蒸馏水浸润条件下，试样在第二阶段膨胀迅速，膨胀速率和膨胀量高于溶液浸润试样。这是由于晶体的膨胀受离子浓度的影响，水化半径减小，蒙脱石的膨胀量和膨胀速率减小。

图 2.40（b）为不同浓度的 $MgCl_2$ 溶液浸润下的膨胀量，随浓度的升高，最终膨胀量下降，0.52 mol/L 和 0.86 mol/L 的 $MgCl_2$ 溶液浸润下，差别较小，且高于 0.17 mol/L 的 $MgCl_2$ 溶液浸润试样。

通过式（2.6）可以计算试样的竖向应变：

$$\varepsilon_1 = \frac{100\Delta h_2}{h_0 - \Delta h_1} \tag{2.6}$$

式中：ε_1 为竖向应变；h_0 为初始高度 20 mm；h_2 为浸润后的变形；Δh_1 为初始的压缩量（图 2.39）。

图 2.41 为试样在 12.5 kPa、100 kPa、500 kPa 压力下，与不同浓度的溶液接触后的最终应变，从结果可知，溶液浓度对试样膨胀变形的影响较大，随着浓度的升高，膨胀量逐渐减小，且在 0.17 mol/L 的浓度后，变化趋于平缓；而 500 kPa 下试样开始压缩，压缩变形同样随浓度的增加有明显的增加，其原因为离子浓度越大，水化半径越小，压缩量则越大。

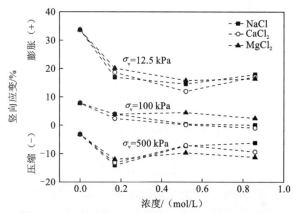

图 2.41　试样在接触不同浓度溶液的情况下变形量

图 2.42 为所有试样最终应变与压力的关系，从结果看出，蒸馏水试样的上部压力-竖向应变曲线位于其他试样上部，说明同一压力下，蒸馏水试样最终膨胀较大。

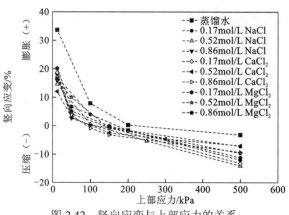

图 2.42　竖向应变与上部应力的关系

　　根据图2.39所示的方法得到试样的膨胀力,膨胀力与离子浓度的关系如图2.43所示。分析结果可知,膨胀力随浓度的增加迅速减少,然后趋于常数,这一常数的大小关系为 $Mg^{2+}>Na^+>Ca^{2+}$,说明 Mg^{2+} 和 Na^+ 对膨胀力的减小作用大于 Ca^{2+},但差别较小。

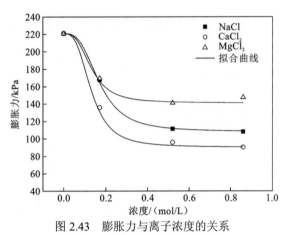

图 2.43　膨胀力与离子浓度的关系

　　经过拟合,以下公式可用来描述膨胀力与离子浓度的关系:

$$p_{膨胀力} = \frac{p_{蒸馏水} - p_{盐}}{1+(c/b)^3} + p_{盐} \tag{2.7}$$

式中:$p_{膨胀力}$ 为膨胀力（kPa）;c 为盐溶液浓度（mol/L）;$p_{蒸馏水}$ 为在蒸馏水浸润条件下的膨胀力,是与干密度有关的常数;$p_{盐}$ 为盐溶液浸润条件下最小的膨胀力,是与干密度与吸水量相关的参数;b 为拟合参数,根据试验所得经验参数,二价离子 $b=0.13$,一价离子 $b=0.17$。式（2.7）可用来估算随离子浓度变化的膨胀力。

　　膨胀变形是由吸水膨胀,逐渐填充到孔隙中形成的。对于干密度相同的试样,在不同的轴向应力下达到不同的膨胀应变,并且膨胀稳定时的最终含水率也是不同的,通过初始含水率与最终含水率的差值,可以得出试样的吸水量[165]。虽然上部荷载对试样变形也是决定因素,但是所有试样的加载范围基本相同,且荷载越大,吸水量越小,存在相关关系,因此可以将最终含水率和应变的关系绘制于图2.44进行比较。从结果可知,相同的最终含水率,蒸馏水试样的膨胀变形较大,但是高浓度条件下,不同离子类型和浓度条件的浸润,其膨胀变形量都小于蒸馏水试验。这说明,吸收同样的水,即相同的水化程度,由于离子浓度和离子价态的增加,水化半径减小,宏观上表现为膨胀变形减小。

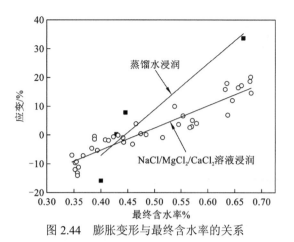

图 2.44　膨胀变形与最终含水率的关系

2. 盐分环境对人工软黏土影响机理

Lee 等[158]认为 NaCl 溶液对 Ca 基膨润土的影响机理与 Na 基膨润土不同，首先层间 Ca^{2+} 与溶液中 Na^+ 发生交换；当交换过程饱和时，Na^+ 发生水化；然后渗透力控制膨胀压力，渗透力随着溶液浓度的增加而减小。

Suzuki 等[160]认为膨胀过程可以分为三个阶段：第一阶段，在适度的湿度条件下，结晶体内部的蒙脱石片层之间吸附水，如 1.6 nm 的空间可吸附两倍层厚的水，但是结晶体之间的微孔隙保持干燥；第二阶段，当结晶体与溶液接触，晶体发生膨胀并填充微孔隙，但还未影响到团粒的变形；第三阶段，当微孔隙被结晶体填充，团粒开始变形。从第二阶段到第三阶段，厚结晶体分开为薄的结晶体，团粒变形包含三个过程：晶体膨胀、双电层距离增加和晶体分割。

Laird[166]讨论了膨润土膨胀的 6 个独立过程：层间膨胀、渗透膨胀、断裂和重组、可交换离子混合、同体积膨胀和布朗膨胀，但是前三种是土体膨胀的主要机理[167]。

Komine 和 Ogata[168,169]通过双电层理论中斥力与引力的平衡，来预测膨胀力和膨胀变形。刘泉声和王志俭[170]认为膨胀力的来源为黏土表面水化和渗透水化。Marcial 等[171]和叶为民等[105]则认为在自由膨胀条件下低吸力范围内，由双电层理论估算的高压实高庙子膨润土的自由体积膨胀量与试验数据吻合较好，而在高吸力下用双电层理论计算的自由膨胀并不合适。

因此，压实膨润土首先在高吸力的作用下，水向土体渗透，当水或溶液与土体接触时，黏土晶片和结晶体发生水化膨胀。晶片膨胀产生的原因是晶片中间的渗透压和外部溶液的渗透压力差，结晶体之间的膨胀作用来自双电层之间的吸引力和斥力的平衡[67]。

如图 2.45 所示，黏土晶片之间为半透膜，半透膜只允许水分子通过，而不允许离子或胶粒通过，如果层间离子浓度高于外部溶液，水有向高浓度扩散的趋势，因此水分子进入层间，引起膨润土晶片的膨胀；相反，如果层间离子浓度低于外部溶液，则会抑制膨润土膨胀[104]。结晶体也为片状结构，结晶体之间形成双电层，黏粒之间相互作用、相互影响，既存在排斥力，也存在吸引力。斥力是由于粒间中央处离子浓度高于水溶液正常离子浓度，出现渗透压力，使土粒互相排斥。土粒间的吸引力主要来源于范德瓦耳斯力，随着原子对距离的增加而迅速衰减。斥力和吸引力是并存的，当溶液离子浓度升高时，水化半径变小，颗粒之间的吸引力小于斥力，吸引能占优势；当溶液离子浓度降低时，水化半径增大，颗粒之间的斥力小于吸引力，排斥能占优势。而晶片的水化和结晶体的相互作用使晶片分离或重组，即胶体的胶溶状态和胶凝状态[105]。因此当膨润土的初始含水率和干密度相同时，外部溶液的离子浓度和价态对膨胀力起决定作用。

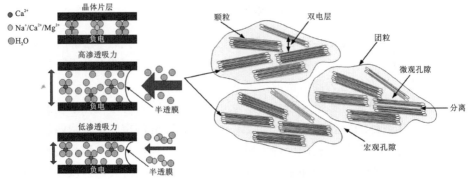

图 2.45　膨胀力产生的机理

综上所述，通过不同离子类型和离子浓度浸润，对试样膨胀力的测量，观察可知以下结果。

（1）变形随时间的变化经历了三个阶段：第一阶段是平缓阶段，推测是吸力作用下缓慢吸水的过程，大孔隙先填充小孔隙缓慢吸水；第二阶段是晶片和粒团吸水膨胀的阶段，大孔隙被填充，整个土体迅速膨胀；第三阶段是土体吸力下降，吸水速率降低，膨胀变缓的阶段。蒸馏水浸润条件下，试样的第一阶段较慢，第二阶段变化迅速。

（2）溶液浓度对试样膨胀变形的影响较大，随着浓度的升高，膨胀量逐渐减小，且在 0.17 mol/L 的浓度后，变化趋于平缓；压缩变形同样随浓度的增加有明显的增加，其原因为离子浓度越大，水化半径越小。

（3）膨胀力随浓度的增加迅速地减少，然后趋于常数；相同的最终含水率，即水化程度相同，蒸馏水试样的膨胀变形较大，说明由于离子浓度和离子价态的增加，水化半径减小，导致膨胀力和膨胀变形减小。

2.7　盐分环境中人工软黏土干缩行为

2.7.1　土的干缩开裂

自然界中，黏性土由于失水干缩，表面产生裂缝的现象很常见，特别在高膨胀性的土壤中，这种现象更加突出。在农业上，土壤的干缩裂缝对农作物的生长和发育有重要影响，因此农业土壤领域最先对黏性土的干缩裂缝开展了研究[172]。裂缝的产生对土体工程性质有重要影响，并导致各种工程问题，如干缩裂缝会降低土体的承载力，增加土体的压缩性，使房屋建筑开裂破坏[173]；增加土体的渗透性，对水工结构物的功能性和稳定性产生负面影响[174]；垃圾填埋中屏障材料和黏土覆盖层的裂缝会为渗滤液的迁移提供快捷通道，对地下水和地质环境构成威胁[175]；为雨水入渗提供便利条件，导致边坡的安全系数大幅下降，诱导滑坡灾害的发生[176, 177]。因此，土体干缩裂缝对黏性土体的渗透性、稳定性、变形和结构特征的影响在工程界日益受到重视。除此之外，土的表观裂缝还可以反映土的基本物理性质。

Morris 等[173]研究了裂缝对土的强度和变形的影响，提出了建立在非饱和土理论上的裂缝机理。Albrecht 和 Benson[174]通过对干湿循环后压实土的裂缝研究，认为高液限土更容易产生裂缝，土的干燥过程中产生的裂缝会大幅度提高土的渗透性。Tang 等[178-181]从形态学定量分析的角度，研究了干湿循环、温度、蒸发过程等对裂缝的影响。

根据以往研究，蒸发过程的吸力不平衡和土中黏粒对土的裂缝形态起主导作用，但是目前尚缺少关于盐分在土的干燥裂缝中所起作用的研究[182]。本节将对三种土（B、K、BK）混合不同浓度的 NaCl 溶液至泥浆状态，在 50 ℃温度下干燥，观测蒸发过程含水率的变化，及最终裂缝面积的变化，探讨盐分对土体干缩的影响。

本节选取高岭土（K）、膨润土（B）和人工软黏土（BK，B：K=4：1）三种黏土，以初始饱和的泥浆试样为研究对象，主要原因为泥浆试样结构简单，均质，易于制备，试验具有较好的重复性，便于结果分析[183]。

具体试验过程如下。

（1）称取三种土各一定量，加入适量的蒸馏水、1%NaCl 溶液、3%NaCl 溶液和 5%NaCl 溶液，配制初始含水率分别约为 54%（K）、340%（B）、210%（BK）的饱和泥浆，充分搅拌均匀，由于土的液限不同，因此对应的泥浆状态的初始含水率不同。

（2）称取定量的泥浆置于内径为 117 mm 的培养皿中，充分搅拌 5 min。

（3）将试样置于控温烘箱中干燥失水，观测裂缝的形成和发展过程。对应的干燥温度分别为室温 50 ℃，在干燥过程中，定时称量试样的质量，测量含水率变化，并对试样表面进行拍照，记录裂隙的形成和发展过程。

（4）采用 ImagePro Plus 图像分析软件进行灰度和二值化处理，分析裂缝的面积 A_{crack} 等参数（图 2.46）。

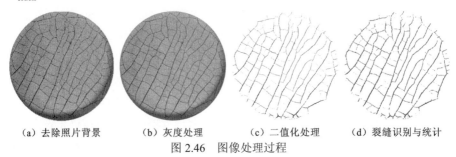

（a）去除照片背景   （b）灰度处理   （c）二值化处理   （d）裂缝识别与统计

图 2.46　图像处理过程

（5）在试样质量稳定后，将干燥试样加相同体积的蒸馏水、1% NaCl 溶液、3% NaCl 溶液和 5% NaCl 溶液（50 mL），在室温（20 ℃）下自然干燥，并对试样表面进行拍照，对比干湿循环条件下土的表观特征。

2.7.2　蒸发过程与裂缝特征

图 2.47 给出了蒸发过程中三种土含水率 w 随干燥时间 t 的变化。从图中可以看出，各组试样的干燥曲线（w-t）形式基本一致，在干燥初期，含水率的减小与干燥时间几乎呈直线关系，随着干燥时间的延长，干燥曲线发生转折并逐渐趋于平缓。

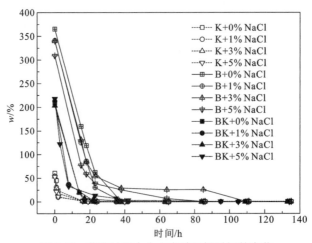

图 2.47　蒸发过程中含水率随干燥时间的变化

唐朝生等[183]认为水分蒸发的过程可分为三个阶段：常速率蒸发阶段、减速率蒸发阶段及残余稳定阶段。常速率蒸发阶段主要发生在干燥初期，含水率损失大部分发生在此阶段。

结合试验结果分析，在 *w-t* 曲线中，不同的土之间，斜率随液限或膨润土的含量增加而减小；不同的土的常速率蒸发阶段结束的时间不同，高岭土的常速率蒸发阶段在 2 h 结束，人工软黏土在 8 h 结束，膨润土在 23 h 结束，说明随着土的液限增加，或者膨润土的含量增加，常速率蒸发持续时间变长。对于高岭土和人工软黏土，含盐量对土的蒸发速率和常速率蒸发阶段持续时间的影响并不明显。而对于膨润土，含盐量在 0%～5%变化，蒸发速率分别为 5.1 g/h、6.4 g/h、8.2 g/h 和 7.0 g/h，常速蒸发持续时间分别为 23 h、23 h、18 h 和 18 h。

土体产生裂缝的主要机理如图 2.48 所示[179]，泥浆的饱和度随失水时间的增长而逐渐降低，当土变为非饱和状态时，土中细小的孔隙中产生负的毛细水压力，在毛细水弯液面的表面张力作用下，土颗粒相互靠拢，土中的孔隙缩小，这一过程在宏观上表现为土体的失水收缩。随着失水的继续，孔隙中弯液面对土颗粒的作用力越来越大，当这种张应力的大小超过土颗粒之间的黏结强度时，土体表面便会出现裂缝[184]。

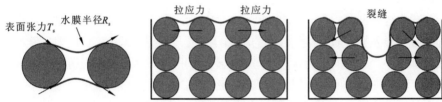

图 2.48　土体产生裂缝的主要机理[179]

在裂缝机理及试验结果的基础上，如图 2.49 所示，对于盐水对蒸发过程的影响机理可以归纳为：①由于盐分的絮凝作用，土体颗粒在重塑过程中已经相互靠近，造成粒团之间的距离增大；②离子浓度增加使双电层厚度变薄，削弱了对水分子的束缚作用。由于以上原因，膨润土的蒸发速率随着盐分的增加而增加，常速率蒸发时间随盐分的增加而减小。

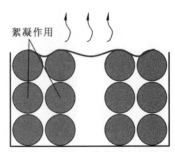

图 2.49　盐分对蒸发过程的影响

图 2.50 为高岭土在初始阶段（0 h）、2 h 和 16 h 三个不同干燥时间的裂缝照片。由试验结果可知，在干燥的中间状态和干燥的最后状态，高岭土的裂缝多为细长的网裂，裂缝呈"T"形和"+"形相交，块区形状多呈三边形、四边形和五

边形,其中以四边形居多,交角以 90°为主,表面的节点个数较多,裂缝条数较多,总长也较长。随着盐分浓度的增加,高岭土的开裂宽度和开裂程度,没有明显的区别,说明盐分的絮凝作用未影响高岭土的内部结构。

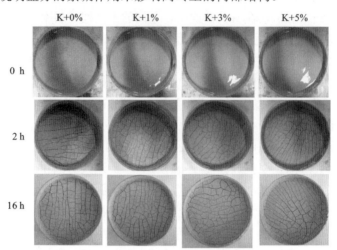

图 2.50　高岭土（K）裂隙发展过程

图 2.51 为膨润土在初始阶段（0 h）、15 h 和 85 h 三个不同干燥时间的裂缝照片。由试验结果可知,在干燥的中间状态和最后阶段,不同的盐分浓度,膨润土开裂程度有明显差异。随着盐分浓度的增加,土的开裂程度减小,表现为裂缝的宽度和长度都较小。干燥的最后状态,与高岭土不同的是,膨润土的裂缝较宽,块体表面翘起,没有细长的网裂。裂缝呈"×"形斜相交,块区形状以多边形居多,交角大多不是 90°正交,表面的节点个数较少,裂缝条数较少,总长也较高岭土小。

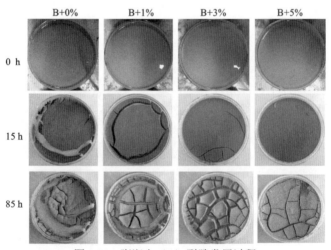

图 2.51　膨润土（B）裂隙发展过程

图 2.52 为人工软黏土（BK）在初始阶段（0 h）、37 h 和 84 h 三个不同干燥时间的裂缝照片。由试验结果可知，在干燥的中间状态和最后状态，由于膨润土的加入，随着盐分浓度的增加，人工软黏土的裂缝宽度和长度都减小。干燥的最后状态，没有细长的网裂，块区形状与交角更接近膨润土，表面的节点个数、裂缝条数和总长介于高岭土和膨润土之间。

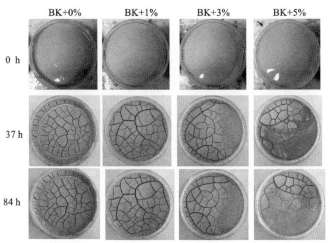

图 2.52　人工软黏土（BK）裂隙的发展过程

根据唐朝生等[172]提出的图像处理和形态学定量研究的方法，采用 ImagePro Plus 图像处理软件对图片进行灰度处理，然后二值化分割图像，区分裂缝与块区（图 2.53）。

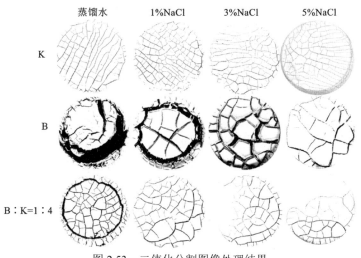

图 2.53　二值化分割图像处理结果

对干燥结束后，裂缝的总面积（A_{crack}）、最大宽度（d_{max}）、总长度（L_{crack}）进行量化统计，结果如图 2.54（a）～（c）所示。由结果可知，对比膨润土、人工软黏土和高岭土，随着膨润土含量的增加，A_{crack} 和 d_{max} 增加，L_{crack} 减小。对于人工软黏土和膨润土，随着盐分的增加，A_{crack} 和 d_{max} 减小，而 L_{crack} 未发现明显的规律。对于高岭土，随着盐分的增加，A_{crach}、d_{max} 和 L_{crack} 无显著变化。

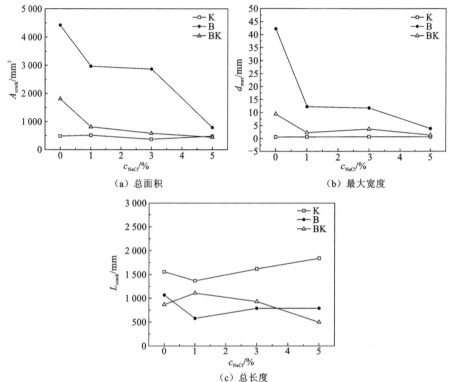

图 2.54　裂缝的总面积（A_{crack}）、最大宽度（d_{max}）、总长度（L_{crack}）

Morris 等[173]认为细颗粒土的吸力更大，表面张力也更大。由结果可知，膨润土在较大的表面张力作用下，形成较大的裂缝面积和裂缝宽度，而盐分的絮凝作用改变了土的初始状态，土的粒团增大，因此最终的裂缝面积和裂缝宽度也较小。

综上所述，泥浆状态下干燥蒸发试验结果可以得出以下结论。

（1）在含水率 w 随干燥时间 t 的变化曲线中，常速率蒸发阶段的斜率随液限或膨润土的含量增加而减小；膨润土的含量增加，常速率蒸发持续时间变长。由于絮凝作用和双电层变薄，孔隙水含盐量的增加会加速水分的蒸发。

（2）高岭土的裂缝多为细长的网裂，块区形状多呈三边形、四边形和五边形，其中以四边形居多；膨润土的裂缝较宽，裂缝条数较少，块区形态更复杂。采用图像分析技术对裂缝的总面积（A_{crack}）、最大宽度（d_{max}）、总长度（L_{crack}）进行统计可知，随着膨润土含量的增加，A_{crack} 和 d_{max} 增加，L_{crack} 减小；对于人工软黏土和膨润土，随着盐分的增加，A_{crack} 和 d_{max} 减小。其原因是膨润土在较大的表面张力作用下，形成较大的裂缝面积和裂缝宽度，而盐分的絮凝作用改变了土的初始状态，土的粒团增大使裂缝面积和裂缝宽度减小。

2.7.3 干湿循环后裂缝特征

图 2.55 为加水湿化（0 h）、常温干燥 22 d 和 75 d 后高岭土的裂缝发展过程。从结果可以看出，对于高岭土，第一次干燥形成的裂缝形态并未对干湿循环后的形态产生影响。干湿循环后，块体的面积变大，裂缝不再呈"T"形和"+"形相交，而以斜交为主，表面的节点个数减少。

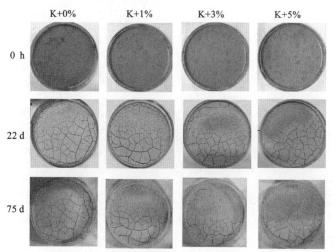

图 2.55　干湿循环后高岭土（K）裂隙发展过程

图 2.56 为蒸馏水（K+0%NaCl）试样干湿循环前后的裂缝形态放大后的对比，图中标尺为 10 mm。从图中看出：干湿循环前，裂缝较规则，裂缝条数较多，块体面积较小；干湿循环后，裂缝形态复杂，分形维数更多。这一现象的主要原因是，添加相同质量的水，高岭土干燥形成的粒团更容易被破坏。在不同的干燥温度条件下，形态发生变化。

图 2.57 为加水湿化、常温干燥 48 h 和 22 d 后，膨润土的裂缝发展过程。从结果可以看出，膨润土的裂缝沿着干湿循环后的节点和初始较宽的裂缝发展，大的块区分割为小的块区，说明土的初始状态对裂缝有较大的影响。干湿循环后，膨润土没有细长的网裂，裂缝依然呈"×"形斜相交，块区面积减小，表面的节点个数增加。

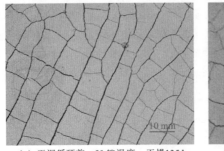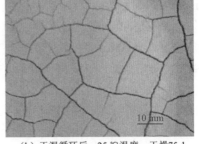

（a）干湿循环前，50 ℃温度，干燥135 h　　　　（b）干湿循环后，25 ℃温度，干燥75 d

图 2.56　K+0%试样干湿循环前后的裂缝形态

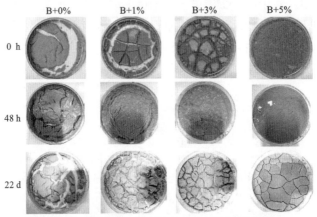

图 2.57　干湿循环后膨润土（B）裂隙发展过程

图 2.58 为人工软黏土加水湿化（0 h）、常温干燥 22 d 和 75 d 后的裂缝发展过程。观察可知，人工软黏土的初始状态开裂状态对干湿循环后裂缝发展有较大的影响，其裂缝也沿着干湿循环后的节点和初始较宽的裂缝发展，大的块区分割为小的块区。

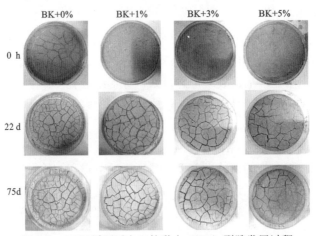

图 2.58　干湿循环后人工软黏土（BK）裂隙发展过程

图 2.59 和图 2.60 分别为 B+0% NaCl 试样和 B+1% NaCl 试样干湿循环前后的形态的对比。从图中看出，B+0% NaCl 试样大的块体依然存在，而 B+1% NaCl 试样块体更加破碎，块区面积也更均匀，裂缝边缘粗糙，说明干湿循环对含盐土体的块区形态破坏更加严重。

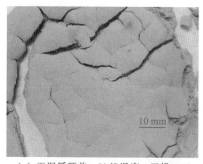
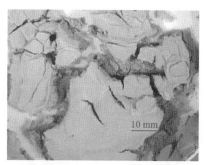

　（a）干湿循环前，50 ℃温度，干燥134 h　　　　　（b）干湿循环后，25 ℃温度，干燥75 d
图 2.59　B+0% NaCl 试样干湿循环前后对比

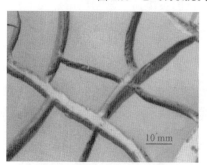

　（a）干湿循环前，50 ℃温度，干燥134 h　　　　　（b）干湿循环后，25 ℃温度，干燥75 d
图 2.60　B+1% NaCl 试样干湿循环前后对比

图 2.61 为 B+0% NaCl 试样和 B+3% NaCl 试样在干燥 48 h 后的对比，从图中可以看出，B+3% NaCl 试样为泥浆状态，土的重塑状态更加均匀，而 B+0% NaCl 试样则更接近塑性状态。

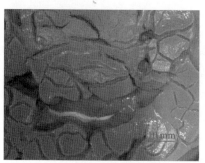

　　　（a）B+0%NaCl　　　　　　　　　　　　（b）B+3%NaCl
图 2.61　B+0% NaCl 试样和 B+3% NaCl 试样蒸发 48 h 后对比

综上所述，经过干湿循环后，膨润土和人工软黏土的裂缝沿着干湿循环后的节点和初始较宽的裂缝发展，大的块区分割为小的块区。对于高岭土，干湿循环前后形态有较大差异，可能的原因是，高岭土的粒团在循环过程中被破坏，不同的干燥温度，形态发生根本性变化。

2.8 盐分环境中人工软黏土表面电位

2.8.1 颗粒的表面电位与测试

1. 黏粒的表面电位

黏粒的表面电位不能直接测量，但是作为反映表面电位的另一个指标——Zeta 电位却可以直接测量[58]。粒子表面存在的负电荷，影响粒子界面周围区域的离子分布，导致接近表面与粒子电荷相反的离子浓度增加，形成双电层。围绕粒子的液体层存在两部分：一是内层区，称为 Stern 层，其中离子与粒子紧紧地结合在一起；二是外层分散区。在分散区内，有一个抽象边界，在边界内的离子和粒子形成稳定实体（图 2.62）；当粒子运动时（如由于重力运动），在此边界内的离子随着粒子运动，但此边界外的离子不随着粒子运动，称为动电现象。这个边界称为滑动面，在这个边界上存在的电位即 Zeta 电位。

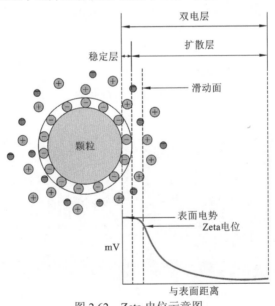

图 2.62 Zeta 电位示意图

黏粒的 Zeta 电位越大，粒子间的斥力越大。只有当电位降到某一临界值时，黏粒间的斥力弱于吸引力（范德瓦耳斯力），黏粒相互凝聚。两物体间的吸引力与距离的 6 次方成反比，而斥力与距离的 2 次方成反比。当悬液中黏粒互相接近时，吸引力增长快，至一定程度超过斥力，黏粒凝聚。溶液中的离子的价位、浓度对 Zeta 电位与黏粒凝聚有影响：离子价位和浓度越高，斥力越大，黏粒对其吸附力越强，其间距离越小，Zeta 电位越低，凝聚力越强[117]。因此，Zeta 电位是反映黏粒絮凝或分散的重要指标。

2. 表面电位的测试方法

本书 Zeta 电位测试在马尔文公司生产的 Zetasizer Nano ZS 上进行（图 2.63），测量的粒径为 5 nm～10 μm。仪器的基本原理是：当电场施加于电解质时，悬浮在电解质中的带电粒子被吸引向相反电荷的电极。作用于粒子的黏性力倾向于对抗这种运动。当这两种对抗力达到平衡时，粒子以恒定的速度运动。电场中粒子的速度即电泳迁移率。已知这个速度时，通过应用 Henry 方程，可以得到粒子的 Zeta 电位。

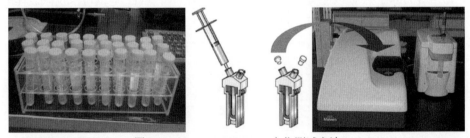

图 2.63　Zetasizer Nano ZS 电位测试方法

电泳体系的主要组成是带电极的样品池，对两端的电极施加电势，粒子朝着相反电荷的电极运动，测量其速度并以单位场强表示，即其迁移率。不断运动的流体中微小粒子的迁移率采用激光多普勒测速法测量，即使用光学器件接收样品池中粒子的散射光，通过散射光与参考光结合产生光强度的波动信息，其中波动速度与粒子的速度成正比，得到微小粒子迁移率。因此，应用电泳法和激光多普勒测速法相结合的测量技术，可测量 Zeta 电位。

首先准备蒸馏水和 1%、3%、5%、10%的 NaCl 溶液，按照 1 mg/mL 的质量浓度将高岭土\膨润土与溶液混合，装入一次性试管中，让样品自然沉淀，使用上层溶液测试（Zeta 电位不依赖于粒子尺寸）。

使用一次性注射器抽取至少 1 mL 样品，缓慢将样品注入样品池中，检查是否存在气泡，样品池电极是否完全被样品淹没。检查完毕后，将样品池推入 Zetasizer Nano ZS 的样品槽，进行测试，得到 Zeta 电位分布曲线，其峰值为样品的 Zeta 电位。

2.8.2 Zeta 电位与黏粒絮凝

Williams 和 Williams[185]通过测量高岭土在不同 pH 的电泳迁移率，认为 pH 越大，电泳迁移率越高。Delgado 等[186]通过试验证明 0.1 mol/L 浓度以内，蒙脱石族矿物的 Zeta 电位随 NaCl 浓度升高而降低，电位为-60~-30 mV。Ohtsubo 和 Ibaraki[187]认为 0~0.01 mol/L 的 NaCl 浓度的增加会使黏土颗粒的 d_{50} 增加，而该范围内团粒的直径和 Zeta 电位成反比。Vane 和 Zang[188]，Kaya 和 Yukselen[189]探讨了高岭土和膨润土的 Zeta 电位与重金属离子浓度及 pH 的关系，认为 Zeta 电位随 pH 升高而升高，随离子浓度的升高而降低。以上试验未考虑高浓度盐溶液下絮凝/分散作用与 Zeta 电位的关系，也未对比不同的黏土颗粒类型对 Zeta 电位的影响。

图 2.64 为试验得到的典型的 Zeta 电位分布曲线，其峰值对应的值作为其 Zeta 电位。图 2.65 为高岭土和膨润土 Zeta 电位与 NaCl 浓度的关系，从图中可以看出，随着 NaCl 浓度从 0%增加至 5%，高岭土和膨润土的 Zeta 电位从-40~-35 mV 升高到-15~-10 mV。根据以往关于胶体稳定性的研究[190]，Zeta 电位可以反映胶体的絮凝或分散，结合表 2.3 可知，盐分浓度的增加，使颗粒由稳定分散到开始凝聚。

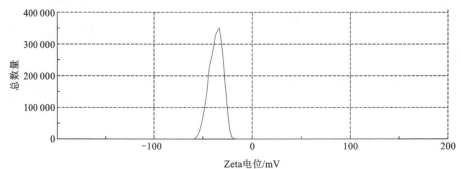

图 2.64　典型的 Zeta 电位分布曲线

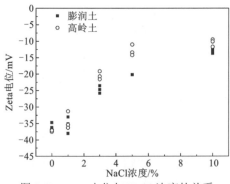

图 2.65　Zeta 电位与 NaCl 浓度的关系

表 2.3　Zeta 电位与胶体稳定性的关系[190]

Zeta 电位/mV	绝对值 0～5	绝对值 10～30	绝对值 30～40	绝对值 40～60	绝对值≥61
胶体稳定性	快速凝聚	开始凝聚	稳定性一般	较好稳定性	稳定性极好

将粒径分布曲线中的 d_{50} 与 NaCl 浓度和 Zeta 电位建立关系（图 2.66），并对比 Ohtsubo 和 Ibaraki[187]对 Ariake 黏土的试验结果，可以看出：黏性土的平均粒径随离子浓度的增加而增加，随 Zeta 电位绝对值的增加而减小，其原因为孔隙水盐分浓度增加后，颗粒表面 Zata 电位绝对值减小，胶体颗粒趋向不稳定，发生絮凝，颗粒粒径增大。这一结果进一步解释了沉积试验中颗粒下沉速度不同的原因。

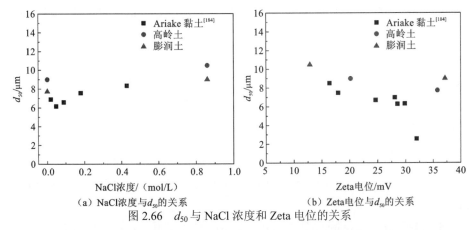

（a）NaCl 浓度与 d_{50} 的关系　　　　（b）Zeta 电位与 d_{50} 的关系

图 2.66　d_{50} 与 NaCl 浓度和 Zeta 电位的关系

需要注意的是，图 2.66 中的中间粒径 d_{50} 是基于激光粒度分析法测试所绘 0.3 μm 以上粒径的分布曲线得到的。图 2.9 的密度计试验和激光粒度分析试验的结果显示，高岭土两种方法得到的粒径分布曲线较接近。密度计试验结果还显示，膨润土小于 1 μm 的比例为 37%，高岭土小于 1 μm 的比例为 12%。根据胶粒定义，胶粒的平均直径在 1 nm～1 μm。因此，如果将激光粒度仪测量范围之外的胶粒（直径<1 μm 的颗粒）比例计入，膨润土的平均粒径 d_{50} 将有更大的改变。而高岭土由于胶粒含量较少，表面电位对其絮凝的影响可能不是主要机理。

综上所述，通过 Zeta 电位试验，得到高岭土和膨润土 Zeta 电位与 NaCl 浓度的关系：随着 NaCl 浓度增加，膨润土和高岭土的 Zeta 电位绝对值降低。由 Zeta 电位和胶体稳定性的关系可知，Zeta 电位增加使胶体发生絮凝作用，对平均粒径 d_{50} 产生影响。高岭土的胶粒含量较低（12%），膨润土的胶粒含量较高（37%），因此黏粒的絮凝作用对膨润土的影响更大。

Zeta 电位试验结果证明了孔隙水盐分对黏土矿物物理性质影响机理的推测：孔隙水盐分的絮凝作用改变了黏土矿物的粒径分布特征，加速了黏土细颗粒的沉积速率；由于粒径的增加，黏土的表面吸附水的能力降低，从而降低了土的界限含水率和膨胀力；盐分对黏土细颗粒的团粒化降低，导致土体开裂的表面张力下降，使开裂的宽度降低。由于高岭石族矿物的胶粒含量较低，絮凝作用在土的物理性质中不占主导地位；蒙脱石族矿物的胶粒含量较高，盐分的絮凝作用对粒径的改变占主导作用，从而改变了一系列的物理性质。

2.9 本 章 小 结

本章研究了盐分对土的基本物理性质的影响，主要包括土的粒径分布、沉积特性、Zeta 电位、界限含水率、小应变剪切模量、膨胀力和干缩裂缝等方面，得到如下结论。

（1）激光粒度分析试验对盐溶液和蒸馏水中的黏粒粒径分布进行比较，发现盐分环境下黏土的中间粒径 d_{50} 要大于蒸馏水环境下的悬浊液，说明在盐分环境下，由于离子浓度的升高，黏粒的絮凝作用使胶粒形成团粒，使中间粒径增大。

（2）盐分对低液限黏土的液限影响较小，对高液限黏土的液限影响较大，且液限越高，改变的幅度越大。盐分对高岭土与膨润土液限改变的机理不同，因此可以将 $w_{L(c)}/w_{L(c=0)}$ 与 c_{NaCl} 的关系采用归一化的公式表示，其常数与蒙脱石族的含量有关。

（3）根据 Imai 对沉降类型的划分，在蒸馏水环境下，高岭土与人工软黏土表现为自由絮凝沉降，膨润土表现为分散沉降；在 5% NaCl 溶液环境下，三种土都表现为分区沉降。盐分环境下土的絮凝形成时间较短，相互之间表现为净吸力，颗粒之间相互作用明显。在盐分的作用下，黏土颗粒的沉降速率加快，说明絮凝作用改变了粒团的直径，进一步证明了激光粒度分析试验中的结果。

（4）击实曲线的最大干密度随着液限的增加而减少，最优含水率随液限的增加而增加。弯曲元试验中 v_s-w 和 G_{max}-w 为类似击实曲线的抛物线形状，在同一干密度的前提下，随着土的液限增加，其剪切波速和小应变剪切模量的峰值相应增加，该峰值对应的初始含水率与击实曲线中的最优含水率接近。从吸力和微观结构的角度，解释了压实土小应变剪切模量随含水率变化的机理：当低于最优含水率时，团聚体间的孔隙构成土的主要结构，团聚体的接触为土体提供刚度；当重塑含水率增加时，团聚体逐渐吸水饱和，接触面积增大，引起 G_{max} 的增大；低于最优含水率后，团聚体被完全破坏，毛细作用控制土的刚度，吸力增加，G_{max} 相应地增加。而液限不同的土团粒饱和所需的含水率不同，因此最优含水率不同。

（5）膨润土的膨胀变形随时间的变化经历了三个阶段：平缓阶段是吸力作用

下缓慢吸水的过程，大孔隙先吸水，小孔隙缓慢吸水；第二阶段是晶片和粒团吸水膨胀的阶段，大孔隙被填充，整个土体迅速膨胀；第三阶段是土体吸力下降，吸水速率降低，膨胀变缓的阶段。蒸馏水浸润条件下，膨润土的第一阶段膨胀较慢，第二阶段迅速膨胀；而盐溶液浸润条件下，膨润土的第一阶段膨胀较快，第二阶段膨胀速度较小。随着浓度的升高，膨胀量逐渐减小，其原因是离子浓度越大，水化半径变小。相同的吸水率，即相同的水化程度，蒸馏水试样的膨胀变形较大。

（6）在含水率 w 随干燥时间 t 的变化曲线中，常速率蒸发阶段的斜率随液限或膨润土的含量增加而减小；膨润土的含量增加，常速率蒸发持续时间变长。孔隙水含盐量的增加会一定程度加速水分的蒸发。采用图像分析技术对裂缝的总面积（A_{crack}）、最大宽度（d_{max}）、总长度（L_{crack}）进行统计可知，随着膨润土含量的增加，A_{crack} 和 d_{max} 增加，L_{crack} 减小；对人工软黏土和膨润土，随着盐分的增加，A_{crack} 和 d_{max} 减小。经过干湿循环后，膨润土和人工软黏土的裂缝沿着干湿循环后的节点和初始较宽的裂缝发展，大的块区分割为小的块区。对于高岭土，干湿循环前后形态有较大差异，可能的原因是，高岭土的粒团在干湿循环过程中被彻底破坏，由于不同的干燥温度条件，形态发生根本性变化。

（7）随着 NaCl 浓度增加，膨润土和高岭土的 Zeta 电位从-40～-35 mV 升高到-15～-10 mV，绝对值降低。由 Zeta 电位和胶体稳定性的关系可知，Zeta 电位增加使胶体稳定性降低，迅速发生胶体絮凝。Zeta 电位试验结果证明了孔隙水盐分对黏土矿物物理性质影响机理的推测：孔隙水盐分的絮凝作用改变了蒙脱石族矿物的粒径分布特征，加速了黏土细颗粒的沉积速率；由于粒径的增加，蒙脱石族的表面吸附水的能力降低，从而降低了土的界限含水率和膨胀力；盐分对蒙脱石族矿物的团粒化降低，导致土体开裂的表面张力下降，使开裂的宽度降低。

第 3 章　盐分环境中人工软黏土的固结特性

土的压缩性是指土体在压力作用下体积缩小的特性，代表土的变形。饱和土在荷载作用下，随孔隙的体积减小，水从土体的孔隙中被挤出，相应土中水的体积减小，该过程为土的固结。土的压缩固结特性是软黏土的基本特性，建立在 Terzaghi 1925 年提出的一维固结理论和有效应力原理基础上。

为了明晰盐分对不同矿物成分软黏土压缩固结特性的影响，本章进行了常规固结和渗滤固结两种试验。常规固结通过人工软黏土与不同浓度的 NaCl 溶液直接混合，以渗透吸力为变量，研究盐分对人工软黏土压缩固结特性的影响。渗滤固结采用一种固结过程中注入液体的装置，观察外部渗透吸力梯度下，土体的压缩和渗出液的电导率，最后用 SEM 和 MIP 试验对比其微观结构。

3.1　常规固结和渗滤固结

众多学者开展了孔隙水盐分对黏性土的固结变形的影响。Bolt[67]最早根据双电层理论做了电解质溶液对黏土压缩性影响的研究。Mitchell[109]指出双电层间的电荷密度和电势能分布可用 Poisson-Boltzman 方程描述，双电层的厚度受孔隙水的介电常数、离子浓度、离子价位的影响。双电层中的阳离子浓度增加，具有较高的电势能，使双电层距离减小，双电层间斥力减小，引起孔隙直径和体积减小。

Sridharan 和 Jayadeva[104]认为纯黏土的压缩性不仅与土的矿物成分有关，也与溶液的离子浓度、价态和介电常数有关，并根据双电层理论，推导了孔隙比与双电层间斥力的理论公式，但这一公式，建立在所有的黏土片都为理想的双电层模型这一假设基础上。

Barbour 和 Fredlund[72]认为孔隙水化学成分对体积变化的影响的主要机理有两个：渗透固结和渗透引发固结。渗透固结是双电层斥力和吸引力相互作用的结果，指渗透吸力直接作用于土体；渗透引发固结是黏土外部的渗透吸力梯度引起的孔隙水流动。两种机理的示意图如图 3.1 所示。

因此，针对渗透固结现象，本章进行了常规固结试验；针对渗透引发固结现象，本章设计了渗滤固结试验，并分别对试验结果和相关机理进行讨论。

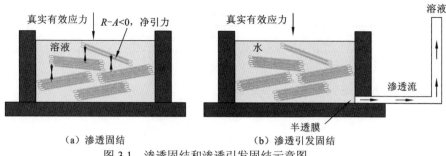

（a）渗透固结　　　　　　　　　　（b）渗透引发固结
图 3.1　渗透固结和渗透引发固结示意图

3.2　盐分对常规固结参数的影响

3.2.1　人工软黏土的压缩指数

1. 常规固结试验

试验材料为牧丰高岭土、镇江膨润土，土的基本物理指标如前所述。比重、比表面积和 CEC 等参数见表 3.1，具体试验方法见文献[163]。采用 NaCl 分析纯溶液，溶液质量浓度 1%、3%、5%、10%，换算摩尔浓度 0.17 mol/L、0.52 mol/L、0.86 mol/L、1.7 mol/L。

表 3.1　膨润土和高岭土的基本性质[163]

土类	比重 G_s	比表面积 S_0 /（m²/g）	CEC /（mmol/100 g）	Na⁺浓度 /（mmol/100 g）	K⁺浓度 /（mmol/100 g）	Ca²⁺浓度 /（mmol/100 g）	Mg²⁺浓度 /（mmol/100 g）
膨润土	2.73	733.98	78.07	53.39	0.53	22.74	1.41
高岭土	2.66	45.67	6.61	4.75	0.34	1.44	0.08

首先，将干燥的高岭土与膨润土按照 4 种质量比搅拌均匀：纯高岭土（K）、膨润土∶高岭土 = 1∶19（B5%K95%）、膨润土∶高岭土 = 1∶9（B10%K90%）和膨润土∶高岭土 = 1∶4（B20%K80%）。用四分法选取土样，按照 $0.6w_L \sim 1.5w_L$ 的目标含水率（含水率范围 33%～63%），与蒸馏水或 NaCl 溶液，搅拌均匀后，采用自封袋密封放置在标准养护室内 24 h。养护完成后称取相同质量的土样密实填入环刀内，抽真空饱和后，称取试样质量，得到土的密度、初始含水率和初始孔隙比。试样的初始参数列于表 3.2，试样换算饱和度 S_r 均在 95% 以上。

表 3.2 试样初始参数

试样	初始含水率 w_0/%	初始孔隙比 e_0	密度 ρ/ ($\times 10^6$ g/m³)	液限含水率 w_L/%
K	41±1	1.08±0.01	1.82	33
B5%K95%	42±1	1.10±0.02	1.81	35
B10%K90%	43±1	1.13±0.02	1.81	42
B20%K80%-1	33±1	0.91±0.01	1.85	52
B20%K80%-2	63±1	1.78±0.02	1.57	52

注:B20%K80%-1 与 B20%K80%-2 初始试样参数不同

常规固结试验采用常规一维固结仪,试样高度 20 mm,直径 61.8 mm,进行加荷比为 1 的分级加载压缩试验。固结盒采用有机玻璃制成[图 3.2(a)],外部溶液浓度与试样混合溶液浓度相同,以平衡内外离子浓度[图 3.2(b)]。

 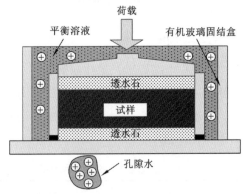

（a）有机玻璃固结盒　　　　　（b）离子平衡示意图

图 3.2 常规固结试验设备

对于 w_L 以下试样 B20%K80%-1 的加载范围 12.5~1 600 kPa,分别在 200 kPa 和 1 600 kPa 时卸载测土的回弹指数;对于 w_L 以上的泥浆试样加载范围为 0.18~ 1 600 kPa,在 1 600 kPa 或 100 kPa 时卸载测土的回弹指数。常规一维固结试验中以 24 h 作为加载时间标准。试验完成后计算土的压缩指数、回弹指数、次固结系数、渗透系数等参数。

2. 渗透吸力

如前所述,Barbour 和 Fredlund[72]提出了单独采用孔隙水的渗透压为变量,来研究孔隙水的化学作用引起的压缩特性与力学特性的变化,即渗透吸力。土中的总吸力包括基质吸力和渗透吸力(溶质吸力)。渗透吸力是孔隙水自由能的溶质部分，渗透吸力的量测是通过测定孔隙水溶液相对于纯水的蒸汽压，其大小与溶质种类及浓度有关。

将各种离子浓度和类型的孔隙水统一采用渗透吸力这一变量，表征孔隙水的化学作用对土的力学特性的影响，是最易于应用的方法之一。Metten 在 1966 年提出渗透吸力的计算可近似通过 Van's Hoff 方程计算[80]：

$$s_\pi = nRTc \tag{3.1}$$

式中：s_π 为渗透吸力，kPa；n 为可以电离的离子类型的个数，如 NaCl 溶液 $n=2$；R 为气体常量，$R=8.3145$ J/mol·K；T 为热力学温度，K；c 为溶液的摩尔浓度，mol/L。

Witteveen 等[80]采用滤纸法和湿度计法，对溶液和溶液与伊利石土的混合物进行吸力测试，结果表明黏土基质对溶液的渗透吸力的影响可以忽略不计。Witteveen 提出的渗透吸力与 NaCl 浓度之间的经验关系为

$$s_\pi = f(c_{NaCl}) = 0.407c_{NaCl}^2 + 3.888c_{NaCl} + 0.61 \tag{3.2}$$

Fredlund 和 Rahardjo[191]采用滤纸法测定的 NaCl 溶液的渗透吸力，见表 3.3。对比表 3.3 与式（3.1）和式（3.2），发现实测值与式（3.1）和式（3.2）计算获得的渗透吸力存在一定的误差，本节采用 Fredlund 和 Rahardjo 的实测结果[191]，在室温（7.5±2）℃时根据表 3.3 得到 0.17 mol/L、0.52 mol/L、0.86 mol/L、1.7 mol/L 的 NaCl 溶液的渗透吸力为 0.73 MPa、2.22 MPa、3.7 MPa、7.55 MPa，蒸馏水的渗透吸力近似取 0 MPa。

表 3.3　不同浓度的 NaCl 溶液的渗透吸力[191]

NaCl 浓度/ (mol/L)	渗透吸力/kPa				
	0 ℃	7.5 ℃	15 ℃	25 ℃	35 ℃
0	0	0	0	0	0
0.2	836	860	884	915	946
0.5	2 070	2 136	2 200	2 281	2 362
0.7	2 901	2 998	3 091	3 210	3 328
1.0	4 169	4 318	4 459	4 640	4 815
1.5	6 359	6 606	6 837	7 134	7 411
1.7	7 260	7 550	7 820	8 170	8 490
1.8	7 730	8 035	8 330	8 700	9 040
1.9	8 190	8 530	8 840	9 240	9 600
2.0	8 670	9 025	9 360	9 780	10 160

3. 人工软黏土压缩指数与盐分的关系

土体压缩性指标是研究地基变形规律的关键参数，而对于不同矿物成分的黏土，其孔隙水盐分对土的压缩指数与回弹指数的影响并不明晰。

图 3.3（a）～（e）分别为试样 K、B5%K95%、B10%K90%、B20%K80%-1 和 B20%K80%-2 在不同盐分影响下固结试验的 e-σ_v' 曲线，其中 σ_v' 为上部荷载，单位 kPa。图中 B 代表膨润土，K 代表高岭土，B、K 之后的数字代表质量分数，加号后面的数字为盐分的质量分数。例如，B5%K95%+5%代表膨润土与高岭土按照 5%与 95%的质量比混合，NaCl 溶液的质量浓度为 5%。

从图 3.3（a）中看出，纯高岭土的压缩曲线基本为直线，而加入膨润土的试样 B5%K95%、B10%K90%、B20%K80%的人工软黏土[图 3.3（b）～（d）]，其 e-lgσ_v' 曲线初始阶段存在反弯点。

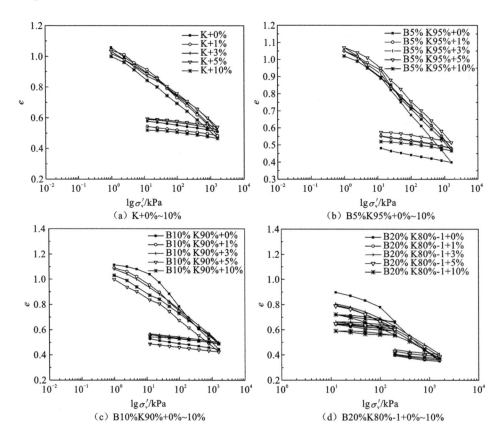

（a）K+0%～10%　　　　　　　　（b）B5%K95%+0%～10%

（c）B10%K90%+0%～10%　　　　　（d）B20%K80%-1+0%～10%

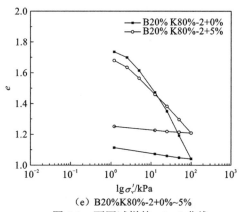

(e) B20%K80%-2+0%~5%

图 3.3　不同试样的 e-$\lg\sigma'_v$ 曲线

Hong 等[126]对含水率在 $0.7w_L$~$2.0w_L$ 范围内的天然土重塑后进行固结试验，发现了相似结果，并命名前后直线段的交点为"吸压力"。Hong 等[126]的结果显示，"吸压力"随着初始含水率比液限含水率 w_0/w_L 的增加而减少，本节试验也出现相似的结果。

初始状态同为大于液限的试样，随着膨润土的增加，盐分浓度对"吸压力"也开始产生影响，对于膨润土含量为 5%的试样影响较小[图 3.3（b）]，对膨润土含量 10%以上的试样影响较大[图 3.3（c）、图 3.3（d）、图 3.3（e）]，且蒸馏水混合试样的"吸压力"较大。图 3.3（c）中，由于试样的初始含水率相同，而孔隙水的盐分增加，降低了土体的液限，w_0/w_L 增加，"吸压力"相应地降低。图 3.3（d）中 B20%K80%-1（含水率为 $0.6w_L$）的"吸压力"在 20~25 kPa，而图 3.3（e）中试样 B20%K80%-2（含水率为 $1.2w_L$）的"吸压力"在 1.5~2.5 kPa，说明膨润土含量 20%的试样，w_0/w_L 增加，"吸压力"也明显降低。

同时，图 3.3 结果显示，B5%K95%、B10%K90%、B20%K80%-1 和 B20%K80%-2 试样屈服后，压缩指数即试样屈服后 e-$\lg\sigma'_v$ 的斜率，$C_c=-\Delta e/\Delta\lg\sigma'_v$ 和回弹指数即卸载后膨胀回弹曲线的斜率 C_s，随孔隙水的渗透吸力变化发生明显改变。为了描述渗透吸力对人工软黏土压缩特性的影响规律，根据《土工试验方法标准》（GB/T 50123—2019）确定人工软黏土的回弹指数和压缩指数，如图 3.4 所示，C_c 是试样屈服后的压缩指数，反映了正常固结土的压缩性，当卸载加载形成滞回圈，C_s 为滞回圈起点和终点连线的斜率。

压缩指数 C_c 与回弹指数 C_s 的计算结果与渗透吸力 s_π 的关系如图 3.5 所示。图 3.5（a）显示，人工软黏土的压缩指数随着渗透吸力的增加而明显减小，且趋于常量，采用指数函数拟合可以得到较好的拟合关系：

$$y = C_{c1} + (C_{c0} - C_{c1})\exp(-b\pi) \tag{3.3}$$

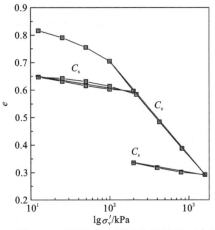

图 3.4 压缩指数、回弹指数计算示意图

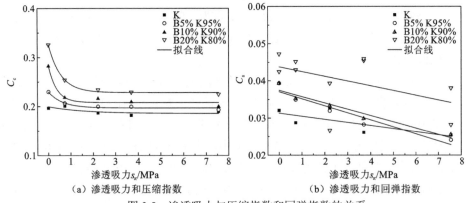

（a）渗透吸力和压缩指数 　　（b）渗透吸力和回弹指数

图 3.5 渗透吸力与压缩指数和回弹指数的关系

式中：C_{c1} 为溶液浓度趋于饱和后的压缩指数，由图 3.5（a）可知，C_{c1} 随膨润土含量的增加而增加；$C_{c0}-C_{c1}$ 为孔隙水为蒸馏水和孔隙水为饱和盐溶液的压缩指数差值，与膨润土含量相关；b 为拟合参数，随膨润土含量从 5%增加到 20%，相应减小，分别为 0.21、0.17、0.07。

图 3.5（b）为回弹指数 C_s 与渗透吸力的关系，由结果可以看出，各种膨润土含量的人工软黏土的回弹指数 C_s 都随着渗透吸力增加而减小。C_s-s_π 关系的拟合直线斜率，随着膨润土含量的增加而增大。Witteveen 等[80]使用伊利石土进行了相似的固结试验，初始含水率未达到液限（$w_0=0.72w_L$），得到结果显示，回弹指数 C_s 未随渗透吸力产生明显的变化。对比以上结果说明，由于比表面积的增大，渗透吸力对膨润土回弹膨胀的影响较大；对于初始含水率在液限以上的试样，颗粒之间充满自由水，孔隙水的渗透吸力对试样的膨胀回弹占主导作用。

3.2.2　盐分环境中人工软黏土固结行为的归一化特征

1. 人工软黏土压缩指数的归一化

众多学者研究了正常固结土液限 w_L 与压缩指数 C_c 的关系，其中应用最广泛的是 Skempton 建立的关于人工软黏土的经验公式（3.4），其中所有试样在初始含水率为液限的条件下压缩[192,193]：

$$C_c = 0.007(w_L - 10) \tag{3.4}$$

Nagaraj 和 Murthy[194]记载了 1948 年 Terzaghi 等将式（3.4）应用到正常固结土，得到式（3.5），计算的压缩指数高于 Skempton 的计算值：

$$C_c = 0.009(w_L - 10) \tag{3.5}$$

随后关于压缩指数的研究扩展至不同的参数，包括初始含水率 w_0、初始孔隙比 e_0、干密度 ρ_d、塑性指数 I_p 和液限孔隙比 e_L 等，但是结果都是基于当地的天然土，对于何种指标可以准确预测土的压缩指数尚无明显结论[194,195]。将本次试验结果 C_c-w_L 的关系与 Nagaraj 和 Murthy[192,194]、Skempton 和 Jones[193]、Sridharan 和 Nagaraj[195]、Sridharan 等[196]发表的文献数据进行比较，列于图 3.6 中。

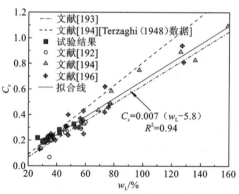

图 3.6　液限与压缩指数的关系

由结果可知，对于低液限土（$w_L<50$），Skempton 及 Terzaghi 等的经验关系差别较小；对于高液限土（$w_L>50$），压缩指数 C_c 差异较大。将本书和文献数据线性拟合后，更接近 Skempton 的经验关系，改进后的经验公式如式（3.6）所示：

$$C_c = 0.007(w_L - 5.8) \tag{3.6}$$

Nagaraj 和 Murthy[192]认为饱和正常固结的非水泥土，孔隙比 e、液限孔隙比 e_L 和有效固结应力 $\lg\sigma_v'$ 可用如下关系拟合：

$$e/e_L = 1.099 - 0.2237\lg\sigma_v' \tag{3.7}$$

Nagaraj 和 Murthy[194]对式（3.7）进行修正，提出采用双对数曲线对固结曲线进

行拟合:

$$\lg(e/e_\mathrm{L}) = 0.1433 - 0.168\lg\sigma_\mathrm{v}' \tag{3.8}$$

将式(3.7)和式(3.8)转化为关于 C_c 的关系式后,得到 $C_\mathrm{c}=0.2237e_\mathrm{L}$ 和 $C_\mathrm{c}=0.39e$,说明压缩指数分别只与液限孔隙比 e_L 和孔隙比 e 有关。Burland 也认为泥浆状态的软黏土,液限孔隙比 e_L 与土本身的固有压缩特性有关[25]。因此,可以推测,土的压缩特性不仅与其物理性质相关,还与初始孔隙比有关。

Hong 等在 2007 年和 2010 年提出 e_0/e_L 这一参数可用来预测软黏土的"吸压力",即前期屈服应力[126,127]。同时,Hong[127]指出对于饱和土,e_0/e_L 可用 w_0/w_L 这一参数代替。本书采用 w_0/w_L 这一参数,探讨初始状态与 C_c 之间的关系,并与以往研究中的试验数据进行对比,结果如图 3.7 所示。

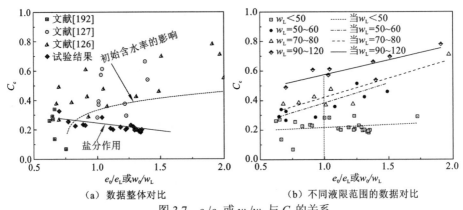

(a) 数据整体对比　　　　　　　　(b) 不同液限范围的数据对比

图 3.7　e_0/e_L 或 w_0/w_L 与 C_c 的关系

由图 3.7(a)结果可知,将不同矿物成分的土对比,w_0/w_L-C_c 的关系较离散。C_c 总体随 w_0/w_L 的增加而增加,这主要是由于初始含水率越高,土的微孔隙吸水饱和,团粒被破坏,压缩性越高。但当 $w_0/w_\mathrm{L}>1$ 时,变化趋于平缓,这与 Burland[25] 和 Di Maio[62] 的研究结果类似,$1\sim1.5$ 倍液限的同一种重塑土在 $100\sim1\,000$ kPa 的压缩指数较接近,为固有压缩指数 C_c^*。本书试验中,人工软黏土的压缩指数随着 w_0/w_L 增加略有降低,可能是由于同一种人工软黏土试样之间的 w_0/w_L 较为接近,孔隙水化学作用对土的压缩性占主导,随着离子浓度的升高,细颗粒发生絮凝,土的团聚化使压缩性降低。

图 3.7(b)中将土按不同的液限范围划分为四组($w_\mathrm{L}<50$,$w_\mathrm{L}=50\sim60$,$w_\mathrm{L}=70\sim80$,$w_\mathrm{L}=90\sim120$),每组内试样的 C_c 基本与 w_0/w_L 呈正相关的关系,这是因为,膨润土含量越高,比表面积越大,土的液限越大[197];对于不同比表面积的土,压缩指数 C_c 与 w_0/w_L 的关系不同;对于相似的 w_0/w_L,液限较高的土,压缩指数 C_c 较大。

综合对比图 3.6 和图 3.7,发现压缩指数 C_c 与 w_L 的相关性较好,而压缩指数

C_c 与 w_0/w_L 的关系还需要考虑液限的范围,即土本身的性质。

Mesri 和 Olson[103]对不同层间离子浓度的膨润土悬浊液进行压缩回弹试验,认为压缩过程塑性变形的主要原因是颗粒的重新分布,而回弹曲线主要受层间离子浓度的影响,主要机理为双电层扩散理论。Di Maio 等[62]研究了不同黏土在液限状态的压缩和回弹变形,认为重塑土的压缩指数随孔隙水 NaCl 浓度的增加而减小,且孔隙水化学成分的影响随蒙脱石的含量增加而增大,其主要原因为盐分浓度的增加提高了颗粒间的内摩擦角,抗剪强度增加。Yukselen-Aksoy 等[61]认为海水的离子成分对液限超过 110%的高液限黏土的压缩和回弹特性有较大影响。但是缺少相关讨论,将所有黏土的回弹指数 C_s 通过同一指标归一化。

本书将试验确定的回弹指数与 Mesri 和 Olson[103],Di Maio 等[62],Yukselen-Aksoy 等[61]发表的文献中数据进行对比,采用液限 w_L 进行归一化,结果如图 3.8 所示。

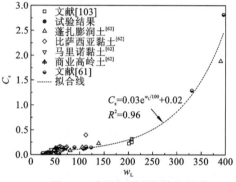

图 3.8 液限与回弹指数的关系

从结果可知,回弹指数 C_s 随着液限的增加而增加,液限小于 100%,对回弹指数的影响较小,如前所述,这与 Yukselen-Aksoy 等[61]的发现相对应。原因是膨润土的含量越高,膨胀性越高,回弹指数也越高。将所有黏土的液限与回弹指数的关系采用指数方程拟合后,得到经验关系:

$$C_s = 0.03e^{w_L/100} + 0.02 \qquad (3.9)$$

同样的,为了讨论初始状态对 C_s 的影响,将 e_0/e_L 或 w_0/w_L 与 C_s 的关系在图 3.9 中表示。

从图 3.9(a)中可以看出,C_s 与 e_0/e_L 之间无明显的规律,数据有较大的离散型。本书试验中,试样在泥浆状态或接近液限状态下,C_s 随 w_0/w_L 的增加而减小。主要原因是膨润土的膨胀力随孔隙水盐分的增加而减小,渗透吸力作用减小了蒙脱石矿物的水化半径和膨胀性,也降低了液限。同一种人工软黏土试样初始含水率 w_0 相同,液限 w_L 随盐分的增加而减小,w_0/w_L 增加,因此得到的回弹指数随 w_0/w_L 增加的结果。

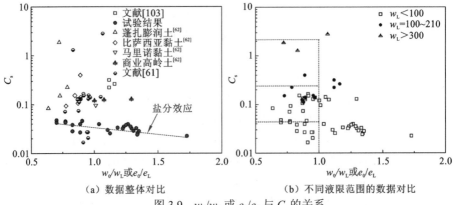

（a）数据整体对比 （b）不同液限范围的数据对比

图 3.9 w_0/w_L 或 e_0/e_L 与 C_s 的关系

如图 3.9（b）所示，将土按不同的液限范围划分为三组（$w_L<100$、$w_L=100\sim$ 210、$w_L>300$），每组内试样的 C_s 与 w_0/w_L 无明确的关系，但是对同一 w_0/w_L，液限越大，回弹指数越高。以上结果说明，由于重塑土的屈服应力较小，所有数据均从 1000 kPa 以上开始回弹，远大于屈服应力，土颗粒充分接触，初始结构被破坏，因此认为受初始孔隙比的影响较小，而与土本身的性质有关。土的液限越大，代表比表面积越大，或者蒙脱石的含量越大，吸附水较多，弹性变形越大；当外部孔隙水与层间离子浓度差较大时，渗透吸力越大，对膨胀的限制越大，因此其回弹指数越小，且膨润土含量越大，渗透吸力的影响越大。

综上所述，通过常规固结试验，研究孔隙水的渗透吸力作用对人工软黏土压缩指数和回弹指数的影响，得到如下结论。

（1）在 e-lgσ'_v 曲线分析中，试样 B5%K95%、B10%K90% 与 B20%K80 的压缩指数 C_c 随着渗透吸力的增加而呈指数衰减的规律减小，回弹指数 C_s 随着渗透吸力的增加而减小；试样 K 的压缩指数和回弹指数则未发生明显的变化。

（2）孔隙水离子浓度对液限等物理性质有重要影响，且 C_c 与 w_L 都属于土的固有性质，因此在 Skempton 和 Terzaghi 等[193]提出的经验公式的基础上，建立 C_c 与 w_L 的经验关系。为了探讨初始状态对压缩指数的影响，将 w_0/w_L 作为参数，从 w_0/w_L-C_c 的关系可知，不同矿物成分含量的黏土之间，w_0/w_L 与 C_c 的关系不明晰。回弹指数 C_s 随液限 w_L 指数递增，而与初始状态 w_0 无明确的相关性。

2. 孔隙指数与固有压缩曲线

关于重塑土（又称重塑软黏土）和天然沉积黏土之间的定量关系的研究，最著名的是 Burland[25]以重塑土的压缩和强度特性为参考，提出的固有压缩曲线（intrinsic compression line，ICL）体系。Burland 认为液限含水率在 $w_L\sim1.5w_L$ 的重塑黏土存在固有压缩指数 $C_c^* = e_{100}^* - e_{1000}^*$，它和内摩擦角 φ 一样为土的固有特性，不随初始状态的变化而改变。同时通过实验发现，采用孔隙指数 I_v 这一指标，可以将所有重塑软黏土的压缩曲线归一化于同一条曲线，即 ICL，I_v 的表达式如下：

$$I_v = \frac{e - e_{100}^*}{e_{1000}^* - e_{100}^*} = \frac{e - e_{100}^*}{C_c^*} \tag{3.10}$$

式中：C_c^* 为土的固有压缩指数；e_{100}^* 为重塑土 100 kPa 竖向应力下的孔隙比；e_{1000}^* 为重塑土 1 000 kPa 竖向应力下的孔隙比。

大部分的天然沉积土的压缩曲线，位于 ICL 之上，且屈服后的压缩指数大于 ICL 上的压缩指数。天然沉积土的压缩曲线和重塑土的 ICL 之间的关系，与沉积环境和淋滤过程有关。因此，研究盐分对重塑土的 ICL 的影响具有重要意义。

图 3.10 为试样的孔隙指数 I_v 与 $\lg\sigma_v'$ 的关系，图 3.10（a）～（c）为初始液限含水率在 w_L～$1.5w_L$ 之间的重塑黏土，图 3.10（d）为初始含水率在 $0.6w_L$ 的重塑黏土。

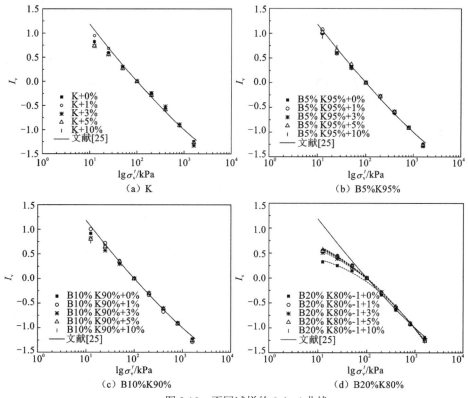

图 3.10　不同试样的 I_v-$\lg\sigma_v'$ 曲线

Burland[25]通过对多种土的 I_v-lgσ'_v 关系的研究，总结了适用于初始含水率在 $w_L \sim 1.5w_L$ 之间的归一化的 ICL 表达式：

$$I_v = 2.45 - 1.285\lg\sigma'_v + 0.015(\lg\sigma'_v)^3 \tag{3.11}$$

式中：σ'_v 为竖向有效应力，kPa。

将式（3.12）代表的曲线绘制于图 3.11 中，由结果可知，图 3.10（a）～（c）基本可以用式（3.12），验证了 Burland 提出的 ICL。而当初始含水率低于液限[图 3.10（d）]，重塑土也具有一定屈服应力，Hong 等[126]称其为"吸压力"，并提出"吸压力" σ'_s（kPa）与 e_0/e_L 的关系如下：

$$\sigma'_s = 5.66 / (e_0/e_L)^2 \tag{3.12}$$

即 e_0/e_L 越小，屈服应力越大。在此屈服应力之前，ICL 不再适用，且该阶段盐分的作用明显。孔隙水盐分浓度越大，或渗透吸力越大，I_v-lgσ'_v 曲线初始段的斜率越大，越接近 ICL，而屈服后，不同的渗透吸力下 I_v-lgσ'_v 曲线仍可归一化 ICL。

3.2.3　人工软黏土的次固结过程

土体的次固结变形指在超孔隙水压力消散后，有效应力基本稳定，因土粒表面的结合水膜蠕变及土粒结构重新排列等作用而引起变形[198]。次固结变形的计算，通常采用土体次固结阶段的变形与对数时间增长的相关关系式。次固结系数是反映土骨架蠕变速率的参数，定义为次固结变形过程中孔隙比增量与对数时间增量的比值，次固结系数 C_α 为

$$C_\alpha = \frac{\Delta e}{\Delta \lg t} \tag{3.13}$$

式中：e 为孔隙比；t 为时间。

Mesri 和 Choi[199]通过有效应力的变化定义主固结和次固结，主固结阶段的有效应力随时间的变化不为零，而次固结阶段的有效应力随时间不发生变化（图 3.11）。当缺少孔隙水压力的测量数据时，可按照如图 3.11 所示的方法，根据 e-lg$t$ 曲线的直线段的交点确定主固结结束的时间，然后计算次固结系数[109,200]。

目前对于土体次固结变形规律的研究主要集中在应力历史、应力水平、加载速率、孔隙比等对次固结的影响[200]。Sridharan 和 Rao[201]发现孔隙溶液介电常数的增加，会带来次固结系数的降低。Mesri 等提出同一类土的次固结系数 C_α 与该级固结压力下的压缩指数 C_c 的比值为经验常数，并采用 C_α/C_c 这一指标预测土的次固结变形[202-205]，试验所得的经验常数范围如下：不含无机物的软黏土，C_α/C_c 为 0.04±0.01；含有机物的软黏土，C_α/C_c 为 0.05±0.01；泥炭土，C_α/C_c 为 0.075±0.01。但是，以上研究未考虑孔隙水的化学作用对次固结系数的影响，本节对人工软黏土不同的渗

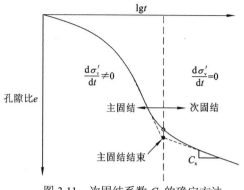

图 3.11　次固结系数 C_α 的确定方法

透吸力下的次固结系数，在应力水平、孔隙比、C_α/C_c 三个参量下进行讨论。

图 3.12 为试样 K 与蒸馏水和 10%质量浓度的 NaCl 溶液混合试样在 25 kPa、200 kPa、400 kPa 和 800kPa 压力下的 e-lg$t$ 曲线。从图中结果可以看出，在 24 h 试验时间范围内，土体进入次固结阶段后 e-lg$t$ 近似呈线性关系。25 kPa 压力下，

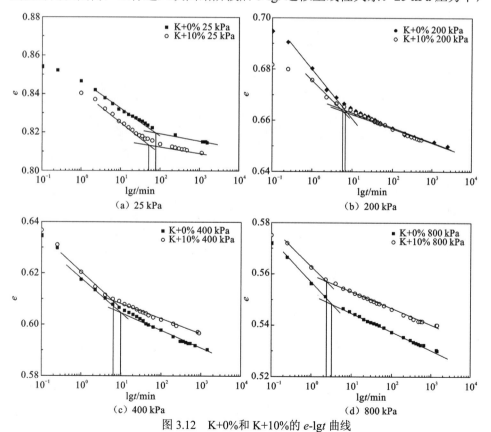

图 3.12　K+0%和 K+10%的 e-lg$t$ 曲线

K+0%与 K+10%的次固结开始时间 t_p 分别为 80 min 和 50 min；200 kPa 压力下，t_p 分别为 6 min 和 7 min；400 kPa 压力下，t_p 分别为 6 min 和 10 min；800 kPa 压力下，t_p 分别为 2 min 和 3 min。K+0%与 K+10%的差别小于 1 个数量级。

图 3.13 为试样 B5%K95%与蒸馏水和 10%质量浓度的 NaCl 溶液混合试样在 25 kPa、100 kPa、400 kPa 和 1 600 kPa 压力下的 e-lg$t$ 曲线。从图中结果可以看出，在 25 kPa 压力下，次固结开始时间 t_p 为 75～100 min；100 kPa 压力下，t_p 为 45～60 min，虽然 t_p 随盐分增加而减小，但差别在 1 个数量级以内。在 400 kPa 和 1 600 kPa 压力下，随盐分增加，t_p 随盐分浓度的增加而提前，范围为 1～40 min，差别在 1 个数量级以上。

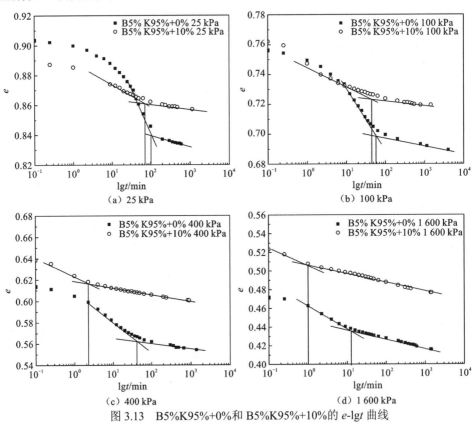

图 3.13　B5%K95%+0%和 B5%K95%+10%的 e-lg$t$ 曲线

图 3.14 为 B10%K90%+0%与 B10%K90%+10%试样在 25 kPa、100 kPa、400 kPa、1 600 kPa 的 e-lg$t$ 曲线对比，各级压力下，次固结开始时间 t_p 和主固结束时间随盐分浓度的增加而提前，且在 1 600 kPa 压力下差别在 1 个数量级。图 3.14 所示的各级压力下，B10%K90%+0%与 B10%K90%+10%试样的 t_p 分别为 150 min 和 100 min，30 min 和 100 min，10 min 和 50 min，4 min 和 30 min。

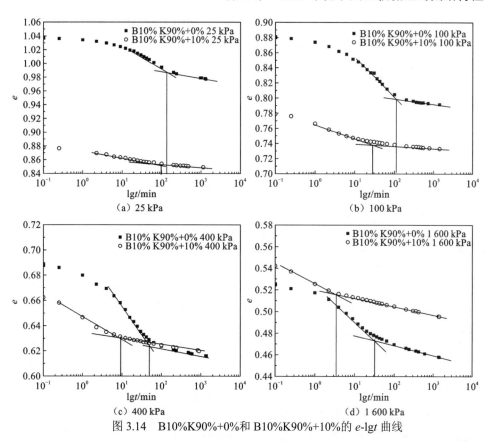

图 3.14　B10%K90%+0%和 B10%K90%+10%的 e-lg$t$ 曲线

图 3.15 为 B20%K80%+0%-1 与 B20%K80%+10%-1 试样在 12.5 kPa、100 kPa、800 kPa、1 600 kPa 压力下的 e-lg$t$ 曲线对比，次固结开始时间 t_p 和主固结结束时间随盐分浓度的增加而提前，与试样 B5%K95%、B10%K90%的规律相同。

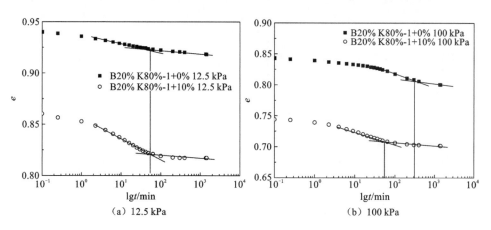

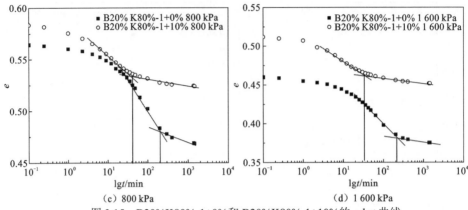

（c）800 kPa （d）1 600 kPa

图 3.15　B20%K80%-1+0%和 B20%K80%-1+10%的 e-lg$t$ 曲线

图 3.16 为所有试样次固结系数 C_α 和 lgσ'_v 关系曲线，结果显示，不同浓度 NaCl 溶液制备的人工软黏土试样，次固结系数随着固结压力的增大而减小。但是泥浆状态的试样在 1 600 kPa 的上部压力下，次固结系数增加。当膨润土含量大于 10%时，

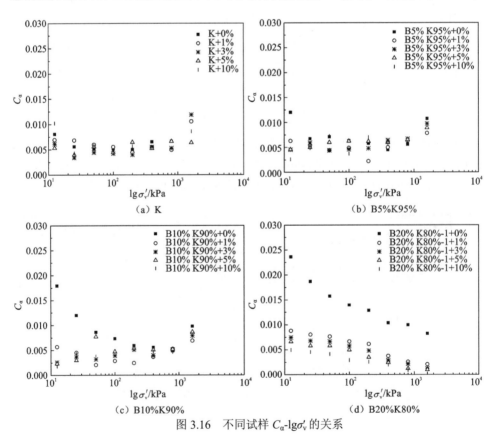

（a）K （b）B5%K95%

（c）B10%K90% （d）B20%K80%

图 3.16　不同试样 C_α-lgσ'_v 的关系

C_α-lgσ'_v 关系曲线随着渗透吸力的增加而向下移动,而膨润土含量小于 10%,C_α-lgσ'_v 关系曲线较接近，这说明膨润土含量较高，则次固结系数随着盐分的增加而降低。

　　不同固结压力下最终的孔隙比 e 与对应的次固结系数 C_α 绘于图 3.17 中。观察结果可知，对于高岭土和膨润土含量为 5% 的人工软黏土，次固结系数随孔隙比的增加而先减小后增大；相同孔隙比下，盐分对次固结系数的影响较小。当膨润土含量大于 10% 时，人工软黏土的次固结系数随着孔隙比的减小而减小；相同孔隙比下，渗透吸力越大，次固结系数越小。

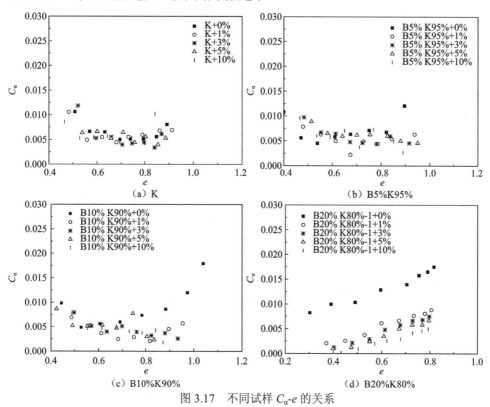

图 3.17　不同试样 C_α-e 的关系

　　图 3.18 为所有试样 C_α 与 C_c 的关系，从图中看出，对于高岭土、次固结系数与压缩系数比值，基本分布于 Mesri 和 Godlewski[205] 提出的非有机质黏土的 C_α/C_c=0.04 的预测值周围。而人工软黏土中加入膨润土后（含量 5% 以上），C_α/C_c 由于盐分在初始阶段的渗透固结作用，不再为常数，且大部分小于 C_α/C_c=0.04 的预测值。B20%K80% 的次固结系数分布范围较广，渗透吸力或孔隙水离子浓度较大，相同的 C_c 对应的 C_α 都小于蒸馏水混合试样 B20%K80% +0%。以上结果的主要原因为次固结系数 C_α 与压缩指数 C_c 都随着盐分的增加而减小,因此 C_α/C_c 不再为常数。

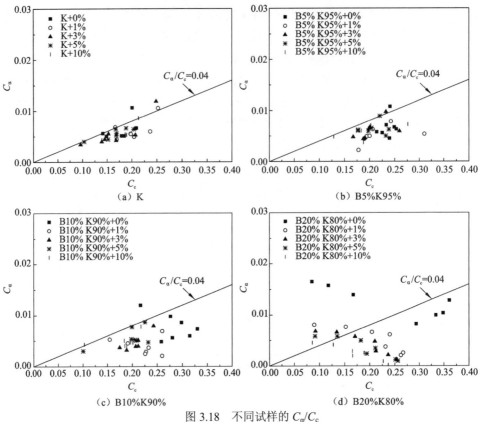

图 3.18 不同试样的 C_α/C_c

进一步将 B20%K80% 试样 C_α/C_c 与渗透吸力的关系进行对比。如图 3.19 所示，在同样的固结压力下，C_α/C_c 并不为常数，而是随着渗透吸力的增大而减小。

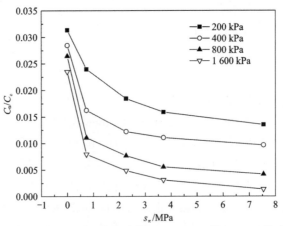

图 3.19 不同渗透吸力下试样 B20%K80% 的 C_α/C_c-s_π 关系

综上所述，对于 K5%B95%、K10%B90%和 K20%B80%，次固结开始时间 t_p 和主固结结束时间随渗透吸力的增加而提前。次固结系数随着固结压力的增大而减小，且 C_α-lgσ_v' 关系曲线随着渗透吸力的增加而整体下移；相同孔隙比下，渗透吸力越小，次固结系数越大；在同样的固结压力下，C_α/C_c 并不为常数，而是随着渗透吸力的增大而减小。因此，孔隙水渗透吸力的改变对高液限黏土的次固结变形产生影响，在蒙脱石含量较高且含盐量较高的场地，应考虑孔隙水渗透吸力的变化对地基次固结变形的影响。

3.2.4　人工软黏土的渗透系数

渗透系数是反映土体力学特性的一个重要参数，它与地基变形、地下水渗流等工程问题密切相关。众多学者研究表明，渗透系数 k 在固结过程中的变化规律与孔隙比 e 有关。工程中应用最广泛的是 Taylor[206]提出的渗透系数 k 的对数值随孔隙比 e 的变化呈线性关系：

$$\lg k = \lg k_0 - \frac{e_0 - e}{C_k} \qquad (3.14)$$

式中：e_0 为土体初始状态的孔隙比；k_0 为土体初始状态 e_0 下的渗透系数；C_k 为比例常数，即渗透系数的对数增量与孔隙比增量的比值。

Mesri 和 Olson[207]对大范围的孔隙比的试样进行调查，试验结果显示 lg$k$ 与 lg$e$ 存在线性关系。

Tavenas 等[208]认为孔隙比 e 与渗透系数 k 的关系因黏土类型、初始孔隙比和孔隙比分布范围的不同而不同，并在 Taylor 理论的基础上，将比例常数 C_k 定义为应变小于 20%的 e-lg$k$ 曲线的斜率，经过对初始孔隙比 0.8～2.0 的土样进行室内试验，认为比例常数与初始孔隙比 e_0 存在线性关系：

$$C_k = 0.5e_0 \qquad (3.15)$$

对于同一种土体，初始状态 e_0 发生变化，初始渗透系数 k_0 和 C_k 便会发生变化。但以上研究均未考虑土体内孔隙水的化学作用对渗透系数的影响。Mesri 和 Olson[207]认为控制渗透系数的因素可以分为力学和物理-化学两方面。力学方面主要指颗粒尺寸、颗粒形状和颗粒之间的排列，物理-化学方面主要指黏土的分散或絮凝状态。对于絮凝状态，相对较大的流体通道控制渗透作用；对于分散状态，流体通道趋向相同尺寸，且路径弯曲。

结合本书数据，首先绘制变形与时间对数的关系曲线，在曲线中确定固结度达到 50%所需时间 t_{50}，结合以下公式计算固结系数：

$$C_v = \frac{0.197H^2}{t_{50}} \quad (3.16)$$

式中：H 为最大排水距离，即某级压力下试样高度的平均值。根据一维固结理论，渗透系数 k 可由以下公式计算：

$$k = \frac{C_v \gamma_w a}{1+e} = \frac{C_v \gamma_w}{E_s} \quad (3.17)$$

式中：a 为压缩系数；E_s 为压缩模量；γ_w 为水的重度。

将试样在不同渗透吸力下 $\lg k$ 与孔隙比 e 的关系在图 3.20 中表示，从结果看出，渗透系数的对数随孔隙比增加而线性递增。对于高岭土，同样的初始孔隙比对应的渗透系数差别较小，同样的，拟合直线的斜率即 Tavenas 等[208]定义的比例系数 $C_k = \Delta e / \Delta \lg k$ 差别也较小。B5%K95%试样在渗透吸力的作用下，渗透系数出现明显差别，同样的初始孔隙比，孔隙水的渗透吸力越大，渗透系数越大，C_k 随渗透吸力增加而减小。B10%K90%和 B20%K80%-1 呈现与 B5%K95%相同的规律，渗透系数 k 和 C_k 由于渗透吸力产生的差别相对更大，而这种差别随膨润土含量的增加而扩大。

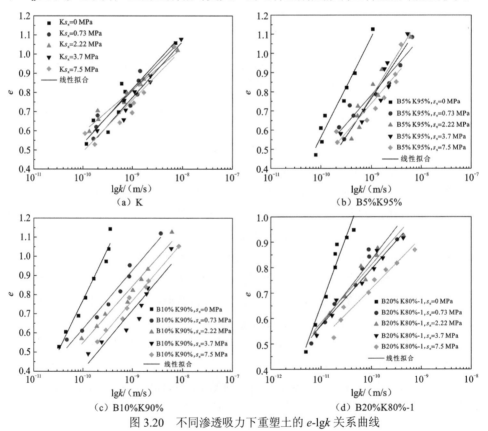

图 3.20　不同渗透吸力下重塑土的 $e\text{-}\lg k$ 关系曲线

C_k 与渗透吸力 s_π 的关系如图 3.21 所示，结果表明，B5%K95%、B10%K90% 和 B20%K80%-1 的 C_k 随着渗透吸力增加呈非线性递减，B20%K80%-1 的 C_k 变化范围为 0.2～0.55，B5%K95%和 B10%K90%的 C_k 变化范围为 0.31～0.53；而孔隙水渗透吸力对试样 K 的影响则较小，C_k 的变化范围为 0.22～0.29。

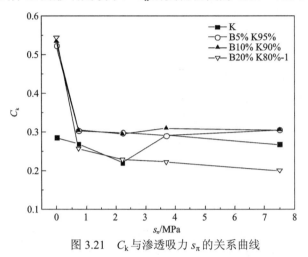

图 3.21　C_k 与渗透吸力 s_π 的关系曲线

综上所述，通过 e-$\lg t$ 曲线反演渗透系数 k，发现 $\lg k$ 随孔隙比增加而线性递增。对于高岭土，在不同的渗透吸力作用下，同样的初始孔隙比对应的渗透系数差别较小，同样的，拟合直线的斜率即 Tavenas 等定义的比例系数 $C_k=\Delta e/\Delta\lg k$ 差别也较小。B5%K95%、B10%K90% 和 B20%K80%在渗透吸力的作用下，渗透系数出现明显差别，同样的初始孔隙比，孔隙水的渗透吸力越大，渗透系数越大，C_k 随渗透吸力增加而非线性递减，而这种差别随膨润土含量的增加而扩大。因此，拓展了 Tavenas 认为 C_k 与初始孔隙比线性相关的认知。根据初始孔隙比预测渗透系数的变化时，应考虑渗透吸力的影响。

3.2.5　固结行为的盐分效应机理

由上可见，初始重塑状态和孔隙水的化学作用都不同程度地对土的压缩指数和回弹指数产生影响，其主要机理可以从如下方面进行阐述。

在微观结构方面，如图 3.22（a）所示，当 $w_0/w_L<1$，土在可塑状态与流动状态之间，层间的距离并未达到使颗粒之间充满自由水的最大值[124]，重塑过程中产生部分大的团粒，因此认为其并未完全重塑。在此状态，孔隙水对压缩特性产生作用的可能原因为：孔隙水离子浓度增加后，黏土的渗透系数增加[207]，团粒的渗透系数也较高，重塑过程中水更容易进入团粒内部，大的团粒被破坏。压缩

过程中，由于团粒的接触较多，颗粒之间的抗剪能力较强，限制了变形，产生较小的塑性变形。而较高的上部压力下，颗粒充分靠近，原有的结构被破坏，因此回弹变形与初始结构的关系不明显。

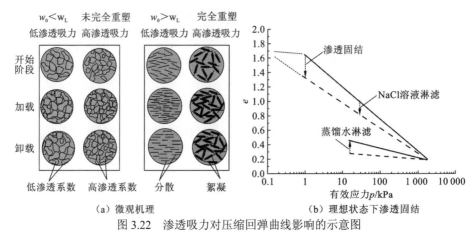

（a）微观机理　　　　　　（b）理想状态下渗透固结

图 3.22　渗透吸力对压缩回弹曲线影响的示意图

当 $w_0/w_L>1$ 时，土在流动状态下，层间的距离达到使颗粒之间充满自由水的最大值。孔隙水的化学作用使黏土片层间的引力大于斥力，产生絮凝；而在蒸馏水环境中，黏土片层之间趋向于分散。在压缩过程中，蒸馏水试样接近面-面接触，由于比表面积较大，积聚的弹性能更大，回弹变形也较大。在 NaCl 溶液环境中，絮凝作用使试样在压缩过程中形成一定的结构性，因此具有较小的压缩性；在回弹变形过程，由于孔隙水与层间离子浓度差产生的渗透吸力作用，限制了回弹变形。

Loret 等[110]针对膨润土的化学-力学循环作用，提出了理想的概念模型，如图 3.22（b）所示，这一概念模型也可用来解释本书的试验现象。在压缩的初始阶段，由于孔隙水的化学作用，相当于发生了渗透固结[72]，沿着斜率较大的压缩曲线变形；蒸馏水混合的试样，压缩曲线位于上部，压缩过程中如果注入化学溶液，则会发生渗透引发固结，沿斜率较小的压缩曲线变形；回弹过程中，如果注入蒸馏水，则会发生膨胀，沿蒸馏水混合试样的回弹曲线变形。该概念模型假设孔隙水化学成分产生的变形都是可逆的，虽然实际操作过程中很难实现，但仍可以用来解释孔隙水的化学作用与压缩回弹的关系，并可建立理想的模型用来预测化学-力学的耦合作用。

盐分对固结特性的影响，可以通过盐分的絮凝作用进行分析。土体颗粒带有负电荷，在其周围存在电场，作为极性分子的水分子和水溶液中的阳离子一起被吸在土颗粒附近，并由于静电引力的差异，越靠近土体颗粒表面，静电吸引力越强，阳离子浓度越高。随着距土粒表面距离的增加，静电引力逐渐降低，阳离子浓度也逐渐下降，相反，越靠近土体颗粒表面，阴离子浓度越低。随着离开土颗粒表面距离的增加，阴离子浓度逐渐增加，直至达到正常浓度[105]。在静电引力与布朗运动作用下，紧邻土体颗粒表面处的静电引力最强，水化离子和极性分子牢牢地被吸附在颗粒表面附近形成固定层。由固定层向外，静电引力逐渐减小，水化离子和极性分子的活动性逐渐增大，形成扩散层。固定层和扩散层中的阳离子（反离子层）与土粒表面负电荷共同构成双电层。

黏性土中黏粒之间是相互作用、相互影响的，既存在斥力，也存在吸引力。斥力是由于两片平行的黏粒中央处离子浓度高于水溶液正常离子浓度，出现渗透压力，即水分子向粒间渗透，使土粒互相排斥。土粒间的吸引力主要来源于范德瓦耳斯力，一个原子对之间的范德瓦耳斯力随着原子对距离的增加而迅速衰减。而对于含有大量原子的土粒来说，土粒间许多原子间吸引力的总和，不仅能产生较大的吸引力，而且随距离增加的衰减也慢些。排斥力和吸引力是并存的，当排斥能占优势时，土粒间凝聚受阻，土悬浮液则处于分散的稳定状态，称为分散状态；当吸引能占优势时，水溶液电解质浓度高，除极短距离出现排斥能外，其他距离都不出现排斥能，则土粒在悬浮液中以很快的速度发生凝聚，并沉淀下来，称为絮凝状态。

据此，众多学者根据黏性土粒结构特征，从微观角度研究了黏土的一些宏观行为特征，其中 Gouy-Chapman 双电层理论，被认为是应用最广泛的解释黏土压缩性与基本颗粒-水-阳离子相互作用关系的理论[68,103,104]。根据 Gouy-Chapman 双电层理论，对于给定的渗透压力和中轴线处的离子浓度，就可以确定两个片层之间的距离，Bolt[67]在 1956 年提出了相应的理论计算公式：

$$e = G_s \gamma_w S_0 d_{Layer} \tag{3.18}$$

式中：G_s 为土的比重；γ_w 为水的重度；S_0 为比表面积；d_{Layer} 为两个黏土晶（片）层间距离的 1/2。从式（3.18）可以看出，孔隙比 e 的变化与比表面积 S_0 和双电层间距离 d_{Layer} 有关。假设孔隙水为蒸馏水，土体的比表面积和层间距离为 S_1 和 d_1；假设盐分浓度增加后，土体的比表面积和层间距为 S_2 和 d_2，孔隙比 e 一定，比重 G_s 与水的重度 γ_w 相同，则比表面积的比 $S_1/S_2 = d_2/d_1$，由于盐分的絮凝作用，比表面积减小，虽然结合水膜的厚度变薄，但层间的距离增加，整个过程如图 3.23 所示。

图 3.23 显示了水-土体系的变化，比表面积的减小造成层间距离的增大，因此土的"有效孔隙比"增加，即自由水所占的体积与总体积的比值增加，在同样的初始孔隙比下，由于层间距离的增加，水的流通通道直径增加，排水速度更快，渗透系数增加，固结系数增加。

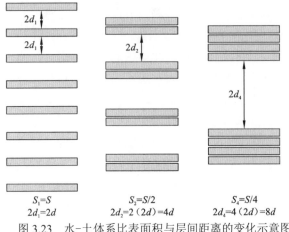

$$S_1=S$$
$$2d_1=2d$$

$$S_2=S/2$$
$$2d_2=2(2d)=4d$$

$$S_4=S/4$$
$$2d_4=4(2d)=8d$$

图 3.23　水-土体系比表面积与层间距离的变化示意图

3.3　盐分与渗滤固结耦合过程

3.3.1　渗滤固结过程模拟

为了明晰渗透引发固结这一过程对软黏土的固结特性的影响，采用一种渗滤固结试验，在固结的过程中同时从底部渗透盐溶液或蒸馏水，渗透过程中记录试样的竖向变形、注入体积和渗出液的电导率，最后用 SEM 和 MIP 试验对比其微观结构。

试验采用 4.9% NaCl 溶液，和连云港地区软黏土的含盐量相同；膨润土和高岭土的混合比例为 1∶4，其基本物理性质如第 2 章所述。

按初始含水率为 34%（与现场软黏土的含水率相同）加蒸馏水或盐溶液混合，1#试样与 4.9% NaCl 溶液混合，2#试样与蒸馏水混合，混合完成后密封 24 h 保证水分均匀。打开密封袋，按照初始孔隙比 1.0，目标密度 1.79 g/cm³ 所换算的质量，将试样填入直径 61.8 mm，高度 20 mm 环刀后，抽真空饱和，然后安装在改装的渗滤固结装置中。

图 3.24（a）为渗滤固结装置的构造图。1#试样从底部通入蒸馏水，2#试样从底部通入盐水，注入的水头压力为 20 kPa，模拟 2 m 高水头的渗透压，管内注入指示液记录液面变化并防止蒸发。

渗滤过程中，收集固结盒顶部的渗出液，用便携式电导率测试仪 Thermo ORION 5-STAR 测定渗出液的电导率［图 3.24（b）］。测定电导率之前先将仪器与盐分浓度进行标定［图 3.25（a）］，当电导率相对稳定，不再随时间变化后，认为孔隙内溶液浓度稳定[图 3.25（b）]。

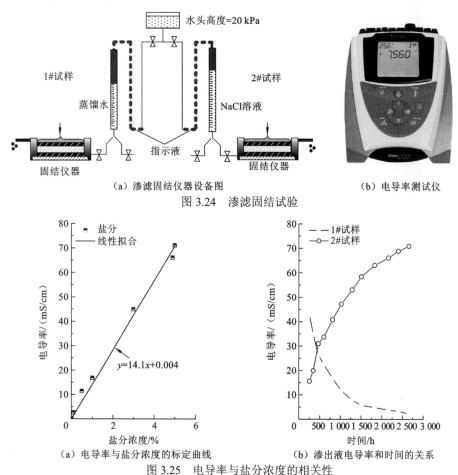

（a）渗滤固结仪器设备图　　　　（b）电导率测试仪

图 3.24　渗滤固结试验

（a）电导率与盐分浓度的标定曲线　　　（b）渗出液电导率和时间的关系

图 3.25　电导率与盐分浓度的相关性

加载的过程分三步：①按照 12.5 kPa、25 kPa 和 50 kPa 的顺序加载，达到预固结压力，每级荷载的加载时间为 24 h；②打开固结盒底部注水阀门，在 50 kPa 上覆压力持续注入液体，当浸出液电导率达到平衡后，关闭注水阀门；③按照 1∶1 的加载比例继续加载至 800 kPa，卸载再加载至 1 600 kPa。

加载结束后，进行 MIP 试验和 SEM 对试样的微观结构进行研究。MIP 是测定多孔材料孔径分布的方法，试验原理建立在 Washburn 提出的汞的注入压力与孔径的关系：

$$D_{pore} = -\frac{4F_t \cos\theta_{contact}}{P_{MIP}} \tag{3.19}$$

式中：D_{pore} 为孔径；F_t 为汞的表面张力；$\theta_{contact}$ 为接触角；P_{MIP} 为施加压力。

本节选用 PoreMaster-60（Quantachrome Corporation，USA），压力为 3.7 kPa～241.1 MPa，量程为 0.005～340 µm，接触角为 140°，表面张力为 0.480 N/m。首先需要将试样切成 1 cm 左右的立方体，放入液氮（−196 ℃）中迅速冷冻，然后将试样放入冷冻干燥机，抽真空 4 h 后，持续冷冻升华 24 h 排除水分，然后放入压汞试验仪中逐级加压，注入水银，得到土体微观孔径分布。

SEM 是一种利用电子束扫描样品表面从而获得样品信息的电子显微镜，它能产生样品表面的高分辨率图像，鉴定样品的表面结构。制样方法同 MIP 试验，冻干后对试样表面进行喷金处理，厚度 200～300 Å。

3.3.2　盐分淡化与盐分积聚过程对比

孔隙比的变化和竖向应力的路径如图 3.26 所示。试验共持续时间 3 241 h，渗透过程持续时间 2 800 h。在渗透过程中，与 4.9% NaCl 溶液混合的 1#试样注入蒸馏水，与蒸馏水混合的 2#试样注入 4.9% NaCl 溶液，从结果看出，2#试样发生了更大的压缩变形，而 1#试样则发生了较小的次固结变形。

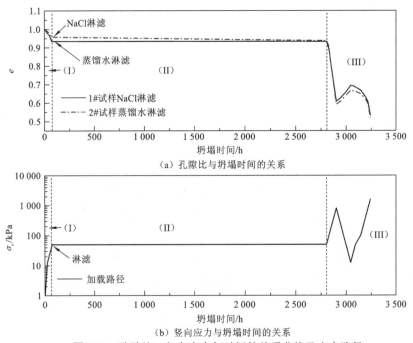

（a）孔隙比与坍塌时间的关系

（b）竖向应力与坍塌时间的关系

图 3.26　孔隙比、竖向应力与时间的关系曲线及应力路径

图 3.25（b）为排出液的电导率 E_c 与时间的关系。由结果可知，1#试样的排除液电导率随时间逐渐减少，基本稳定在 2.24 mS/cm，从标定曲线图 3.26（a）

中看出，相当于 0.1%NaCl 溶液；2#试样的排出液电导率则随时间增加，最后达到 70 mS/cm，根据标定曲线，相当于 4.9% NaCl 溶液。1#试样和 2#试样最终的注入体积分别为 425 cm³ 和 174 cm³，分别为 14 倍和 5.8 倍的孔隙体积。

经过长时间的渗滤后，对试样继续加载和卸载，图 3.27 为 1#试样和 2#试样的 e-lgσ′ᵥ曲线。根据结果计算未渗滤前试样的压缩模量 E_{Oed}（12.5 kPa～50 kPa）：

$$E_{Oed} = \frac{(1+e_0)(\sigma'_{v,i+1} - \sigma'_{v,i})}{e_i - e_{i+1}}$$ （3.20）

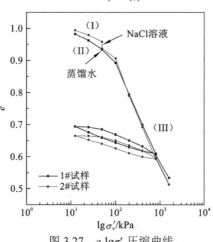

图 3.27　e-lgσ′ᵥ压缩曲线

1#试样的压缩模量为 1.6 MPa，2#试样的压缩模量为 2.0 MPa，都属于高压缩性土（<4 MPa），而 1#试样的压缩性较高。该阶段土直接与溶液混合，根据 Barbour 和 Fredlund[72]对化学作用机理的划分，属于渗透固结，机理与常规固结试验相同。由于离子浓度升高，双电层变薄，斥力 f_r 与吸引力 f_a 的差值表现为净吸力，即 f_r-f_a 为负值，根据真实有效应力 σ′ 的计算公式（3.21），σ′ 也随着孔隙水离子浓度的升高而升高，因此在第 I 阶段 1#试样的压缩性较高。

$$\sigma' = \sigma - u_w - (f_r - f_a)$$ （3.21）

第 II 阶段的渗滤过程，渗透引发固结机理控制试样的变形，1#试样注入液为蒸馏水，孔隙水为高浓度 NaCl 溶液，在渗透吸力的作用下形成流向孔隙的渗透流，u_f 增加，σ′ 减少；2#试样注入液为 NaCl 溶液，孔隙水为蒸馏水，渗透流流出孔隙，形成负孔压，u_f 减少，σ′ 增加。因此 2#试样在渗滤过程中发生较大的变形，1#试样由于长时间荷载作用，发生土的蠕变，但是变形较小。

图 3.27 的 e-lgσ′ᵥ中还可以得到土的压缩指数 C_c 和回弹指数 C_s，1#试样和 2#试样 100～1 600 kPa 的压缩指数分别为 0.31 和 0.35，800～12.5 kPa 的回弹指数分别为 0.05 和 0.04，1#试样有较大的压缩指数和回弹指数，但差别较小。该结果

说明渗滤作用替换孔隙水后，使试样的压缩曲线靠近，但是试样初始的重塑状态对其有重要影响，由于1#试样初始的絮凝作用和屈服前的渗透固结作用，屈服后的压缩指数略低。

3.3.3　渗滤–固结过程的土体结构演化

渗透系数 k 通过常水头下注入土体的体积计算，公式如下：

$$k = \frac{QL}{A\Delta ht} \tag{3.22}$$

式中：Q 为注入的液体体积；L 为试样的高度；A 为试样的面积；Δh 为水头的高度。

将第 II 阶段渗透系数随渗滤时间变化的关系绘制于图 3.28，渗滤开始时，1#试样的渗透系数是2#试样的7～10倍，1#试样 k 与 $\lg t$ 呈线性递减的关系，2#试样呈线性递增的关系，当电导率趋于稳定后，1#试样的渗透系数是2#试样的2～3倍。

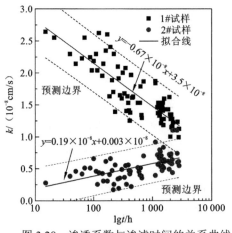

图 3.28　渗透系数与渗滤时间的关系曲线

Mesri 和 Olson[207]认为黏土的渗透性除了受颗粒的尺寸、形态和几何排列等影响外，在同一孔隙比条件下，高岭石土的渗透系数大于伊利石土，伊利石土的渗透系数大于蒙脱石土，主要原因是通道尺寸减小和弯曲通道的增加。物理化学性质对渗透系数产生影响的原因是，黏土由分散到团粒的转变。团粒化带来了大的流通通道，分散则使通道有几乎相同的尺寸，缺少大的流通通道，因此渗透性发生改变。Calvello 等[209]、Gajo 和 Maines[75]研究了膨润土的渗透系数与孔隙水盐分浓度和 pH 的关系，得到类似的结果。Mesri 和 Olson[203]的观点解释了渗透固结过程渗透系数的差别，渗滤过程中渗透系数的变化可以从双孔结构的相互转换进行解释。

Gens 和 Alonso[159]提出了双结构模型的概念，即压实黏性土的力学-化学耦合作用是由宏观孔隙和微观孔隙相互作用来控制的。Romero 等[153]和 Musso 等[210]提出划分宏观孔径和微观孔径的界限为 1 000 nm。Musso 等[211]通过对不同浓度溶液混合 FEBEX 钠基膨润土的击实试样淋滤后进行的 MIP 试验，测得了微观孔隙比 e_m 与渗透吸力 s_π 的关系，发现 e_m 随 s_π 的增加而减少，主要原因是微观孔隙结构和宏观结构之间的质量交换（图 3.29）。

（a）高渗透吸力　　　　　　　　　　　　　（b）低渗透吸力

图 3.29　双结构转换的概念模型[211]

1#试样在重塑过程中，混合 NaCl 溶液，黏土颗粒趋向于絮凝，出现直径较大的通道，因此渗透系数大于 2#试样。渗滤过程中，1#试样通入蒸馏水，小孔隙 e_m 与大孔隙 e_M 之间在渗透吸力的作用下发生质量交换，大孔隙体积减小，小孔隙体积增加，阻塞通道，渗透系数变小；2#试样通入 NaCl 溶液，大孔隙体积增加，小孔隙体积减小，通道直径变大，渗透系数变大。双孔结构模型建立在土体孔径分布曲线的基础上，为了验证这一机理，对固结试验结束后进行了微观结构的研究。

图 3.30～图 3.32 为 SEM 扫描土体的微观结构，对照片进行对比度增强，可以更清晰地观察到颗粒的形态和孔径的大致分布，增强范围为（60，0）～（160，255）。

图 3.30（c）和图 3.30（d）可以看出 1#试样的大孔隙面积（>1 μm）要小于 2#试样，1#试样的微孔隙面积（<1 μm）要大于 2#试样，这说明在最终孔隙比接近的情况下，渗滤过程使 1#试样的宏观孔隙 e_M 向微观孔隙 e_m 转换，2#试样的微观孔隙 e_m 向宏观孔隙 e_M 转换，因此 1#试样渗透系数减少，2#试样渗透系数增加。

图 3.31 可以更清晰地观察到颗粒形态，由结果可知，初始重塑状态对土的结构有重要影响，絮凝作用使 1#试样的结构呈颗粒状，分散作用使 2#试样的结构呈片状。

（a）1#试样　　　　　　　　　　　　　（b）2#试样

（c）1#试样对比度增强　　　　　　　　（d）2#试样对比度增强

图 3.30　放大 500 倍 SEM 照片

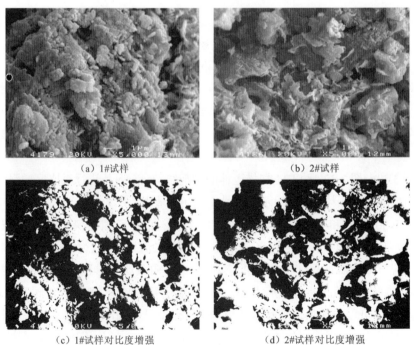

（a）1#试样　　　　　　　　　　　　　（b）2#试样

（c）1#试样对比度增强　　　　　　　　（d）2#试样对比度增强

图 3.31　放大 5 000 倍 SEM 照片

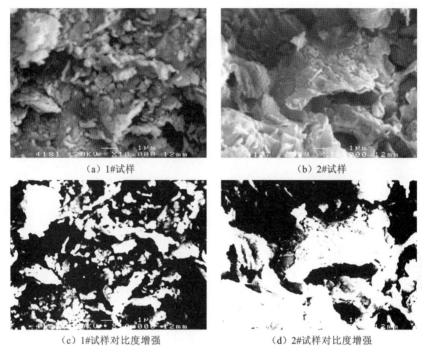

（a）1#试样　　　　　　　　　　　　（b）2#试样

（c）1#试样对比度增强　　　　　　　（d）2#试样对比度增强

图 3.32　放大 10 000 倍 SEM 照片

为进一步了解土的微观结构，进行 MIP 试验，得到孔径的累积体积分布曲线和分布密度曲线，如图 3.33 和图 3.34 所示。由图 3.33 可知，1#试样的总孔隙体积大于 2#试样，2#试样的曲线出现两次拐点。图 3.34 中，2#试样的孔径分布为双孔结构，两个峰值分别为 0.1 μm 和 10 μm，1#试样孔径分布为单孔结构，峰值为 1 μm，这一结果与 SEM 的结果相对应，1#试样宏观孔隙体积 e_M 小于 2#试样，但

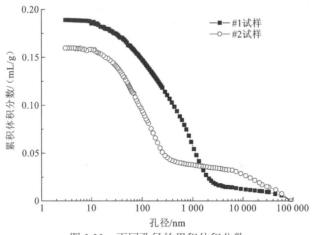

图 3.33　不同孔径的累积体积分数

由于 1#试样微观孔隙体积 e_m 大于 2#试样，总体积大于 2#试样。说明盐分的渗滤增大宏观孔隙体积，蒸馏水的渗滤增大微观孔隙体积，高的渗透吸力差加强了颗粒内部和颗粒之间的质量交换，形成了双孔结构。

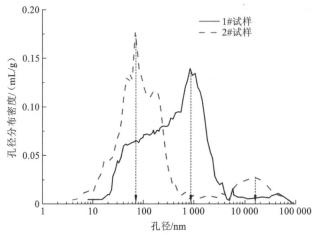

图 3.34　不同孔径的孔径分布密度

综上所述，通过渗滤固结试验，MIP 试验和 SEM 试验研究了盐分淡化和盐分入侵两个过程对纯黏土的力学特性、渗透特性和微观结构的影响，得到如下结论。

（1）第 I 阶段纯黏土与蒸馏水或盐水混合重塑，然后加载至 50 kPa，这一阶段属于渗透固结。由于离子浓度升高，斥力 f_r 与吸引力 f_a 的差值表现为净吸力，真实有效应力升高，因此在第 I 阶段 1#试样的压缩性略高。

（2）第 II 阶段的渗滤过程属于渗滤引发固结，渗透吸力作用下的渗滤流使 2#试样形成负孔压，孔压减少，真实有效应力升高。因此，注入盐水的 2#试样在渗滤过程中发生较大的变形。

（3）第 III 阶段 $e\text{-}\lg\sigma'_v$ 曲线中，1#试样有较大的压缩指数和回弹指数，但差别较小，说明渗滤作用替换了孔隙水，使试样的压缩曲线靠近。

（4）在渗滤开始阶段，1#试样的渗透系数是 2#试样的 7~10 倍，通入蒸馏水，使 1#试样 k 与 $\lg t$ 呈线性递减的关系；通入盐水，使 2#试样 k 与 $\lg t$ 呈线性递增的关系。在电导率趋于稳定后，1#试样的渗透系数是 2#试样的 2~3 倍，主要机理是宏微观孔隙之间的质量交换。

（5）试验结束后，通过微观结构观察，盐分渗滤的 2#试样的孔径分布为双孔结构，两个峰值分别为 0.1 μm 和 10 μm，蒸馏水渗滤 1#试样孔径分布为单孔结构，峰值为 1 μm，说明高的渗透吸力差加强了颗粒内部和颗粒之间的质量交换，形成了双孔结构。

3.4　盐分对固结过程中土体结构的影响

3.4.1　土体微观结构分析方法

1. 土的结构类型

土的结构是影响力学的重要因素，一般可分为单粒结构、蜂窝结构和絮凝结构三种类型。

砂土一般呈单粒结构，土粒之间几乎没有联结，在浸润条件下会有微弱的毛细压力联结。蜂窝结构主要是由粉粒或细沙组成的土的结构形式。粒径为 $0.075\sim0.005$ mm 的土粒在水中沉积时，基本上是以单个土粒下沉，当碰上已沉积的土粒，它们之间的吸引力大于重力，土粒停留在接触点堆积，形成具有很大孔隙的蜂窝状结构。当承受高应力水平荷载或动力荷载时，其结构将被破坏，导致严重的地基变形。

对于细小的黏粒（粒径 $0.005\sim0.0001$ mm）或胶粒（粒径 $0.0001\sim0.000001$ mm），重力作用很小，能够在水中长期悬浮，不因自重而下沉。这种情况下，粒间作用力有粒间斥力和粒间吸引力，均随颗粒间距离的减小而增加，但增长速率不同。斥力的大小与双电层的厚度有关，随离子浓度、离子价位及温度的增加而减小。吸引力主要指范德瓦耳斯力，随着颗粒间距离增加很快衰减，这种变化取决于土粒的大小、形状、矿物成分、表面电荷等因素，但与水溶液的性质几乎无关。粒间作用力的作用范围从几埃米到几百埃米，其中间既有吸引力也有斥力，当总的斥力大于吸引力表现为净斥力，当总的吸引力大于斥力时表现为净吸力。

在高含盐量的水中沉积的黏性土，由于离子浓度的增加，反离子层减薄，斥力降低，在较大的静吸力作用下，黏土颗粒容易絮凝成集合体下沉，形成盐水的絮凝结构。在无盐的环境下沉积，有时也可能产生絮凝，主要原因有两方面：一是静电吸力，由黏粒的边（正电荷）与另一黏粒面的负电荷接触产生；二是布朗运动，悬浮颗粒在运动过程中，可能形成边缘-面连接，在重力的作用下形成无盐溶液中的絮凝。当土颗粒间表现为净斥力时，土颗粒将在分散状态下缓慢沉积，这时土颗粒平行排列，形成分散结构。

具有絮状结构的黏性土，其土粒间的联结强度往往由于长期的固结作用和胶结作用（铁、硅、钙）而得到加强，同时又具备不稳定性，随着溶液性质的改变或受到震动后可重新分散，沉降法分析中所加的分散剂，一般都是一价阳离子弱酸盐（如六偏磷酸钠），通过离子交换将反离子层中的高价离子交换下来使得双电层变厚，粒间斥力增长，达到分散的目的。

Michell[109]进一步将黏土的颗粒连接方式可分为：分散连接，黏土颗粒不存在面-面接触；团粒连接，黏土颗粒面-面接触；絮凝连接，粒团点-点接触或点-面接触；悬浮连接，粒团之间无连接。土体在受力条件下产生的变形和强度是结构连结、颗粒和孔隙等要素变形的综合结果，孔隙的变化是结构发生变形的重要体现。因此，研究土的微观结构和微观孔隙变化，不仅可以解释宏观工程现象，还可以掌握土的变形原理，进而获取表述合理的本构关系[212]。为了研究矿物成分、制样方法和盐对土体结构的影响，需要进行微观结构试验。

土的微孔隙研究中使用最广泛的手段之一即 SEM 试验和 MIP 试验，很多研究者采用这种方法对软黏土的微观结构进行了分析。张季如等[213]对比软黏土固结前后的 SEM 照片，研究软黏土固结过程中微孔隙的大小、数量及其分布的演化规律；Griffiths 和 Joshi[214]根据 MIP 试验研究了不同种类的黏土在固结的不同阶段中孔隙尺寸的分布情况；Lapierre 等[215]根据 MIP 试验和 SEM 试验得到原状土和重塑土在不同的固结压力下孔隙分布和渗透系数的数学表达。张先伟等[212]认为两种方法对分析土的微孔隙特征方面具有一定的优势，但 MIP 试验无法直接观察孔隙的形态特征，需结合 SEM 照片分析才能获得准确结果；通过 SEM 照片进行微结构研究多是二维的定性分析，得到的孔隙率不能真实反映实际情况。因此，本书通过 MIP 试验和 SEM 试验相结合分析试样的微观结构。

2. 土的结构分析试验

试验使用高岭土（K）和人工软黏土（高岭土与膨润土质量比为 4∶1，B20%K80%）两种材料，采用两种方法制备：①将 K 试样在 $1.2w_L$ 以上含水率分别与蒸馏水和 5% NaCl 溶液混合（K+0%，K+5%），密封袋储藏 24 h 水分均匀后取出，从泥浆状态开始固结，加载范围 1.2～100 kPa，固结稳定后卸载取出切割试样；②将 B20%K80%试样在 $0.6w_L$ 含水率分别与蒸馏水和 5% NaCl 溶液搅拌混合（B20%K80%+0%，B20%K80%+5%），密封袋储藏 24 h 水分均匀后取出，在环刀（直径 61.8 mm，高度 20 mm）中预固结至一定的密度，取出切割试样。固结法制样的 e-lgσ'_v 曲线如图 3.35 所示，由结果可知，K+0%与 K+5%压缩曲线的斜率 C_c 基本相同，而 B20%K80%+5%压缩曲线的斜率 C_c 明显小于 B20%K80%+0%，与常规固结试验的结果相同。

共制备 8 组试样分别进行 SEM 试验和 MIP 试验，所有试样的基本参数列于表 3.4。

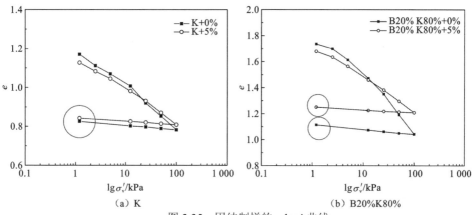

（a）K

（b）B20%K80%

图 3.35　固结制样的 e-lgσ_v' 曲线

表 3.4　试样初始参数

试样编号	材料	制样方法	初始含水率 w_0/%	初始孔隙比 e_0	密度 ρ/（mg/m³）	液限含水率 w_L/%
1#	K+0%	静压	26±1	0.70	1.98	33
2#	K+5%	静压	26±1	0.70	1.98	33
3#	B20%K80%+0%	静压	30±1	0.80	1.98	52
4#	B20%K80%+5%	静压	30±1	0.80	1.98	52
5#	K+0%	固结	43±1	1.24	1.70	33
6#	K+5%	固结	43±1	1.24	1.70	33
7#	B20%K80%+0%	固结	65±1	1.81	1.57	52
8#	B20%K80%+5%	固结	65±1	1.81	1.57	52

固结或静压结束后，将试样推出环刀，用钢丝锯将试样切割成 1 cm 宽度的立方体，制样过程如图 3.36 所示。

（a）静压试样　　　　（b）固结试样　　　　（c）试样切割　　　　（d）冻干试样

图 3.36　制样过程

为了减少干燥过程土体的收缩变形，SEM 试验和 MIP 试验的试样通常采用真空冷冻升华干燥法进行制样。将切割的土块在液氮（沸点-196℃）中快速冷冻 15 min，使土中液体成为不具膨胀性的非结晶态冰，然后在-50℃状态下用冷冻干燥机抽真空 8 h 以上，使土中非结晶的冰升华[216,217][图 3.37（a）]。冻干后的样品可进行 MIP 试验[图 3.37（c）]，而 SEM 试验[图 3.37（b）]则需要对试样进行表面喷金处理，厚度 200～300 Å，以阻止表面带电[218]。真空冷冻干燥机、电镜扫描仪和压汞仪如图 3.37 所示。

（a）真空冷冻干燥机　　　　　（b）电镜扫描仪　　　　　（c）压汞仪

图 3.37　试验仪器

3.4.2　SEM 和 MIP 试验结果

常见矿物的 SEM 照片如图 3.38 所示。图 3.38（a）为次生石英单晶，主要呈现六方双锥体；图 3.38（b）为高岭石单晶，呈假六方板状，聚合体呈叠层状、蠕虫状、书本状等；图 3.38（c）为蒙脱石形态，鳞片状、蜂窝状和棉絮状，多分布于颗粒表面；图 4.28（d）为伊蒙混层形态，蜂窝状至片状，多分布于颗粒表面，或以黏土桥形式分布于颗粒间。

（a）次生石英单晶　　　　　　　　　　（b）高岭石单晶

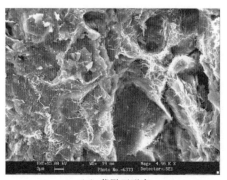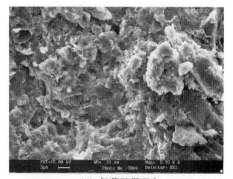

（c）蒙脱石形态　　　　　　　　　　　　（d）伊蒙混层形态

图 3.38　常见矿物形态

图 3.39～图 3.41 为 1#～8#试样放大 500～50 000 倍的 SEM 结果。观察图 3.39 可知，1#～8#放大 500 倍表观差距较小，都基本不存在 100 μm 大孔径。说明对于纯黏土，高含水率下将土重塑后静压制样，与泥浆状态固结制样，表观都比较致密；500 倍 SEM 照片中，不同矿物之间的孔径分布差别较小，盐分的影响不明显。

（a）1#试样　　　　　　　　　　　　　　（b）2#试样

（c）3#试样　　　　　　　　　　　　　　（d）4#试样

(e) 5#试样 (f) 6#试样

(g) 7#试样 (h) 8#试样

图 3.39 1#～8#试样 500 倍 SEM 结果

图 3.40 为 5 000 倍 SEM 结果，观察可知，对于高岭土而言，1#和 2#试样的团粒直径在 10～50 μm，大孔径在 20～50 μm，两种制样方法对团粒直径和大孔径的影响较小；5#和 6#试样的团粒直径较小，在 10～20 μm，大孔径在 5～20 μm。这说明泥浆状态的固结试样，形成的团粒较小，而直接重塑静压试样，会在重塑过程中形成较大的团粒。Delage 等[152]发现在低于最优含水率的条件下，土的团聚现象更明显，微观结构表现为双孔结构；在高于最优含水率的条件下，土颗粒分布更加均匀，微观结构表现为单孔结构。这一结论与本书的结果相似，含水率越高，土的团粒分布越均匀，团粒直径越小，而分别对比 1#与 2#试样、5#与 6#试样可知，盐分对高岭土团聚现象的影响较小。

图 3.40 中，3#试样存在片状结构和絮状结构，为蒙脱石族矿物的基本形态；与盐水混合的 4#试样，未发现明显的片状结构和絮状结构，而是呈现块状结构；对比 7#试样与 8#试样，也具有相同的规律，7#试样表现为片状单元搭接形成的蜂窝状结构，而 8#试样表现为明显的团聚现象，颗粒为球体或块体，孔隙之间相互连通。以上说明，对于重塑或是固结制作的试样，孔隙水盐分的增加，使蒙脱石族矿物趋向絮凝，团聚化为体状的颗粒，土体连通性更好，因此固结时间较短，渗透系数较高。对比两种制样方法，与 1#、2#、5#和 6#试样相似，泥

（a）1#试样

（b）2#试样

（c）3#试样

（d）4#试样

（e）5#试样

（f）6#试样

（g）7#试样

（h）8#试样

图 3.40　1#～8#试样 5 000 倍 SEM 结果

浆状态固结制成的 7#和 8#试样，颗粒分布更均匀，团粒直径更小。3#试样的片状长度在 50～70 μm，厚度 1 μm，而 7#试样的片状长度在 30～40 μm，厚度小于 1 μm；4#试样的块状直径在 30～50 μm，8#试样的块状直径在 5～20 μm。

图 3.41 为 50 000 倍 SEM 结果，可以进一步观察到土体的内部结构。观察结果可知，1#、2#、5#和 6#的高岭土试样内部是由片状结构堆叠而成的块状结构；同样的，在 1 μm 的尺度下，制样方法和盐分浓度对团粒直径和孔径的影响较小。3#和 7#的人工软黏土试样，主要是由片状结构构成，3#试样的片状宽度大于 7#试样；4#和 8#试样主要是由块状结构构成；在 1 μm 的尺度下，制样方法对团粒直径和孔径的影响不明显，盐分浓度对土体结构的影响主要为颗粒单元的形态，盐分的絮凝作用使土体颗粒由片状向团粒转化。

因此，由 SEM 结果可知，对于高岭土为主的土体，盐分对团粒的形态影响较小，而泥浆状态的重塑土，固结后团粒小于含水率较低的重塑静压试样，同样的，其孔隙直径的范围也小于含水率较低的重塑静压试样。对于含蒙脱石族的土体，盐分影响了团粒的形态，盐分的絮凝作用使土的结构由片状向块状转化；制样方法对土体结构的影响规律与高岭土相同。

(a) 1#试样   (b) 2#试样

(c) 3#试样   (d) 4#试样

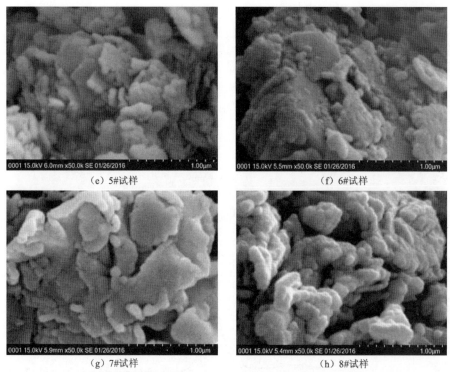

(e) 5#试样　　　　　　　　　　　　　(f) 6#试样

(g) 7#试样　　　　　　　　　　　　　(h) 8#试样

图 3.41　1#～8#试样 50 000 倍 SEM 结果

　　MIP 试验结果如图 3.42 和图 3.43 所示。图 3.42（a）为高岭土孔径（d）与分布密度 dV/dm 之间的关系。其中 V 为孔隙体积，单位 mL；m 为质量，单位 g。由结果可知，两种方法制作的高岭土试样都表现为单孔结构，孔径主要分布在 0.6～1 μm，盐分对峰值孔径的影响较小。图 3.42（b）为高岭土的孔径（d）与累积进汞量（V/m）的关系，由于土的孔隙比与含水率接近，结果显示累积孔隙体积分布在 0.24～0.25 mL/g，盐分与制样方法不同对累积孔隙体积的影响较小。

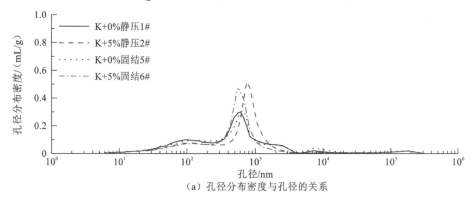

（a）孔径分布密度与孔径的关系

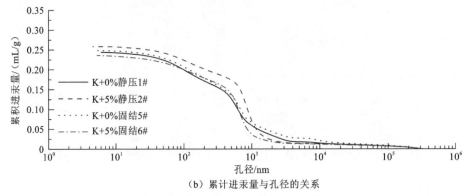

（b）累计进汞量与孔径的关系

图 3.42 高岭土试样孔径分布与累积孔隙体积

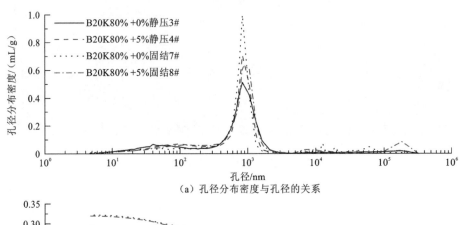

（a）孔径分布密度与孔径的关系

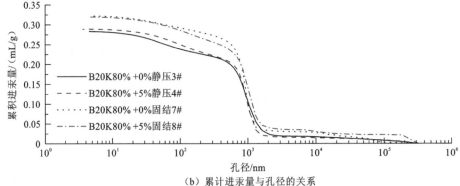

（b）累计进汞量与孔径的关系

图 3.43 人工软黏土试样孔径分布与累积孔隙体积

图 3.43 为含蒙脱石的人工软黏土（B20%K80%）的孔径分布曲线与累积孔隙体积曲线。图 3.43（a）显示试样的孔径分布为单孔结构，峰值对应的孔径为 1 μm，不同制样方法和孔隙水类型，对孔径分布曲线的形态和峰值孔径的影响不明显。图 3.43（b）为试样的累积进汞量与孔径之间的关系，由于固结后的孔隙比大于静压试样的初始孔隙比（图 3.35，表 3.4），3#和 4#试样的累积孔隙体积小于 7#和

8#试样，而盐分对总孔隙体积的影响较小。

　　综合 SEM 和 MIP 试验的分析结果可知：泥浆状态的固结试样，形成的团粒较小，而直接重塑静压试样，会在重塑过程中形成较大的团粒，主要原因是含水率越高，土的团粒分布越均匀，团粒直径越小；对于重塑或是固结制作的试样，孔隙水盐分的增加，使蒙脱石族矿物趋向絮凝，团聚化为体状的颗粒，土体连通性更好，因此固结时间较短，渗透系数较高；两种制样方法的试样都呈现单孔结构，盐分对颗粒形态和直径的影响大于对孔径的影响。

3.5　本　章　小　结

　　本章通过常规固结试验和渗滤固结试验，研究了盐分对土的固结特性的影响，主要包括压缩回弹特性、渗透系数、微观结构、孔隙指数和次固结系数等方面，主要得到如下结论。

　　（1）常规固结试验中，试样 B5%K95%、B10%K90% 与 B20%K80 的压缩指数 C_c 随着渗透吸力的增加而呈指数衰减的规律减小，回弹指数 C_s 随着渗透吸力增加而减小；试样 K 的压缩指数和回弹指数则未发生明显的变化。孔隙水离子浓度对液限等物理性质有重要影响，且 C_c 与 w_L 都属于土的固有性质，因此在 Skempton 和 Terzaghi 等研究的基础上，对 C_c 与 w_L 经验关系进行修正。同时，回弹指数 C_s 随液限 w_L 指数递增。

　　（2）为了探讨初始状态对压缩指数的影响，将 w_0/w_L 作为参数，由 w_0/w_L-C_c 的关系可知，不同矿物成分含量的黏土之间，w_0/w_L 与 C_c 的关系较为离散，说明 C_c 与液限的相关性较好。$w_0/w_L<1$，C_s 随 w_0/w_L 的增加而增加，说明土的初始重塑状态对压缩特性有较大影响；$w_0/w_L>1$，C_s 随 w_0/w_L 而变化的趋势变缓。而同一 w_0/w_L，液限越高，压缩性越大。回弹指数 C_s 与初始状态 w_0/w_L 无明确的相关性。

　　（3）对压缩指数和回弹指数与渗透吸力或孔隙水盐分的相关性，从渗透固结机理进行微观解释，是双电层斥力和吸引力相互作用的结果。由于离子浓度升高，双电层间表现为净吸力，细颗粒发生絮凝，引起压缩性降低。宏观压缩变形可采用 Loret 等建立的理想力学-化学循环模型进行描述。

　　（4）在 Burland 提出的 $\lg\sigma'_v$-I_v 分析体系中，渗透吸力对曲线初始段的斜率有较大影响；而屈服后，压缩曲线可以在 $\lg\sigma'_v$-I_v 分析体系中进行归一化。

　　（5）通过对比 e-$\lg t$ 曲线发现，对于 K5%B95%、K10%B90% 和 K20%B80%，次固结开始时间 t_p 和主固结结束时间随渗透吸力的增加而提前。次固结系数随着固结压力的增大而减小，且 C_α-$\lg\sigma'_v$ 关系曲线随着渗透吸力的增加而整体下移；相同孔隙比下，渗透吸力越小，次固结系数越大；在同样的固结压力下，C_a/C_c 并不为常数，而是随着渗透吸力的增大而减小。

（6）通过 e-lg$t$ 曲线反演渗透系数 k，lg$k$ 随孔隙比增加而线性递增。对于高岭土，同样的初始孔隙比对应的渗透系数差别较小，同样的，拟合直线的斜率即 Tavenas 等定义的比例系数 $C_k=\Delta e/\Delta \lg k$ 差别也较小。B5%K95%、B10%K90%和 B20%K80%在渗透吸力的作用下，渗透系数出现明显差别，同样的初始孔隙比，孔隙水的渗透吸力越大，渗透系数越大，C_k 随渗透吸力增加而非线性递减，而这种差别随膨润土含量的增加而扩大。因此，延拓了 Tavenas 认为比例系数 C_k 与初始孔隙比线性相关的认知。在根据初始孔隙比预测渗透系数的变化时，应考虑渗透吸力的影响。

（7）渗滤固结试验中，初始阶段可认为发生渗透固结，机理与常规固结相同。因此，孔隙水离子浓度较高试样，屈服后压缩指数较低。渗滤过程可认为属于渗透引发固结，渗透吸力的作用下的渗透流使试样形成负孔压，真实有效应力升高，因此发生较大的次固结变形。渗滤结束后，由于孔隙水的替换作用，试验的压缩曲线互相靠近。

（8）渗滤固结试验中对渗透系数进行测量，在渗滤开始阶段，盐水混合试样的渗透系数是蒸馏水混合试样的 7～10 倍。通入蒸馏水，使试样渗透系数 k 与 lg$t$ 呈线性递减的关系，通入盐水，使试样呈线性递增的关系，在电导率趋于稳定后，试样之间渗透系数的差别减小。试验结束后，通过微观结构观察，盐分渗滤试样的孔径分布为双孔结构，两个峰值分别为 0.1 μm 和 10 μm，蒸馏水渗滤试样孔径分布为单孔结构，峰值为 1 μm。从孔隙水替换后的微观结构可知，盐分淋率使片层结构趋向团粒结构，说明渗透引发固结与渗透固结产生具有相似性的结果。

（9）微观结构的分析结果可知：泥浆状态的固结试样，形成的团粒直径较小；对于重塑或是固结制作的试样，孔隙水盐分的增加，使片状和絮状的蒙脱石族矿物趋向絮凝，团聚化为块状的颗粒；颗粒状形成的土体连通性更好，因此固结时间较短，渗透系数较高；两种制样方法的试样都呈现单孔结构，盐分孔径分布曲线的影响不明显，说明盐分对颗粒形态和直径的影响大于对孔径的影响。

第 4 章 盐分环境中人工软黏土强度特性

土的抗剪强度是指土体抵抗剪切破坏的极限能力，是土的重要力学性质。在土木工程中，地基承载力、挡土墙侧土压力、土坡稳定等问题都与土的抗剪强度直接有关。这些工程问题进行计算时，必须选用合适的抗剪强度指标。土的抗剪强度与土的矿物成分、应力历史及周围环境等因素相关，而孔隙水盐分对不同黏土矿物的抗剪强度的影响目前并不明晰。工程设计未考虑盐分对土体强度的影响，有可能为工程带来潜在的危害，如边坡失稳、地基承载力降低、变形或差异变形加大等。

本章通过对预固结试样和重塑试样进行等向固结试验和不排水剪切试验，在莫尔-库仑强度准则和临界状态理论下，探讨了盐分对孔隙水压力消散时间、强度基本参数 c 和 φ、临界状态应力比 M、正常固结线 NCL 的斜率 λ 等方面的影响，并通过 SEM 试验和 MIP 试验研究了盐分和制样方法对微观结构的影响。

4.1 固结不排水剪切试验

4.1.1 三轴剪切试验

三轴试验目前是室内岩土试验中运用最广泛的一种试验，用于研究岩土体的抗剪强度及本构模型。试验应用 GDS 三轴试验系统进行，采用等向固结压缩试验、固结不排水三轴剪切试验（consolidated undrain，CU）来获得不同围压下的土体固结不排水剪切强度，以及试样在平均有效应力 p' 和偏应力 q 空间上的临界状态。GDS 三轴试验设备如图 4.1（a）所示，主要由数据采集器、压力控制器、压力室和 GDSLab 软件分析系统构成。将高径比 2∶1 的圆柱形试样用橡胶膜包裹，放入充满液体的压力室内，通过压力控制器提供围压[图 4.1（b）]。试样通过图 4.1（b）中的反压孔道进行饱和，通过围压体积控制器提供围压，等向固结后，以恒定速度提升底座，施加轴向荷载，土体进行剪切破坏，试样顶部的压力传感器记录轴向压力。

 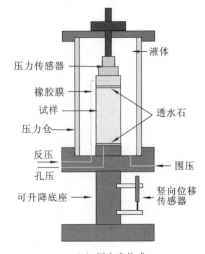

（a）GDS三轴试验设备   （b）压力室构成

图 4.1　GDS 三轴试验设备和压力室构成

　　三轴压缩试验中试样上的应力分布情况如图 4.2 所示。围压 σ_c 等于最小主应力 σ_3，轴向应力等于最大主应力 σ_1，通过底部孔压传感器记录孔压 u_w，得到有效的最大、最小主应力 $\sigma_1' = \sigma_1 - u_w$，$\sigma_3' = \sigma_3 - u_w$。平均有效正应力 $p' = (\sigma_1 + 2\sigma_3)/3 - u_w$，偏应力 $q = \sigma_1 - \sigma_3$。轴向应变 $\varepsilon_1 = \Delta L/L$，$L$ 为试样高度。

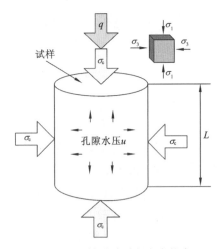

图 4.2　三轴试验过程应力状态

4.1.2　试样制备方法

　　试验采用两种方法制样：①为了接近海相沉积后正常固结软黏土的形成过程，

根据 Hong 等[219]提到的方法，采用大直径固结仪（高度 15 cm，直径 20 cm），将黏土从泥浆状态进行预压，土体具备一定的强度后，切割为三轴试验的试样的尺寸（直径 39.1 mm，高度 80 mm），进行三轴固结不排水剪切试验。②根据常规方法，采用分层压样器，按照三轴固结不排水剪切试验尺寸（直径 39.1 mm，高度 80 mm），对重塑土进行分层充填制样。

1. 大直径固结制样

采用大直径固结装置，主要目的是为三轴固结不排水剪切试验制样，还可以运用常规固结试验确定的参数和一维固结理论，对大尺寸固结试验的沉降变形进行验证，探讨扩大模型规模后盐分作用的适用性，为现场应用提供依据。

Hong 等[219]采用大直径固结仪（图 4.3）对泥浆状态的软黏土进行预固结，增加试样的强度，以便于三轴试样的安装。大直径固结仪由固结桶（高度 15 cm，直径 20 cm）、升降装置、杠杆（杠杆比 1∶12）、砝码吊架、平衡锤、手轮等构成，其中固结桶由有机玻璃制成，避免其他离子成分的污染。

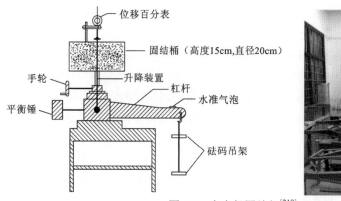

图 4.3　大直径固结仪[219]

大直径固结试验的操作方法如下：首先，将高岭土（K）、人工软黏土（B20%K80%，膨润土和高岭土按 1∶4 的质量比混合）分别与蒸馏水或 5%的 NaCl 溶液混合，充分搅拌均匀[图 4.4（a）]，初始含水率在 1~2 倍液限，试样的主要参数见表 4.1。其次，分三层填入有机玻璃塑料桶内，每填筑一层进行搅拌振荡，使土体呈流动状态。最后，填筑完成后，安装大直径固结仪，按照 1.6 kPa、3.2 kPa、6.7 kPa、16 kPa、37 kPa、74 kPa 的顺序加载。将间隔一小时变形小于 0.01 mm 作为主固结完成的标准，或者根据固结曲线中次固结拐点的出现作为每级荷载固结完成的标准。

（a）土的重塑　　　　（b）试样装填　　　　（c）仪器安装　　　　（d）加载

图 4.4　大直径固结试验过程

表 4.1　大直径固结的初始参数

试样	NaCl 浓度 /%	高度 /cm	直径 /cm	初始含水率 w_0/%	初始孔隙比 e_0	密度 ρ /（mg/m³）	液限含水率 w_L/%
K-1	0	13	20	42±1	1.08±0.02	1.82	33
K-2	5	13	20	42±1	1.08±0.02	1.82	33
B20%K80%-1	0	13	20	62±1	1.74±0.02	1.57	52
B20%K80%-2	5	13	20	62±1	1.74±0.02	1.57	52

　　大直径固结的 $e\text{-}\lg\sigma'_v$ 曲线绘制于图 4.5 中。为了验证试验的可重复性，将同样初始含水率和孔隙比的 2 cm 高度试样，进行常规固结试验，并同样绘制于图 4.5，与大直径固结试验的压缩曲线进行对比后发现，试验有较好的重复性。

　　常规固结试验中，加入膨润土的人工软黏土，压缩性随着孔隙水盐分浓度增大而减小的差别，在大直径固结试验中同样适用[图 4.5（a）和图 4.5（b）]。对于高岭土[图 4.5（c）和图 4.5（d）]，压缩性并未随着孔隙水盐分浓度增大而发生明显的差别，这也与常规固结试验中的规律相似。

　　根据图 3.20 的试验结果，渗透系数与孔隙比的关系可以通过以下公式进行近似拟合：

$$e = b\lg k + m \tag{4.1}$$

式中：b、m 为拟合参数，随黏土的矿物成分和孔隙水的化学作用变化。根据拟合结果，对于 B20%K80%与蒸馏水试样，式（4.2）适用；对于 B20%K80%与 5%NaCl 试样，式（4.3）适用；由于孔隙水化学作用对参数 b、m 的影响较小，高岭土可采用同一公式（4.4）描述。

$$e = 0.545\lg k + 7 \tag{4.2}$$
$$e = 0.223\lg k + 3.5 \tag{4.3}$$
$$e = 0.267\lg k + 3.4 \tag{4.4}$$

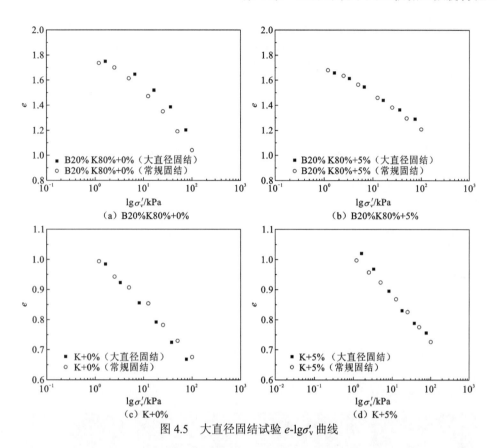

图 4.5　大直径固结试验 e-$\lg\sigma_v'$ 曲线

确定孔隙比与渗透系数的关系后，根据式（3.14）求出固结系数 C_v，按照一维固结理论，预测固结度随时间的变化，进而得到沉降随时间的变化曲线。荷载一次瞬时施加的情况，地基的平均固结度的表达式如下[133]：

$$\overline{U}_z = 1 - \frac{32}{\pi^3}\exp\left(-\frac{\pi^2}{4}T_v\right),\quad 土层为单面排水 \tag{4.5}$$

$$\overline{U}_z = 1 - \frac{8}{\pi^2}\exp\left(-\frac{\pi^2}{4}T_v\right),\quad 土层为双面排水 \tag{4.6}$$

固结时间因数 T_v 按下式计算：

$$T_v = \frac{C_v t}{H^2} \tag{4.7}$$

式中：C_v 为固结系数；H 为试样高度；t 为固结时间。

最终，根据最终变形量 s_c 和平均固结度 $\overline{U}_z$，求得固结变形量 s 和固结时间的关系：

$$s = \overline{U}_z s_c \tag{4.8}$$

预测结果与实测沉降曲线的对比如图 4.6 所示，根据预测的渗透系数 k 得到的沉降曲线，与实测值较为接近。孔隙水的化学成分对高岭土的沉降曲线影响较小，而对于掺入膨润土的 B20%K80%试样，掺入 5%NaCl 后，主固结完成时间明显提前，即固结系数 C_v 增大，这一规律与常规固结试验的结果一致。

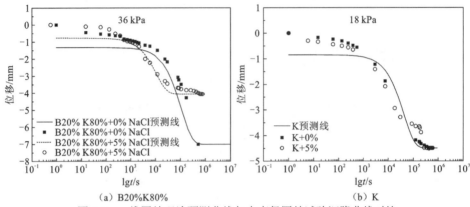

（a）B20%K80%　　　　　　　　　（b）K

图 4.6　一维固结理论预测曲线与大直径固结试验沉降曲线对比

固结完成后，将试样边缘沿侧壁轻轻切割分离[图 4.7（a）]，并用钢丝锯和切土器将土样切割至所需尺寸[图 4.7（b）～（d）]，试样初始含水率和固结压力等基本参数见表 4.2。

（a）试样分离　　　（b）切割试样　　　（c）切土器　　　（d）三轴试样

图 4.7　预压制样过程

表 4.2　预压试样初始参数

试样	NaCl 浓度/%	高度/mm	直径/mm	初始含水率 w_0/%	质量/g	围压/kPa
K-PreCU-0%	0	80	39.1	26±1	189±2	100，200，400
K-PreCU-5%	5	80	39.1	25±1	189±2	100，200，400
B20%K80%-PreCU-0%	0	80	39.1	41±1	170±2	100，200，400
B20%K80%-PreCU-5%	5	80	39.1	33±1	177±2	100，200，400

通过大直径固结试验，得到如下结论：①常规固结试验中矿物成分和孔隙水盐分对压缩性的差别，在大直径固结试验中同样适用；②运用常规固结试验确定的渗透系数的变化规律和一维固结理论，对大尺寸固结试验的沉降变形进行预测，预测结果与实测结果有较好的相关性，说明扩大模型规模后，盐分作用依然明显。

2. 静压法制样

分层静压制样器如图 4.8 所示，为重塑土三轴试验的常规制样方法，由三片膜和刚环等构成。

图 4.8　分层静压制样器

采用分层压样器，对重塑土进行分层填充制样，方法如下。

首先，将 K、B20%K80%分别与蒸馏水或 NaCl 溶液按照目标含水率混合（表 4.3）。

表 4.3　重塑试样初始参数

试样	NaCl 浓度/%	高度/mm	直径/mm	初始含水率 w_0/%	质量/g	围压/kPa
K-CU-0%	0	80	39.1	22±1	195	100，150，200
K-CU-5%	5	80	39.1	22±1	195	100，150，200
B20%K80%-CU-0%	0	80	39.1	30±1	180	50，100，150
B20%K80%-CU-1%	1	80	39.1	30±1	180	100，150，200
B20%K80%-CU-3%	3	80	39.1	30±1	180	100，150，200
B20%K80%-CU-5%	5	80	39.1	30±1	180	50，100，150

其次，将需加的水量喷洒到土料上拌匀，用土工刀充分搅拌均匀，装入密封袋，然后置于密闭容器内 24 h，使含水率均匀，取出土料复测其含水率。

然后，分 5 层填入 3 片膜中，K 每层填 39 g，B20%K80%每层填 38 g，每填入一层用压样器轻轻压平后，控制每层填充高度。每层填充至要求高度后，将表面刨毛。

最后，制样完成后，将试样取出放入饱和器中进行抽真空饱和。

4.1.3 试验操作过程

三轴固结不排水剪切试验主要操作过程如下。

（1）从饱和器中取出试样，并在试样周围贴上 6 条浸湿的滤纸条以加速排水；通过承膜筒将橡皮膜套在试样上，用橡皮圈将试样固定在压力室底座上。安装压力室，打开底座阀门和排气孔，将压力室充满水，并关闭进水阀门。

（2）将孔隙水压传感器和 GDS 控制器调零后，进入软件设定的 B-check 步骤，检查试样的 B 值（反映饱和度 S_r）。B 值的计算公式为 $B=\Delta u/\Delta\sigma_3$，其中 Δu 为孔压的增量，$\Delta\sigma_3$ 为围压的增量。当 B 值大于 95%时，进入等向固结步骤；否则，需要对试样继续饱和。饱和的方法为设置反压大于围压 5 kPa，饱和大于 24 h 后再次检查 B 值。

（3）施加围压进行等向固结，有效围压 σ_3'（扣除反压）为 50 kPa、100 kPa、150 kPa、200 kPa 和 400 kPa，分别对应实际工程中不同前期固结压力。试验过程中围压为瞬时加载，固结结束的标准为试样体应变 $\Delta\varepsilon_V$ 基本稳定或者超静孔隙水压力接近消散，整个过程持续 7～14 天。固结过程中控制器与孔隙水的压力如图 4.9（a）所示。

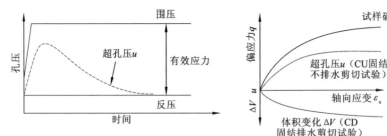

（a）正常固结黏土固结过程示意图　　　（b）正常固结黏土不排水剪切过程示意图

图 4.9　试验过程剪应力、应变和孔隙水压力变化示意图

（4）固结结束后，关闭排水阀门，下降顶部压力传感器，使传感器与试样充分接触，进入不排水剪切过程，试样剪切速率为 0.073 mm/min。剪切出现峰值后，或达到超过 20%的轴向应变时，结束试验并卸除压力。固结过程中控制器与孔隙水的压力如图 4.9（b）所示。

4.2　盐分环境中等向压缩过程

4.2.1　超静孔压消散时间

　　按照有效应力原理，土的强度和变形特性主要决定于土骨架的有效应力状态及其历史。为了研究盐分对土体变形的影响，了解不同孔隙水盐分浓度条件下，不同矿物构成的土体在固结过程中超孔隙水压力消散的规律具有重要的意义。土中的孔隙水压力性状是土力学的一个基本问题。Terzaghi 提出著名的有效应力原理以来，受到大量学者的重视且做了大量的研究。Skempton[220]首先提出了大家熟知的孔隙水压力方程，曾国熙等做了进一步研究，分别提出适用于饱和土和非饱和土用应力不变量表达的孔隙水压力方程，以及由三轴试验结果得到的考虑土的应力应变关系的孔隙水压力函数式[221]。但是关于盐分对等压固结过程中超静孔压消散的研究却较少。

　　图 4.10（a）～（c）为预压固结试样 K-Pre-CU 超静孔压 Δu 随时间的消散曲线，及对应的 e-lg$t$ 曲线。

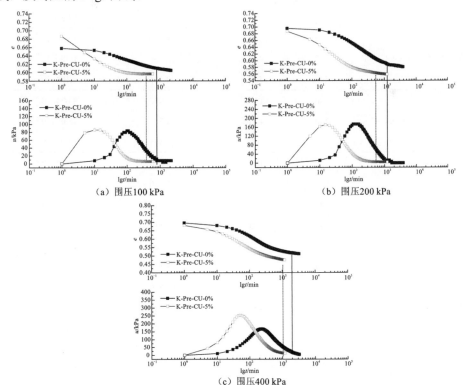

图 4.10　试样 K-Pre-CU-0%和 K-Pre-CU-5%固结曲线与超静孔压消散曲线

以往研究表明，土的孔压上升与土的体积应变有关[221,222]，e-lg$t$ 的初始段较平缓，土的体应变较小，超孔压未达到峰值，而进入主固结阶段，体应变增大，土的孔隙水压达到峰值，因此孔压的上升存在滞后现象，与以往研究结果相同[2]。当试样超孔压基本消散时，土的主固结基本完成，e-lg$t$ 曲线趋于平缓。通过观察，试验结果中的孔压消散曲线符合 Terzaghi 固结理论的假设。

图 4.10 显示，5%浓度的 NaCl 的掺入，使预压试样 K-Pre-CU 的超静孔压达到峰值的时间 t_1 和超孔压基本消散的时间 t_{100}（固结度认为 100%）都有所降低，相差倍数为 4~5 倍，但相差的绝对值在 100~1 000 min，具体数值见表 4.4。

表 4.4　超孔压峰值时间（t_1）、消散时间（t_{100}）和固结系数

试样	围压/kPa	峰值时间 t_1/min	消散时间 t_{100}/min	固结系数 C_v/（cm²/s）
K-Pre-CU-0%	100	100	790	41.5×10^{-5}
	200	100	1 000	32.0×10^{-5}
	400	200	2 510	12.8×10^{-5}
K-Pre-CU-5%	100	15	150	213.0×10^{-5}
	200	15	250	128.0×10^{-5}
	400	50	600	53.3×10^{-5}
B20%K80%-Pre-CU-0%	100	1000	28 210	1.13×10^{-5}
	200	1480	18 000	1.78×10^{-5}
	400	1400	29 205	1.10×10^{-5}
B20%K80%-Pre-CU-5%	100	140	3 990	8.02×10^{-5}
	200	120	1 720	18.6×10^{-5}
	400	70	1 535	20.9×10^{-5}
K-CU-0%	100	180	3 200	10.0×10^{-5}
	150	190	1 910	16.8×10^{-5}
	200	280	1 010	31.7×10^{-5}
K-CU-5%	100	200	3 110	10.3×10^{-5}
	150	190	2 300	13.9×10^{-5}
	200	210	6 130	5.22×10^{-5}
B20%K80%-CU-0%	50	560	14 760	2.17×10^{-5}
	100	420	10 680	2.99×10^{-5}
	150	380	13 380	2.39×10^{-5}
B20%K80%-CU-5%	50	35	1 590	20.1×10^{-5}
	100	50	1 450	22.1×10^{-5}
	150	45	1 480	21.6×10^{-5}

图 4.11（a）～（c）为预压固结试样 B20K80%-Pre-CU 超静孔压 Δu 随时间的消散曲线，及对应的 e-$\lg t$ 曲线。

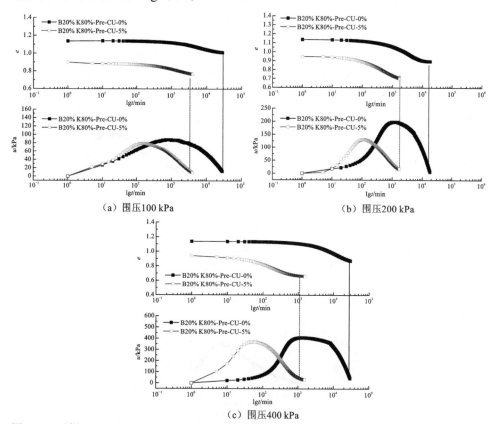

（a）围压100 kPa
（b）围压200 kPa

（c）围压400 kPa

图 4.11　试样 B20%K80%-Pre-CU-0%和 B20%K80%-Pre-CU-5%固结曲线与超静孔压消散曲线

在图 4.11 中，盐分对人工软黏土的作用更加明显，对超孔压达到峰值的时间 t_1 和超孔压基本消散的时间 t_{100}（固结度认为 100%）降低的倍数达到了 1 个数量级以上，且膨润土的加入，使土的固结时间比高岭土长 20 倍左右，具体数值见表 4.4。这说明，孔隙水的盐分浓度增加，使土的主固结完成时间缩短，即固结系数 C_v 增大，土的排水速度更快。这与渗滤固结与常规固结试验中发现的规律相同，其主要机理为盐分使细颗粒土发生絮凝，形成大的团粒，增大了排水通道。因此，对于正常固结的黏土，如果孔隙水盐分浓度较高，土的渗透性较大，而随着外部水环境的变化，盐分变淡后，土的团粒变小，土的固结时间会变长，地基处理过程中预压固结的时间也更长。液限越高的土，盐分对固结速率和排水速度的影响越大。

图 4.12 和 4.13 分别为静压制备的重塑试样 K-CU 和 B20%K80%-CU 的超静孔压 Δu 随时间的消散曲线，及对应的 e-$\lg t$ 曲线。

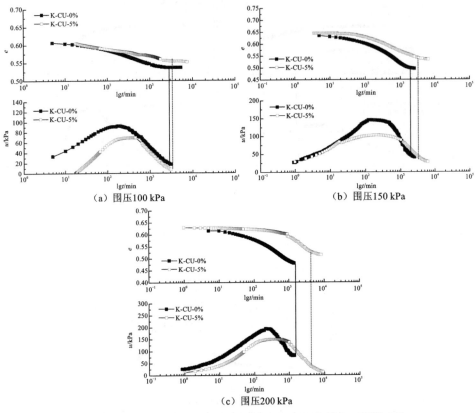

（a）围压100 kPa　　　　　（b）围压150 kPa

（c）围压200 kPa

图 4.12　试样 K-CU-0%和 K-CU-5%固结曲线与超静孔压消散曲线

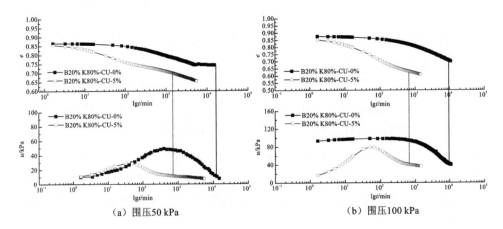

（a）围压50 kPa　　　　　（b）围压100 kPa

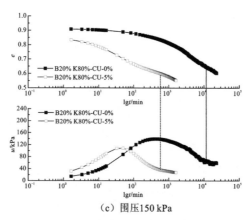

（c）围压150 kPa

图 4.13　试样 B20%K80%-CU-0%和 B20%K80%-CU-5%固结曲线与超静孔压消散曲线

从图 4.12 和图 4.13 可以看出，盐分对静压制备的重塑试样产生的影响，与大直径固结仪制备的预压固结试样基本呈现相同的规律。对于高岭土，盐分的作用不明显，其原因推测为试样的初始含水率较低，土在水环境下发生的絮凝作用不充分，控制土的固结系数和土的内部结构的首要因素，为初始含水率。而对于含膨润土较多的人工软黏土，无论如何制备试样盐分作用都较明显，其原因为土的比表面积较大，对土的透水性影响较大的因素为土的团粒化。

4.2.2　等向压缩的特征参数

按照时间对数法推求出 e-$\lg t$ 关系曲线上的理论零点和终点及其对应于固结度为 50%的时间 t_{50}，根据式（3.16）计算竖向固结系数 C_v。将土的固结系数列于表 4.4。从表 4.4 中可以看出，除了高岭土试样外，盐分使人工软黏土的固结系数都提高了大约 1 个数量级。

图 4.14 为盐水混合试样和蒸馏水混合试样的固结系数 C_v 对比。从图 4.14 中可以看出，在双对数坐标系中，K-CU 试样基本分布在 1：1 的斜线周围，K-Pre-CU 试样分布在 1.06：1 的斜线周围，B20%K80%-CU 试样分布在 1.14：1 斜线周围，B20%K80%-Pre-CU 试样分布在 1.25：1 斜线周围。由此推论：对于正常固结纯黏土，盐分改变了土的结构性，使土的固结系数提高；对于重塑高岭土，土的初始含水率主要控制土的初始结构，而对于蒙脱石含量较高的黏土，孔隙水的化学作用占主导因素。

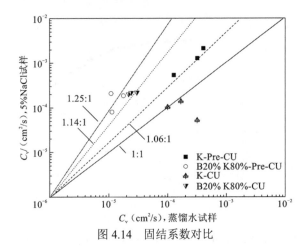

图 4.14　固结系数对比

4.3　盐分环境中人工软黏土抗剪强度

4.3.1　盐分与抗剪强度

1. 莫尔圆和破坏包线

预压试样的制样过程，可认为是不同浓度的海水（NaCl 为主）环境下，在自重压力下固结，再进行室内试验；而重塑土制样的过程，可以认为是土完全受扰动后，进行室内试验。两种试样分别对应不同的现场条件。

建筑物地基在外荷载的作用下将产生土中剪应力和剪切变形，当土的抗剪能力达到极限时，土体处于剪切破坏的极限状态。库仑根据砂土的试验，将土的抗剪强度 τ_f 表示为剪切面上法向总应力 σ 的函数，对于黏性土，表达式为

$$\tau_f = c + \sigma \tan\varphi \qquad (4.9)$$

式中：c 为土的黏聚力；φ 为土的内摩擦角。对于无黏性土，抗剪强度与剪切面上的法向应力有关，其本质是由于土粒的滑动摩擦及颗粒间的镶嵌作用所产生的摩阻力，其大小决定于土粒表面的粗糙度、土的密实度及颗粒级配等因素。黏性土和粉土的抗剪强度由两部分构成，一部分是摩阻力，另一部分是土粒之间的黏聚力，它是由于黏土颗粒的胶结作用等引起的。

莫尔提出的莫尔圆理论，可以得到土体中一点的剪切破坏准则，即

$$\sigma_1 = \sigma_3 \tan^2\left(45° + \frac{\varphi}{2}\right) + 2c\tan\left(45° + \frac{\varphi}{2}\right) \qquad (4.10)$$

$$\sigma_3 = \sigma_1 \tan^2\left(45° - \frac{\varphi}{2}\right) - 2c\tan\left(45° - \frac{\varphi}{2}\right) \qquad (4.11)$$

该应力状态下莫尔圆的包线为土的抗剪强度包线，如果土的莫尔圆位于强度包线的下方，则土不会发生剪切破坏，如果与抗剪强度包线，相切土则处于极限平衡状态。

根据 Terzaghi 的有效应力原理，土体内的剪应力只能由土的骨架承担，因此，土的抗剪强度 τ_f 应表示为剪切破坏面上的法向有效应力 σ' 的函数，库仑公式可表达为

$$\tau_f = c' + \sigma' \tan \varphi' \tag{4.12}$$

式中：c' 为土的有效黏聚力；φ' 为土的有效内摩擦角。

土的不排水强度随着剪切前有效应力的增大而增大，正常固结土从未经受过超过剪切前的固结压力，如果剪切前的有效压力为零，土的固结不排水强度也为零，因此正常固结土的强度包线是过原点的直线，有效黏聚力 $c'=0$。有效内摩擦角通常大于总应力莫尔圆的内摩擦角，实际工程中为了安全和便利，通常采用总应力莫尔圆对抗剪强度进行分析。

按照 0.073 mm/min 的剪切应变速率进行固结不排水试验，偏应力与应变关系如图 4.15（a）～（d）所示。破坏标准按照峰值强度，或应变达到 15%处的强度作为峰值强度。

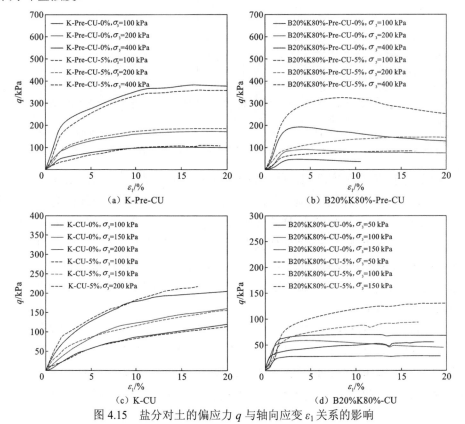

图 4.15　盐分对土的偏应力 q 与轴向应变 ε_1 关系的影响

图 4.15 中 100 kPa 表示围压 σ_3，从图中可以看出，除图 4.15（b）和图 4.15（d）外，应力随着应变的发展而趋于一个稳定值，呈现塑性应变；而图 4.15（c）中 B20%K%80-Pre-CU 试样呈现应变软化，推测原因为当膨润土的含量增加时，不同于重塑试样，试样在预固结的过程中形成了一定的初始胶结强度。

图 4.15（a）和（c）为预压和重塑的高岭土试样，结果显示土的破坏强度随有效固结压力的增大而增大，而盐分对破坏强度的影响较小。图 4.15（b）和（d）为预压和重塑的人工软黏土 B20%K%80 试样结果，相同的制样方法，在不同的有效固结压力下，盐分明显提高了破坏强度。

进一步将不同盐分（0%、1%、3%、5%）的 B20%K80%-CU 试样在 $\sigma_3 = 100\text{kPa}$ 和 $\sigma_3' = 150\text{ kPa}$ 下的应力应变关系绘制于图 4.16（a）和（b）。结果显示随着盐分的增加，破坏强度也随之增加。

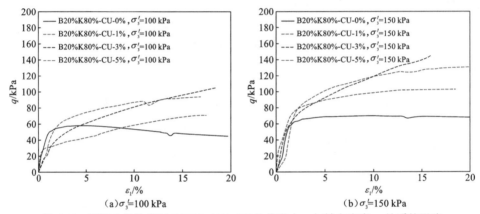

图 4.16　不同盐分浓度对 B20%K80%-CU 的偏应力 q 与轴向应变 ε_1 关系的影响

根据莫尔-库仑强度准则，剪切破坏时的应力状态为 σ_1 和 σ_3，以 $(\sigma_3 - \sigma_1)/2$ 为半径，以 $(\sigma_3 + \sigma_1)/2$ 为圆心绘制莫尔圆，不同围压下莫尔圆的外包线即为土的破坏线。图 4.17（a）～（d）为试样的莫尔圆和强度破坏包线，由结果可知，土的不排水强度随着剪切前固结压力的增大而增大，由于固结压力大于制样前的前期固结压力，强度包线是过原点的直线，黏聚力 $c=0$。对于预压和重塑的高岭土，内摩擦角 φ 差别较小，而对于添加膨润土的人工软黏土 B20%K80%，盐分的加入明显增加了内摩擦角 φ。

Skempton 和 Sowa[223] 曾经指出，除高敏感度的土外，对于正常固结的黏土，尽管制样过程与原状试样中土体会产生扰动，如果含水率没有损失，或土的内部结构没有发生破坏，则可以认为重塑土在超过前期固结压力后抗剪强度接近。因此，排除试样扰动的影响，盐分的加入明显增加了试样的抗剪强度和内摩擦角。

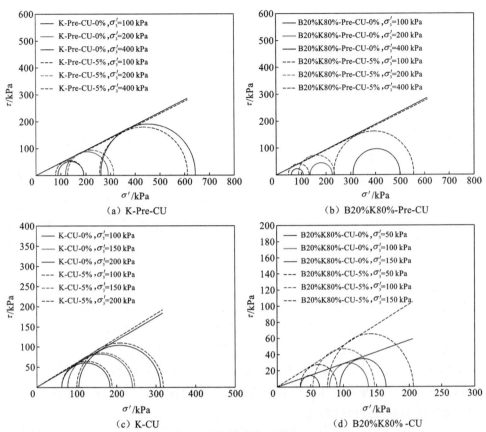

图 4.17　莫尔圆和强度破坏包线

对于正常固结土，黏聚力 $c=0$ 并不意味着土不具有黏聚强度，而是因为正常固结状态的土，其黏聚强度也如摩擦强度一样与压应力成正比，两者区分不开。黏聚强度实际上隐含于摩擦强度内[224]。以往研究表明，影响土强度的内部因素主要为土颗粒的矿物成分、颗粒的大小与级配、饱和度、孔隙比及结构性等，外部因素主要包括应力状态、应力历史、主应力方向、加载速率及排水条件等[225]。卢肇钧[226]通过大量试验研究指出，一般黏性土的内摩擦角由两部分构成 $\varphi=\varphi_r+\Delta\varphi$，$\varphi_r$ 为在重塑并液限状态下制样，然后正常固结条件下进行剪切时土的内摩擦角，部分学者也称之为残余内摩擦角。它只取决于土的矿物成分，因此也可称 φ_r 为土的基本内摩擦角。$\Delta\varphi$ 为实际内摩擦角 φ 与 φ_r 的差值，取决于土的含水率、密度、形成历史等许多因素，并提出了基本内摩擦角 φ_r 与塑性指数 I_p 的关系。因此，排除应力历史、加载速率、排水条件等外部因素，及孔隙比和含水率等内部因素，盐分浓度的改变可能只对与土体本身性质相关的基本内摩擦角有影响。

2. 抗剪强度参数

关于抗剪强度的公式，在非饱和土领域，Bishop 等 1960 年提出了非饱和土抗剪强度的有效应力公式[227]：

$$\tau'_f = c + (\sigma - u_a)\tan\varphi + \chi(u_a - u_w)\tan\varphi \qquad (4.13)$$

式中：u_w 为孔隙水压力；u_a 为孔隙气压力；χ 取决于饱和度、土类、干湿循环及加载和吸力的应力路径。当饱和度为零时，$\chi = 0$；当饱和度为 1 时，$\chi = 1$。Fredlund 等[227]提出吸力内摩擦角的概念，将式（4.13）改写为

$$\tau'_f = c + (\sigma - u_a)\tan\varphi + (u_a - u_w)\tan\varphi_b \qquad (4.14)$$

在这个公式中引进了一个参数 $\tan\varphi_b$ 作为吸力（$u_a - u_w$）的内摩擦系数。在提出这一理论的初期曾假设 $\tan\varphi_b$ 对同一种土为常数。Vanapalli 等[228]改进了 Fredlund 提出的式（4.14），将土水特征曲线的特征值加入到非饱和土的强度公式中。如 3.2.1 小节所述，孔隙水的盐分浓度可以采用渗透吸力（溶质吸力）表征，依据 Fredlund 和 Rahardjo[191]提供的渗透吸力，得到 0.17 mol/L、0.51 mol/L、0.86 mol/L 的 NaCl 溶液的渗透吸力为 0.75 MPa、2.24 MPa、3.82 MPa，蒸馏水的渗透吸力近似取 0 MPa。

式（4.13）和式（4.14）都将非饱和土的吸力作为黏聚力的增量，正常固结黏土的破坏通过原点，因此孔隙水浓度对强度的影响可以仅考虑对内摩擦角的影响。图 4.20 为考虑孔隙水渗透吸力的三维强度模型，它建立在非饱和土强度三维模型的基础上。在 σ'-τ' 坐标系中，增加了渗透吸力的坐标轴 s_π，因此正常固结饱和土的有效抗剪强度公式可以表达为

$$\tau'_f = \sigma'\tan\varphi_r = \sigma'\tan(\varphi'_{\pi=0} + \Delta\varphi'_\pi) \qquad (4.15)$$

式（4.15）中有效正应力 $\sigma' = 0$ 为特殊情况，该情况下土处于液限流动状态，抗剪强度为 $\tau_f = 0$。在这里，残余内摩擦角 φ_r 被分为两部分，其中 $\Delta\varphi'_\pi$ 为与渗透吸力有关的有效内摩擦角增量，$\varphi'_{\pi=0}$ 为孔隙水为蒸馏水时的有效内摩擦角。

建立如图 4.18 所示的概念模型，s_π-σ' 平面中，有效内摩擦角 φ' 与渗透吸力相关，进而假设在 s_π-τ' 平面中，抗剪强度 τ'_f 与渗透吸力相关。

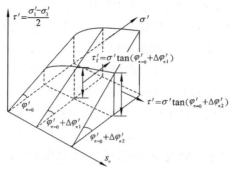

图 4.18　考虑孔隙水渗透吸力的三维破坏包线

将渗透吸力与内摩擦角的关系绘制于图 4.19 中，对于高岭土，预压试样和重塑试样的内摩擦角的改变都较小；对于人工软黏土，孔隙水盐分对内摩擦角都有大幅度改变，且因制样方法不同而产生的差异较小。

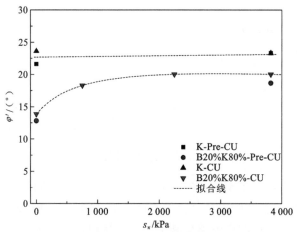

图 4.19　渗透吸力与有效内摩擦角的关系

对 B20%K80%人工软黏土的 s_π-φ' 进行拟合，拟合公式为

$$\varphi' = \varphi'_0 + \Delta\varphi'_\pi = \frac{180}{\pi}\arctan\left[\frac{b_1(s_\pi + b_2)}{b_1(s_\pi + b_2)^2 + b_3(s_\pi + b_2) + b_4}\right] \quad (4.16)$$

式中：常数 b_1、b_2、b_3、b_4 为拟合参数，本书主要根据试验确定，与土颗粒本身层间阳离子浓度、土颗粒粒径、矿物成分、比表面积等自身因素有关；π 为圆周率；φ' 为有效内摩擦角；$\varphi'_{\pi=0}$ 为蒸馏水条件下的有效内摩擦角；φ'_π 为 s_π 影响下的有效内摩擦角。

以往研究证明了黏性土的矿物成分对饱和土的抗剪强度有重要影响[229-232]。因此，盐分对强度包线的影响是矿物成分和孔隙水渗透吸力综合作用的结果。从实际应用的角度出发，需要建立一个岩土试验中常用参数与 $\varphi_0 + \Delta\varphi_\pi$ 的经验关系。根据以往研究，剪切面的有效接触面积与黏土颗粒吸附结合水的能力有关，即土的物理指标液限 w_L。为了扩大研究范围，提高经验公式的预测精度，将 Tiwari 和 Ajmera[231]试验中数据与本书数据进行对比（图 4.20），拟合结果如下：

$$\varphi' = 15 + \frac{10.4}{1 + (w_L / 40.7)^2} \quad (4.17)$$

从结果可知，对于液限大于 100 的黏土，随着液限增大，有效内摩擦角的变化较小，在 100 以下，随着液限的增加，有效内摩擦角较小。采用式（4.17）可以利用液限指数，表征盐分对黏性土内摩擦角的影响。

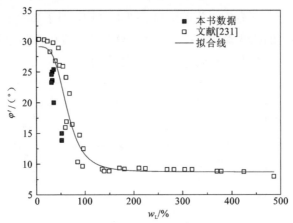

图 4.20　液限与有效内摩擦角的关系

通过以上分析，对于本身孔隙水盐分较高的部分正常固结饱和土体（蒙脱石族矿物含量较高），在孔隙水盐分流失的过程中（如长期的降雨和缓慢淋滤），造成渗透吸力下降，土体的内摩擦角减小，土的抗剪强度下降，有可能使原本设计的安全系数 K 偏低，对工程造成潜在的危害。因此，本书提供了两种方法预估土体强度随盐分的变化：①按照较高的含水率制重塑样，混合蒸馏水与不同浓度的盐水，在较大的围压下（大于屈服应力）进行不排水剪切试验，按照式（4.15）、式（4.16）得到强度包线；②根据不同盐浓度下土的液限含水率，通过式（4.15）和经验关系式（4.17）估计土的不排水强度的变化。

3. 盐分对抗剪强度变化机理

以往学者对不同矿物成分的黏性土强度开展了大量的研究。Trask 和 Close[230]对不同矿物成分黏土的抗剪强度展开研究，结果显示对于同一种含水率，蒙脱石土的强度高于伊利石土和高岭石土；对于相同的抗剪强度，三种土的含水率从高到低依次为蒙脱石土、伊利石土和高岭石土。Warkentin 和 Yong[229]对饱和重塑黏土进行了直剪试验，并从黏土颗粒间作用力的角度分析了土体强度。研究认为，在相同的孔隙比下，颗粒间斥力的改变会引起颗粒的重分布，进而影响土的剪切面的抗剪强度。Sridharan 和 Rao[233]指出控制抗剪强度的有效接触应力 σ'_f 可以定义为

$$\sigma'_f = \sigma - u_w - u_a - f_r + f_a \tag{4.18}$$

式中：u_w 为有效孔压；u_a 为有效气压；f_r 为颗粒间双电层斥力，为距离和介电常数的函数；f_a 为颗粒间吸引力。颗粒间的单位引力 f_a（$10^{-5}\,\text{N/cm}^2$）受范德瓦耳斯力等多种力的综合作用，以往研究中，Hamaker[234]认为颗粒间的单位引力 f_a 可以

表达为

$$f_a = \frac{A_H}{6\pi d^3} \tag{4.19}$$

式中：A_H 为 Hamaker 常数，与介电常数相关；d 为颗粒距离。建立在以上假设上，Sridharan 和 Rao[233] 通过对纯黏土的试验发现，孔隙水的介电常数增加，引力和斥力的净值 $f_a - f_r$ 减小，抗剪强度下降，因此孔隙比并不是控制抗剪强度的唯一因素。Dimaio 和 Fenelli[232] 通过对不同黏土矿物的试样进行直剪试验，结果表明土的残余强度与矿物成分有关，而物理化学作用对不同黏土矿物的残余强度的改变不同。Tiwari 和 Ajmera[231] 总结了黏性土液限 w_L、塑性指数 I_p 和内摩擦角之间的关系，提出了对不同矿物成分，三者之间的适用关系不同。

从黏性摩擦理论分析[109]，接触面的切向力 $F_T = A_c \cdot \tau_m$，其中 A_c 为屈服后界面的真实接触面积，τ_m 为屈服后的抗剪切应力，因此引起滑动的切向力实际由颗粒间的接触面积和抗剪切应力决定的，而接触面积与颗粒的弹塑性变形相关。土的宏观剪切面黏聚力是由表面的粗糙程度决定的，而对于饱和的黏性土，则主要由微观的塑性连接剪切面决定（图 4.21）。由于土颗粒表面的结合水膜作用，颗粒的真实接触面积如图 4.22 所示，小于整体接触面积 A_c，接触面的抗剪强度可以表示为

$$F_T = A_c[\delta\tau_m + (1 - \delta\tau_c)] \tag{4.20}$$

式中：τ_c 为水膜的抗剪强度；δ 为颗粒接触面积与总面积的比。水膜的抗剪强度低于颗粒接触面的抗剪强度 τ_m。尽管在实际中 δ 和 τ_c 难以测得，但是式（4.20）可以用来解释试验结果的内在机理。

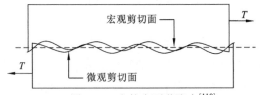

图 4.21　土的表面黏聚力[110]

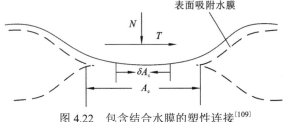

图 4.22　包含结合水膜的塑性连接[109]

盐分影响抗剪强度的机理可以分为两方面。

（1）Mitchell 指出双电层间的电荷密度和电势能分布可用 Poisson-Boltzman

方程描述双电层的厚度受孔隙水的介电常数、离子浓度、离子价位的影响。双电层中的阳离子浓度增加，具有较高的电势能，使双电层距离减小，引起水膜厚度变薄，因此，根据式（4.20），颗粒接触的面积比 δ 增大。

（2）对于给定的有效应力，颗粒越小，则每个颗粒承担的力越小；对于给定的颗粒接触数量，每个接触点的力随颗粒尺寸的减小而减小，这解释了为什么砂土的内摩擦角大于黏性土。从团粒的层面分析，由于絮凝作用使团粒的尺寸增大，每个团粒承担的力增大，而且片状细黏土颗粒组成的接触面比球状的颗粒组成的接触面光滑，造成抗滑力增大。

4.3.2 人工软黏土的临界状态

1. 临界状态理论

Roscoe 等[235]，Schofield 和 Wroth[236]先后提出了用于正常固结或弱超固结黏土的弹塑性本构模型、剑桥模型和修正剑桥模型，以其为基础建立的临界状态土力学理论，标志着现代土力学的开端。目前临界状态土力学理论仍然被广泛应用于本构建模及实际工程中。临界状态理论[237]指出，土体在受到剪切过程中随着剪应变的发展，最终会达到一个极限状态。当土体处于极限状态时，会在有效平均应力 p'、偏应力 q 和体积 v 不变的情况下继续发生塑性剪切，Roscoe 等[235]将此状态称为临界状态，可用式（4.21）表示：

$$\frac{\partial p'}{\partial \varepsilon_q} = \frac{\partial q}{\partial \varepsilon_q} = \frac{\partial v}{\partial \varepsilon_q} = 0 \tag{4.21}$$

式中：$p' = (\sigma_1' + 2\sigma_3')/3$ 为三轴试验的有效平均应力；$q = (\sigma_1' - \sigma_3')$ 为三轴试验的偏应力；$v = 1 + e$ 为试样比容；ε_q 为剪切应变。在 p'-q-v 空间内土体达到临界状态时对应的临界状态点的轨迹即为临界状态线（critical state line，CSL）。临界状态下有效应力比：

$$\frac{q_{cs}}{p_{cs}'} = \eta_{cs} = M \tag{4.22}$$

式中：p_{cs}' 为临界状态下的有效平均应力；q_{cs}' 为临界状态下的偏应力；η_{cs} 为临界应力比；M 为临界状态线的斜率即临界应力比。

如图 4.23（a）所示，正常固结土不排水剪切的有效应力路径为 AC，排水剪切路径为 AB，等向固结应力路径为 AD，屈服前有效应力比 $\eta < M$，持续施加偏应力，材料发生硬化，屈服面扩展，达到临界状态点 B 和 C，塑性应变增量的方向平行于偏应力 q 轴，$d\varepsilon_p/d\varepsilon_q = 0$，最终达到临界塑性状态 $\eta = M$，土体发生流动

破坏。屈服过程中的体积变化如图 4.23（b）所示。因此，临界状态方程可以表述为

$$q = Mp' \tag{4.23}$$

$$v = \Gamma - \lambda \ln p' \tag{4.24}$$

式中：Γ 为 $p'=1$ 时的总体积；λ 为正常固结线（normal consolidation line，NCL）和临界状态线（critical state line，CSL）在 v-$\ln p$ 空间的斜率。

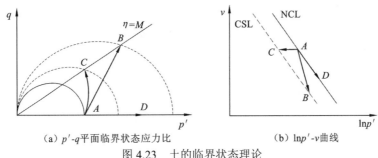

（a）p'-q 平面临界状态应力比　　　　　（b）$\ln p'$-v 曲线

图 4.23　土的临界状态理论

2. 临界状态线

图 4.24（a）～（d）为预固结试样和重塑试样的有效应力路径与临界状态应力比的对比，以及达到临界状态时对应的破坏点。从图 4.24 中可以看出，正常预固结试样和重塑土的有效应力路径均表现出剪缩性状，即有效应力路径在开始阶段呈线性上升，随着剪切应变的发展，孔隙水压力系数的变化逐渐发生偏转呈非线性变化；而最终剪切过程中伴随着有效平均应力 p' 的减小，从右侧接近临界状态，在达到临界状态后继续发展。

图 4.24 同时显示，对于预固结和重塑的高岭土，不同盐分浓度的试样临界状态应力比 M 较为接近；而对于人工软黏土，针对不同的制样方法，盐分浓度较高的试样，临界状态应力比 M 和破坏点都较高。例如，图 4.24（b）中，三轴试验得到的 B20%K80%-Pre-CU+5%试样的临界状态应力比 M=1.18，B20%K80%-Pre-CU+0%试样的临界状态应力比 M=0.62；图 4.24（d）中，重塑试样 B20%K80% -CU+5%试样的临界状态应力比 M=1.29，B20%K80% -CU+0%试样的临界状态应力比 M=0.77。临界状态应力比的差值达到最大值的 50%，与莫尔圆得到的内摩擦角具有相同的规律。

需要注意的是，两种制样方法得到的临界状态应力差别较小。图 4.25（a）对比了不同制样方法得到的临界破坏线，从图 4.25 中可以看出，预固结试样的临界状态应力比略小于重塑试样的临界状态应力比。预固结试样 K-Pre-CU 试样的 M 值分别为 1.46 和 1.52（蒸馏水和 5%NaCl），而重塑试样 K-CU 的 M 值分别为 1.63 和 1.72（蒸馏水和 5%NaCl），两者的差别为 0.15 和 0.2。同样，如前所述，两种

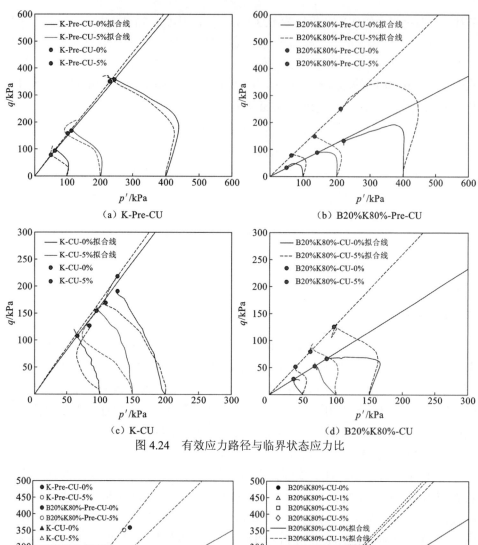

（a）K-Pre-CU

（b）B20%K80%-Pre-CU

（c）K-CU

（d）B20%K80%-CU

图 4.24　有效应力路径与临界状态应力比

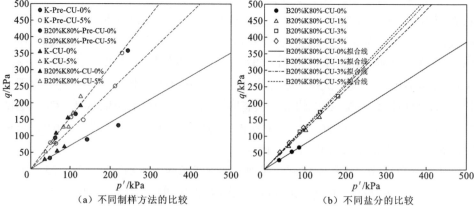

（a）不同制样方法的比较

（b）不同盐分的比较

图 4.25　临界状态应力比

制样方法得到的 B20%K80% 人工软黏土的 M 值差别分别为 0.15 和 0.11（蒸馏水和 5%NaCl）。产生差别的主要原因推测是初始含水率的不同。Hong 等[219]和卞夏等[238]通过试验发现，初始含水率较高的重塑土，得到的临界状态应力比要小于初始含水率较低的重塑土，其原因为初始含水率较低的重塑土，由初始结构不同产生的屈服应力较高。本书中预压试样 K 和 B20%K80% 的初始含水率分别为 108% 和 60%（$1.5w_L$ 以上），而重塑试样 K 和 B20%K80% 的初始含水率分别为 30% 和 22%（$0.6w_L$），较低的初始含水率使土体有大的团粒存在，因此其临界状态应力比略高。

图 4.25（b）为不同盐分浓度重塑试样 B20%K80%-CU 的临界状态应力比，由结果可知，随着盐分浓度的升高，临界状态应力比 M 增大。进一步，将临界状态应力比 M 与渗透吸力 s_π 的关系绘制如图 4.26 所示，发现相似的规律。

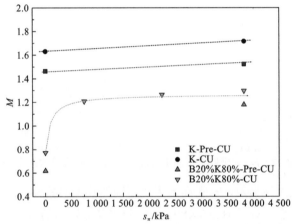

图 4.26　临界状态应力比 M 与渗透吸力 s_π 的关系曲线

图 4.27（a）～（d）为 e-lnp'坐标系下的正常固结线 NCL 和临界状态线 CSL。对于每一个试样在 v-lnp'平面内都存在着唯一的临界状态线对应于 p'-q 平面内的临界状态，本书中的 v-lnp'采用 e-lnp'代替。由于三轴不排水剪切试验过程中土样体积不变，剪切试验后土样的孔隙体积与固结完成时是一致的，即临界状态线上土样的孔隙体积与正常固结线是一致的。图 4.27 中临界状态线所对应的有效平均应力则可以从图 4.24 中给出的破坏点获取。采用这种方法可以绘出 e-lnp'平面内的临界状态线，对应于图 4.24 中有效应力路径的起始点在 e-lnp'平面内的轨迹。由于在剪切过程中必然伴随着塑性应变的增大，为了保持体积不变，有效应力必然会逐渐减小。从图 4.27 中看出，对于每一个试样，NCL 与 CSL 的斜率相等，与以往研究结果中对重塑土的 CSL 的描述一致[237]。

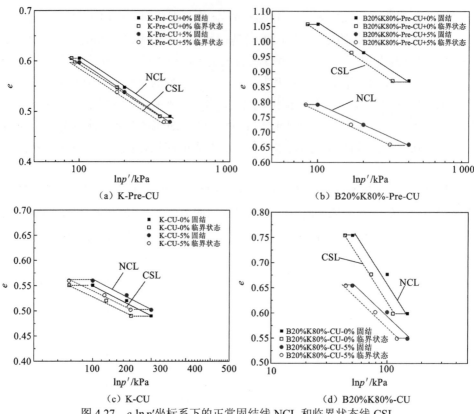

图 4.27 e-lnp'坐标系下的正常固结线 NCL 和临界状态线 CSL

同时，图 4.27 还显示，对于高岭土，不同的孔隙水盐分，在 e-lnp'平面 NCL 的斜率 λ 相差较小；对于 B20%K80%，孔隙水盐分较高的试样 CSL 线位于盐分较低的土体下方，且 NCL 的斜率 λ 大于盐分较高的土体。两种制样方法表现出相同的规律，且这一规律与正常固结试验中压缩指数 C_c 随盐分变化的规律相同。这是因为，根据临界状态理论，对于正常固结饱和土，$\lambda=0.434C_c$，根据两个参数的相关性，说明盐分对压缩指数和 NCL 斜率 λ 的影响规律相同。

4.4 本章小结

本章通过对预固结试样和重塑试样进行等向固结试验和不排水剪切试验，在莫尔-库仑强度准则和临界状态理论下，探讨了盐分对孔隙水压力消散时间，强度基本参数 c 和 φ，临界状态应力比斜率 M，正常固结线 NCL 的斜率 λ 等方面的影响，并通过 SEM 试验和 MIP 试验研究了盐分和制样方法对微观结构的影响，主要结论如下。

（1）盐分对含蒙脱石矿物的黏土作用更加明显，对超孔压达到峰值的时间 t_1 和超孔压基本消散的时间 t_{100}（固结度认为 100%）降低的倍数达到了 1 个数量级以上，且膨润土的加入，使土的固结时间比高岭土长 20 倍左右。这说明，孔隙水的盐分浓度增加，使土的主固结完成时间缩短，即固结系数 C_v 增大，土的排水速度更快。这与渗滤固结与常规固结试验中发现的规律相同。

（2）根据莫尔-库仑强度准则的破坏包线分析结果可知，饱和土的破坏包线是过原点的直线，黏聚力 $c=0$。对于预固结和重塑的高岭土，内摩擦角 φ 差别较小，而对于添加膨润土的人工软黏土 B20%K80%，盐分的加入明显增加了内摩擦角 φ。从黏性摩擦理论分析，提出了内摩擦角增量与液限 w_L（代表土的结合水能力）和渗透吸力之间的经验公式。

（3）对比预固结试样和重塑试样的有效应力路径与临界状态线（CSL）的对比，以及达到临界状态时对应的破坏点可知，正常固结预压试样和重塑土的有效应力路径均表现出剪缩性状，最终剪切过程中伴随着有效平均应力 p' 的减小，从右侧接近临界状态；对于含蒙脱石族矿物的黏土，不同的制样方法，盐分浓度较高的试样，临界状态应力比 M 增大，$e\text{-}\ln p'$ 坐标系下的正常固结线 NCL 和临界状态线 CSL 的斜率 λ 随盐分的增加而减小；对于高岭石族矿物，盐分对 M 和 λ 影响不明显。

第5章 考虑盐分效应的软黏土本构模型

实际工程中土体受力状态复杂，不仅涉及一维地基沉降问题，还要分析偏应力下土的应力和应变的变化，因此需要借助土的本构模型，了解其三向应力应变特性。本章在修正剑桥模型和非饱和土巴塞罗那基本模型（Barcelona basic model，BBM）的基础上，提出考虑盐分作用的正常固结黏土的本构模型假设和方程。对模型计算结果进行验证和参数分析后，采用数值分析软件，计算海堤工程在盐分浓度变化下边坡安全系数的演化，验证盐分变迁条件对工程产生的潜在危害。

5.1 土的本构关系

5.1.1 弹塑性模型

弹塑性模型把荷载作用下发生的变形分成弹性变形和塑性变形两部分。弹性变形可以用广义胡克定律来求解，塑性变形的求解则需要三方面的假定：屈服准则和破坏准则、硬化规律、流动法则。这三个假定采用的具体形式不同，会形成不同的弹塑性模型[133]。

1. 屈服准则和破坏准则

屈服准则是判别何种应力状态下，土体发生塑性变形的标准。破坏准则是判别极限应力状态下，土体发生破坏的标准。达到破坏标准后，变形无限发展，不再遵循一般的塑性变形规律。可以说，屈服是发生塑性变形的下限应力状态，破坏则是其上限应力状态。

土体的破坏决定于应力状态，故破坏准则可写为

$$f^*(\sigma_{ij}) = k_f \tag{5.1}$$

式中：$f^*(\sigma_{ij})$ 为应力分量的函数；k_f 为试验确定的破坏常数。若 $f^*(\sigma_{ij}) = k_f$，则发生破坏；若 $f^*(\sigma_{ij}) < k_f$，则不发生破坏；$f^*(\sigma_{ij})$ 不能大于 k_f。常用的破坏准则有 Tresca 准则、Mises 准则、莫尔-库仑强度准则等。

剑桥模型采用平均正应力 p（球应力）和偏应力 q 来表示破坏准则：

$$q = Mp \tag{5.2}$$

式中：M 为 p-q 平面上临界状态线的斜率，即临界状态应力比。同样的，材料的屈服准则也与土的应力状态有关，因此屈服函数 f 可以表示为

$$f(\sigma_{ij}) = k_y \tag{5.3}$$

对于土体来说，式（5.3）中 k_y 是与应力历史有关的常数。对于某一 k 值，函数 $f(\sigma_{ij})$ 在应力空间对应一个确定的曲面，称为屈服面。当 k_y 发生变化时，$f(\sigma_{ij})$ 对应一系列的屈服面。理想的弹塑性材料在未屈服时，只有弹性变形，一旦屈服，就会产生塑性变形，且塑性变形不断发展直至破坏，此时破坏准则也是屈服准则。对于岩土类材料，破坏准则和屈服准则不同。破坏是剪应力达到抗剪强度，而土体在体应力作用下也会产生塑性变形。

2. 硬化参数

当前应力处于屈服面上，施加应力增量 $\mathrm{d}\sigma_{ij}$，将会出现三种可能：$\mathrm{d}\sigma_{ij}$ 的方向指向屈服面内部，$f(\sigma_{ij} + \mathrm{d}\sigma_{ij}) < k_y$，应力增加后进入弹性状态；$\mathrm{d}\sigma_{ij}$ 沿着屈服面的切线方向，则 $\mathrm{d}f = 0$，应力状态改变后仍处于同一屈服面；$\mathrm{d}\sigma_{ij}$ 的方向指向屈服面外部，$\mathrm{d}f > 0$，转入新的屈服面上，同时 k_y 增加，即材料发生硬化。

硬化与应力历史有关，只有应力状态达到了屈服标准后才会发生进一步的硬化。达到屈服标准后就发生了塑性变形，即做了塑性功。因此弹塑性模型中用塑性变形或者塑性功衡量硬化发展的程度，称为硬化参数，用 H 来表示。k_y 为硬化参数 H 的函数，即 $k_y = f(H)$。因此，将硬化参数与屈服函数结合，得到完整的屈服准则：

$$f(\sigma_{ij}) = f(H) \tag{5.4}$$

硬化参数的假定，可以是塑性功 W^p [式（5.5）]，也可以是塑性体应变 ε_p^p 或塑性偏应变 ε_q^p，或是 ε_p^p 和 ε_q^p 的某种组合。采用何种假定更合理，只有通过试验验证。

$$W^p = \int (p\mathrm{d}\varepsilon_p^p + q\mathrm{d}\varepsilon_q^p) \tag{5.5}$$

式中：$\mathrm{d}\varepsilon_p^p$ 为塑性体应变的增量；$\mathrm{d}\varepsilon_q^p$ 为塑性偏应变的增量。

3. 流动法则

流动法则是用于确定塑性应变增量方向的假定。塑性流动与其他性质的流动一样，可以看成是由于某种势的不平衡引起的，称为塑性势。假设存在某种塑性势函数，是应力状态的函数，可以表示为 $g(\sigma_{ij})$。其对应力分量的微分决定了塑性应变增量分量之间的比例，如果应力分量用球应力 p 和偏应力 q 表示，则在 p-q 平面内可表示出塑性势线：

$$d\varepsilon_p^p = d\lambda \frac{\partial g}{\partial p} \tag{5.6}$$

$$d\varepsilon_q^p = d\lambda \frac{\partial g}{\partial q} \tag{5.7}$$

式中：$d\lambda$ 为比例常数，λ 为 NCL 与 CSL 线的斜率。

流动法则有两种假定：①相关流动法则，假定塑性势函数与屈服函数一致，$g(\sigma_{ij})=f(\sigma_{ij})$，屈服面就是塑性势面；②不相关流动法则，塑性应变增量的方向不与屈服面正交，$g(\sigma_{ij}) \neq f(\sigma_{ij})$。从本质上讲，岩土材料用非关联的流动法则更合适，比如应变软化，但为了减少计算的工作量，大多数模型仍采用相关流动法则的假定。

5.1.2 修正剑桥模型

Roscoe 等[235]，Schofield 和 Wroth[236]先后提出了用于正常固结或弱超固结黏土的弹塑性本构模型——剑桥模型，这是应变硬化模型的一种，弹性变形的应力-应变关系为

$$d\varepsilon_p^e = \kappa \frac{dp'}{vp'} = \frac{\kappa}{1+e_0} \frac{dp'}{p'} \tag{5.8}$$

$$d\varepsilon_q^e = \frac{dq}{3G} \tag{5.9}$$

式中：ε_p^e 为弹性体应变；ε_q^e 为弹性偏应变；$v=1+e$ 为比容；e_0 为初始孔隙比；κ 为 v-$\lg p'$ 坐标下回弹曲线的斜率；G 为剪切模量。

剑桥模型假设屈服面为椭圆形，所有椭圆形通过原点，如图 5.1（a）所示，屈服面的半径由 M 和有效平均固结应力 p_0' 决定，屈服面可以表示为

$$\frac{p'}{p_0'} = \frac{M^2}{M^2+\eta^2} = \frac{M^2}{M^2+(q/p')^2} \tag{5.10}$$

式中：$\eta=q/p'$ 为平均主应力和偏应力的比值；M 为临界状态的 $\eta=q/p'$ 值；p_0' 为有效平均固结应力。

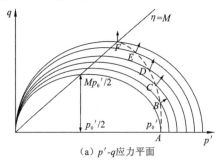

（a）p'-q 应力平面

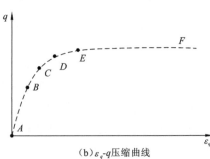

（b）ε_q-q 压缩曲线

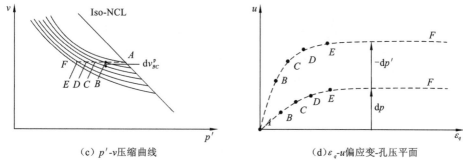

(c) p'-v 压缩曲线   (d) ε_q-u 偏应变-孔压平面

图 5.1 剑桥模型示意图[241]

因此，式（5.10）代表了一系列的椭圆形屈服面，屈服面都通过原点，形状受 M 和 p_0' 的控制。当土体屈服，p_0' 的变化伴随着有效应力 p' 和 $q=\eta p'$ 的变化，对式（5.10）两边微分得

$$\left(\frac{M^2-\eta^2}{M^2+\eta^2}\right)\frac{\mathrm{d}p'}{p'}+\left(\frac{2\eta}{M^2+\eta^2}\right)\frac{\mathrm{d}q}{p'}-\frac{\mathrm{d}p_0'}{p_0'}=0 \tag{5.11}$$

土的屈服函数 f 是关于 p'、q 和 p_0' 的函数，且在屈服面上 $\mathrm{d}p'/\mathrm{d}q=M$，可以将式（5.11）改写成 p'、q 和 p_0' 的函数，从而根据相关流动法则，得到塑性势函数 g 为

$$g=f=q^2-M^2[p'(p_0'-p')]=0 \tag{5.12}$$

塑性应变增量（$\mathrm{d}\varepsilon_p^{\mathrm{p}}$, $\mathrm{d}\varepsilon_q^{\mathrm{p}}$）的向量垂直于塑性面的切线，并指向塑性面外侧，因此塑性应变增量可表达为

$$\frac{\mathrm{d}\varepsilon_p^{\mathrm{p}}}{\mathrm{d}\varepsilon_q^{\mathrm{p}}}=\frac{\partial g/\partial p'}{\partial g/\partial q}=\frac{M^2(2p'-p_0')}{2q}=\frac{M^2-\eta^2}{2\eta} \tag{5.13}$$

假设塑性面尺寸及土的硬化随着有效平均固结压力 p_0' 发展，与正常压缩曲线相关，那么塑性应变可以表达为

$$\mathrm{d}\varepsilon_p^{\mathrm{p}}=[(\lambda-\kappa)/\mu]\frac{\mathrm{d}p_0'}{p_0'} \tag{5.14}$$

式中：μ 为泊松比。

硬化规律采用塑性应变代表，可以表达为

$$\frac{\partial p_0'}{\partial \varepsilon_p^{\mathrm{p}}}=\frac{vp_0'}{\lambda-\kappa} \tag{5.15}$$

$$\frac{\partial p_0'}{\partial \varepsilon_q^{\mathrm{p}}}=0 \tag{5.16}$$

最终得到土的弹性应力应变关系和塑性应力应变关系：

$$\begin{bmatrix}\mathrm{d}\varepsilon_p^{\mathrm{e}}\\\mathrm{d}\varepsilon_q^{\mathrm{e}}\end{bmatrix}=\begin{bmatrix}\kappa/vp' & 0\\0 & 1/3G\end{bmatrix}\begin{bmatrix}\mathrm{d}p'\\\mathrm{d}q\end{bmatrix} \tag{5.17}$$

$$\begin{bmatrix} \mathrm{d}\varepsilon_p^p \\ \mathrm{d}\varepsilon_q^p \end{bmatrix} = \frac{\lambda - \kappa}{vp'(M^2 + \eta^2)} \begin{bmatrix} M^2 - \eta^2 & 2\eta \\ 2\eta & 4\eta^2/(M^2 - \eta^2) \end{bmatrix} \begin{bmatrix} \mathrm{d}p' \\ \mathrm{d}q \end{bmatrix} \tag{5.18}$$

对于固结不排水三轴剪切试验，由于剪切过程的体应变为零，弹性应变增量与塑性应变增量之和为 $\mathrm{d}\varepsilon_p^e + \mathrm{d}\varepsilon_p^p = 0$，因此由式（5.8）和式（5.14）联立可得

$$\kappa \frac{\mathrm{d}p'}{p'} = -(\lambda - \kappa)\frac{\mathrm{d}p_0'}{p_0'} \tag{5.19}$$

式（5.19）代表有效平均正应力 p' 的变化与决定屈服面大小的有效平均固结应力 p_0' 变化之间的联系，将式（5.11）代入式（5.19）进一步得

$$-\frac{\mathrm{d}p'}{p'} = \frac{\lambda - \kappa}{\lambda}\frac{2\eta}{M^2 + \eta^2}\mathrm{d}\eta \tag{5.20}$$

对式（5.20）进行积分，可得

$$\frac{p_i'}{p'} = \left(\frac{M^2 + \eta^2}{M^2 + \eta_i^2}\right)^{\frac{\lambda - \kappa}{\lambda}} \tag{5.21}$$

式中：p_i' 为初始平均有效应力；p_i' 和 η_i 定义了有效应力的初始状态。而式（5.10）表明了达到屈服状态的有效应力路径 p'-q。当 $p_i' < p_0'$ 时，则有效应力状态点位于屈服面内，塑性变形为零，超出塑性面后发展至临界状态。当 $p_i' = p_0'$ 时，如果应力状态比 $\eta < M$，塑性应变增量的向量指向坐标的右侧，土体发生硬化，塑性面的半径增大。根据式（5.20），有效总应力的增量 $\mathrm{d}p' < 0$，发生弹性回弹以平衡塑性压缩；如果应力状态比 $\eta > M$，塑性应变增量的向量指向坐标的左侧，土体发生软化，塑性面的半径减小，有效总应力的增量 $\mathrm{d}p' > 0$，发生弹性压缩以平衡塑性膨胀；如果应力状态比 $\eta = M$，塑性应变增量的向量平行 q 坐标轴，意味着塑性体应变增量为零（$\mathrm{d}\varepsilon_p^p = 0$），塑性面的半径不再发生变化（$\mathrm{d}p_0' = 0$），根据式（5.12），总有效应力不再增加（$\mathrm{d}p' = 0$），剪应变无限发展。

固结不排水剪切试验的孔压增量等于总应力增量与总有效应力增量之差：

$$\mathrm{d}u = \mathrm{d}p - \mathrm{d}p' \tag{5.22}$$

而孔压与孔压系数 A 和偏应力增量的关系可表示为

$$\mathrm{d}u = \mathrm{d}p + A\mathrm{d}q \tag{5.23}$$

对比式（5.22）和式（5.23）可知，孔压系数 A 相当于有效应力路径的斜率：

$$A = -\frac{\mathrm{d}p'}{\mathrm{d}q} = -\frac{\mathrm{d}p'}{\mathrm{d}(\eta p')} = -\frac{\mathrm{d}p'}{\eta \mathrm{d}p' + p'\mathrm{d}\eta} \tag{5.24}$$

将式（5.20）、式（5.21）和式（5.24）联立可得到孔压系数 A 与 M、λ、κ 和 η 之间的关系：

$$A = \frac{2(\lambda - \kappa)\eta}{\lambda(M^2 + \eta^2) - 2(\lambda - \kappa)\eta^2} \tag{5.25}$$

剑桥模型的整个过程可以通过图 5.1 描述。假设应力路径沿着一系列点 A、B、C、D、E、F 发展［图 5.1（a）］，由于固结不排水剪切试验过程中的体应变（也可表示为比容的变化量 dv）为零，则在 p'-v 平面对应不同的回弹曲线上的点［图 5.1（c）］，从而得到每一点的塑性体积增量。图 5.1（c）中 Iso-NCL 代表各向等压固结状态。图 5.1（b）显示了 A、B、C、D、E、F 点对应的偏应变和偏应力。孔压分为两部分［图 5.1（d）］：一部分与总应力增量 dp 有关，而与土的性质无关；另一部分与负的有效应力的增量 dp'有关。

5.1.3　非饱和土本构模型

BBM 是 Alonso 等[239]在 1990 年提出的适用于非饱和土的弹塑性模型，是目前应用最广的非饱和土的本构模型，它是以修正剑桥模型为基础发展的非饱和土弹塑性模型[240,241]。

在各向等压状态下，引起非饱和土发生体积变形的有平均正应力 p 和吸力 s。吸力 s 也是各向相等的压力。Alonso 等[239]将 p 和 s 作为独立的双应力变量，而避免使用有效应力。

与剑桥模型相同，等向压缩的关系在 e-ln$p$ 上可以表示为

$$v = 1 + e = N(s) - \lambda(s)\ln\frac{p}{p_c} \tag{5.26}$$

$$\mathrm{d}v = -\kappa\frac{\mathrm{d}p}{p} \tag{5.27}$$

式中：s 为吸力；e 为孔隙比；p_c 为与 $v = N(s)$对应的参考应力，可认为是 e-ln$p$ 直线段的起点。

对于非饱和土，代表刚度的 e-ln$p$ 斜率 $\lambda(s)$与吸力相关。如图 5.2（a）所示，土的吸力较大，土越干燥，则刚度较大，e-ln$p$ 压缩曲线的斜率 λ 越小；土的吸力较小，土越湿润，则刚度较小，e-ln$p$ 压缩曲线的斜率 λ 越大。将这种关系绘制在 e-ln$p$-ln$s$ 空间上，如图 5.2（b）所示，它们是由纵横直线交织而成的曲面，相应的表达式为

$$e = a + b\ln p + c\ln s + d\ln p \cdot \ln s \tag{5.28}$$

假设初始孔隙比 e_0、λ 与 ln$s$ 的关系为线性，可表示为

$$e_0(s) = a + c\ln s \tag{5.29}$$

$$\lambda(s) = b + d\ln s \tag{5.30}$$

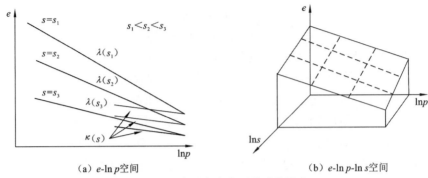

（a）e-ln p空间   （b）e-ln p-ln s空间

图 5.2　吸力对应力变形关系的影响

则式（5.28）可以改写为

$$e = e_0(s) + \lambda(s)\ln p \tag{5.31}$$

Alonso 等[239]还假定对不同的吸力，e-ln p 回弹曲线的斜率 κ 是一个常数，不随吸力 s 的变化而变化；当吸力降低时，也假定对于不同的应力 p，e-ln s 线的斜率 $\kappa(s)$ 是常数。由式（5.30）可知，由于参数 b 是定值，当 s 较大时，λ 为负值，这是不合理的，因此 Alonso 等[239]将其改为

$$\lambda(s) = \lambda(0)[(1 - \gamma_{BBM})\exp(-\beta_s s) + \gamma_{BBM}] \tag{5.32}$$

式中：γ_{BBM} 为与土的刚度最大值有关的常数，$\gamma_{BBM} = \lambda(\infty)/\lambda(0)$；$\beta_s$ 为表征刚度随吸力增加率的参数。式（5.32）较合理地给出了 λ 的极限变化范围。

如果加载曲线受到吸力 s 的影响，那么意味着加载的屈服准则也发生了变化。设初始状态为饱和的正常固结状态，即吸力为零，且当前应力就是前期固结应力 $p = p_0^*$，应力-应变关系处于 $s=0$ 的加载线上，这时的屈服应力是 p_0^*，对应图 5.3（a）中的点 3。当吸力增加到 s，加载曲线斜率变为 $\lambda(s)$，点 3 在吸力不为零的加载曲线下方，使该点处于弹性区。由于吸力的增加，土的屈服应力变为 p_0，点 1 的位置以后才成为正常固结状态，即 p_0 是吸力为 s 时的屈服应力。因此，如果吸湿过程用 1-3 路径代表，那么可以认为是一个虚拟的卸载回弹过程[图 5.3（a）]。路径 1-2 为吸力 s 的回弹曲线，路径 2-3 为吸力减小引起的回弹，1-2-3 总的弹性变形量为

$$\Delta e = \Delta e_p + \Delta e_s \tag{5.33}$$

式中：Δe_p 为屈服应力变化引起的弹性变形；Δe_s 为吸力变化引起的弹性变形，表达式为

$$\Delta e_s = \kappa(s)\Delta\ln s \tag{5.34}$$

$$\Delta e_p = \kappa\ln\frac{p_0}{p_c} - \kappa\ln\frac{p_0^*}{p_c} \tag{5.35}$$

式中：$\kappa(s)$ 为 $e\text{-}\ln s$ 线的斜率；p_c 为与 $v = N(s)$ 对应的参考应力［图 5.3（a）］。由图 5.3（a）可知，点 1 与点 3 的孔隙比 e_1 与 e_3 可表示为

$$e_1 = e_3 + \Delta e_p + \Delta e_s \tag{5.36}$$

$$e_1 = e_0(s) + \lambda(s)\ln\frac{p_0}{p_c} \tag{5.37}$$

$$e_3 = e_0(0) + \lambda(0)\ln\frac{p_0^{\,*}}{p_c} \tag{5.38}$$

联立式（5.34）～式（5.38），可以得到非饱和土的屈服方程式（5.39），即图 5.3（b）中的加载坍塌（loading collapse，LC）线：

$$\frac{p_0}{p_c} = \left(\frac{p_0^{\,*}}{p_c}\right)^{\frac{\lambda(0)-\kappa}{\lambda(s)-\kappa}} \tag{5.39}$$

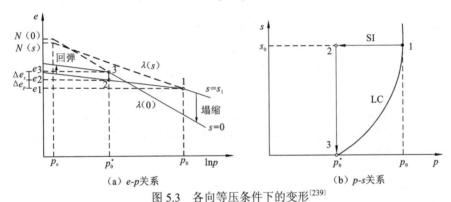

（a）e-p 关系　　　　　（b）p-s 关系

图 5.3　各向等压条件下的变形[239]

吸力的增加引起体积的压缩，因此 Alonso 等[239]提出了屈服吸力 s_0 的概念，当 $s < s_0$ 时，只有弹性变形，曲线的斜率为 $\kappa(s)$；当 $s > s_0$ 时，存在塑性和弹性变形，斜率为 $\lambda(s)$，这一屈服吸力为 $p\text{-}s$ 平面上的一条水平线，称为吸力增加（suction increase，SI）线［图 5.3（b）］。

同时，在修改剑桥模型的基础上，非饱和土的硬化规律可以表示为

$$d\varepsilon_p^p = d\varepsilon_p - d\varepsilon_p^e = \frac{\lambda(s) - \kappa}{1 + e_0}\frac{dp}{p} \tag{5.40}$$

$$d\varepsilon_s^p = d\varepsilon_s - d\varepsilon_s^e = \frac{\lambda(s) - \kappa(s)}{1 + e_0}\frac{dp}{s_0 + p_a} \tag{5.41}$$

式中：$d\varepsilon_p^p$ 为由平均正应力 p 引起的塑性体应变增量，可认为是 LC 屈服面的硬化规律；$d\varepsilon_s^p$ 为由吸力 s 引起的塑性体应变增量，可认为是 SI 屈服面的硬化规律；p_a 是大气压力，为了避免吸力为零时公式无意义。为了反映两个屈服面的耦合关

系，Alonso 等[239]用总的塑性体积应变来代替应力和吸力分别引起的应变，总的体积应变为

$$d\varepsilon_p = d\varepsilon_p + d\varepsilon_s = \frac{\lambda(s)}{1+e_0}\frac{dp}{p} + \frac{\lambda(s)}{1+e_0}\frac{ds}{s+p_a} \tag{5.42}$$

对于三维问题，增加了偏应力 q，仍采用剑桥模型的屈服面方程式（5.12）。与剑桥模型不同的是，非饱和土的吸力相当于增加了各向相等的有效平均正应力，增加的有效平均正应力用 p_s 表示[图5.4（a）]，它相当于部分吸力，假定 $p_s=-k_s s$，k_s 是小于 1 的系数。用 $p+p_s$ 代替剑桥模型中的 p'，p_0+p_s 代替剑桥模型中的 p'_0，则式（5.12）可改写为

$$p + \frac{q^2}{M^2(p+p_s)} = p_0 \tag{5.43}$$

式（5.43）为非饱和土三维应力状态下的屈服方程，该方程仍然是椭圆方程[图5.4（a）]，只是式中的两个参数 p_s 和 p_0 都与吸力有关。屈服应力 p_0 随吸力 s 的变化规律如式（5.39）所示，而 $p_s=-k_s s$。将 p_s、p_0 随 s 的变化点绘于 p-s 平面，如图5.4（b）所示。图5.4（a）和5.4（b）结合在一起，即 p-q-s 空间的非饱和土的三维屈服面。由于屈服方程中包含了吸力 s，可以反映吸力对加载变形的影响。对于相同的应力状态，吸力使屈服面扩大了。有些状态对饱和土可能认为处在塑性区，但对非饱和土可能处在弹性区，变形就小了，这就反映了水分蒸发使土体变硬的特性。

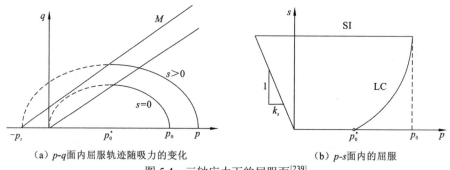

（a）p-q面内屈服轨迹随吸力的变化   （b）p-s面内的屈服

图5.4 三轴应力下的屈服面[239]

关于流动法则，在与吸力垂直的平面内，通过引入参数 α，采用修改的相关流动法则，得到塑性应变增量的方向：

$$\frac{d\varepsilon_s^p}{d\varepsilon_p^p} = \frac{2q\alpha}{M^2(2p+p_s-p_0)} \tag{5.44}$$

式中：α 为为了通过常规固结试验来预测三维变形的参数，代表 K_0 应力状态下，水平应变为零的流动法则[242-244]。K_0 应力状态即侧限条件下的应力状态，其中 K_0

侧限条件下的静止侧压力系数，根据经验公式 $K_0 = 1 - \sin\varphi'$ 计算，其中 φ' 为有效内摩擦角。

5.1.4　盐分相关力学模型研究进展

1. 主要的几种类型

为了预测土体的应力应变关系，部分学者展开了考虑孔隙水化学作用的理论模型的研究。目前主要有建立在双电层扩散理论上的微观模型和建立在吸力基础上的宏观模型。

Bolt[67]在 1956 年最早根据双电层理论做了电解质溶液对黏性土悬浊液和泥浆压缩性的研究。Mitchell[109]在 1976 年指出双电层间的电荷密度和电势能分布可用 Poisson-Boltzman 方程描述：

$$\frac{1}{K} = \left(\frac{D_c k_B T}{8\pi C_0 \varepsilon_e^2 \upsilon_e^2} \right)^{\frac{1}{2}} \tag{5.45}$$

式中：$1/K$ 为双电层厚度；D_c 为介电常数；$k_B = 1.38 \times 10^{-23}$ J/K 为 Boltzmann 常数；C_0 为溶液的离子浓度，单位 mol/L；ε_e 为单位静电荷；υ_e 为离子价位；T 为热力学温度。式（5.45）表明双电层的厚度受孔隙水的介电常数、离子浓度、离子价位的影响。双电层中的阳离子浓度增加，具有较高的电势能，使双电层距离减小，双电层间斥力减小，引起孔隙直径和体积的减小。Sridharan 和 Jayadeva[104]根据双电层理论，推导了孔隙比、压缩指数与双电层间斥力相关性的理论公式。

Barbour 等提出了单独采用孔隙水的渗透压力为变量，来研究孔隙水的化学作用引起的压缩特性与力学特性的变化[71,72]。Loret 等[110]和 Hueckel[245]将溶液的浓度和离子类型作为变量，从宏观角度研究了膨润土的本构模型。Gens[20]提出通过宏观和微观孔隙的双结构模型，来考虑孔隙水渗透吸力的作用。Musso 等[211]通过对不同溶液渗透 FEBEX 钠基膨润土压实样前后 MIP 试验，建立宏观孔隙率 e_M 和微观孔隙率 e_m 相互转化的理论模型，来预测不同压力下的应变。Guimaraes 等[246]建立的预测模型中，将孔隙水的可交换离子的浓度与黏土的离子交换能力的比值，作为微观弹性模量的参数。Witteveen 等[80]提出的 ACMEG-C 模型则只在原弹塑性模型的基础上考虑渗透吸力这一变量，建立了考虑孔隙水化学作用的屈服准则。

总结以往研究，主要的理论模型可概括为：双电层理论模型、ACMEG-C 模型、双结构模型和考虑离子交换的 BBM。

2. 双电层理论模型

黏性土体积的改变主要是颗粒间的剪切位移或者滑动，其次是压缩性被双电层斥力控制。根据双电层理论，双电层斥力受两个因素影响：①由离子交换能力和比表面积代表的土的特性；②由离子浓度 C_0、离子价态 υ_e、介电常数 D_c 和温度 T 代表的流体特性。Scofield[247] 使用双电层理论来计算黏土的膨胀力。Bolt[67] 指出黏土颗粒之间的双电层体系，相当于渗压计的半透膜。当对这一体系施加压力时，黏土层与自由水之间的渗透压力小于外部施加的压力，产生压缩，因此，压缩性将是关于双电层斥力的方程。函数关系如下：

$$\upsilon_e \sqrt{\beta_T C_0}(x_0 + d_{Layer}) = 2\sqrt{\frac{C_0}{C_d}} \int_{\varphi_m=0}^{\varphi_m=\pi/2} \frac{\mathrm{d}\varphi_m}{\sqrt{1-(C_0/C_d)^2 \sin^2 \varphi_m}} \tag{5.46}$$

$$p_r = RTC_0\left(\frac{C_d}{C_0} + \frac{C_0}{C_d} - 2\right) \tag{5.47}$$

$$e = G_s \gamma_w S d_{Layer} \tag{5.48}$$

$$p_r = 2C_0 k_B T(\cosh u - 1) \tag{5.49}$$

式中：υ_e 为离子价态；$\beta_T \approx 10^{15}$ cm/mmol，为与温度相关的常数；C_0 为溶液中的离子浓度；C_d 为黏土晶片中间平面离子浓度；φ_m 为中间溶液浓度变量；S 为比表面积；G_s 为比重；d_{Layer} 为黏土片间一半的距离；p_r 为双电层斥力；k_B 为 Boltzmann 常数；u 为无量纲的中间面势函数；$x_0 \approx 4/\upsilon_e e\beta\Gamma_d$（其中，伊利石 $0.1/\upsilon_e$ nm，高岭石 $0.2/\upsilon_e$ nm，蒙脱石 $0.4/\upsilon_e$ nm）；Γ_d=CEC/S，为表面电荷密度，等于离子交换能力 CEC 除以比表面积 S。将式（5.46）～式（5.48）联立可以用来预测 p_r 和孔隙比 e 的关系。具体过程：先根据式（5.47）求出 C_0/C_d，从式（5.46）求出双电层距离 d_{Layer}，最终根据式（1.4）求出孔隙比 e。

Van Olphen[106] 在双电层理论和胶体化学的基础上，采用列表法，建立 p_r-e 关系，主要方程如下：

$$\int_z^u (2\cosh u - 2\cosh u)^{-1/2} \mathrm{d}y = -\int_0^d \mathrm{d}\xi = -Kd_{Layer} \tag{5.50}$$

$$-(\mathrm{d}y/\mathrm{d}\xi)_{x=0} = (2\cosh z - 2\cosh u)^{1/2} = \Gamma_d \sqrt{(2\pi/D_c n k_B T)} \tag{5.51}$$

式中：Γ_d=CEC/S；$y = \upsilon_e e'\varphi/k_B T$；$u = \upsilon_e e'\varphi_m/k_B T$；$\xi = Kx$；$\Gamma_d$ 为表面电荷密度；D_c 为液体介电常数；e'=4.8×10^{-10} 为常数；CEC 为离子交换能力；φ_x 为黏土表面距离 x 处的电动势；C_0 为摩尔离子浓度。

当已知孔隙比 e，从式（5.48）中求出 d_{Layer}，从式（5.50）求出 K，通过 Van Olphen[106] 在书中提供的表格，得出某个 $(\mathrm{d}y/\mathrm{d}\xi)_{x=0}$ 对应的值下，u、z、Kd_{Layer} 之间的关系，进一步得出 u，式（5.49）中求出 p_r。这种方法的缺点是采用中间差值，

无法得到精确解。

Sridharan 和 Jayadeve[104]提出求解 x_0 的方法，从式（5.50）中推导出：

$$Kx_0 = \int_\infty^z -\frac{dy}{\sqrt{2\cosh y - 2\cosh u}} = f[u, (dy/d\xi)_{x=0}] \qquad (5.52)$$

利用以上理论，Sridharan 和 Jayadeve[104]得出不同溶液浓度的双电层斥力 p_r 与孔隙比 e 或黏土片距离 d_{Layer} 的关系，发现对于 $C_0 \le 10^{-4}$ mol/L：

$$\frac{dd_{Layer}}{d\lg p_r} = -1.21 d_{Layer} \qquad (5.53)$$

$$C_c = -\frac{de}{d\lg p_r} = -\frac{de}{dd_{Layer}}\frac{dd_{Layer}}{d\lg p_r} = -G_s\gamma_w S(-1.21 d_{Layer}) = 1.21e \qquad (5.54)$$

因此，对于小于 10^{-4} mol/L 浓度的孔隙水浓度，压缩指数 C_c 是孔隙比 e 的函数。而当 $C_0 \ge 10^{-1}$ mol/L 时，有

$$C_c = \frac{G_s\gamma_w S \times 10^{-6}}{0.4367\sqrt{(C_0/DT)\upsilon_e}} \qquad (5.55)$$

因此对于高浓度的孔隙水溶液，双电层斥力 p_r 影响下的压缩指数 C_c 与孔隙比无关，而与比表面积和孔隙水溶液的参数有直接关系。双电层理论参数复杂难以确定，且假定条件苛刻，因此预测一维变形与实际值有较大差异，较多用于机理的分析。

3. ACMEG-C 模型

Loret[110]和 Gojo 和 Loret[248]建立的弹塑性模型是通过不同离子的含量作为参数来考虑孔隙水的化学作用；Guimaraes 等[249]建立的宏观和微观的双结构模型，化学作用部分用渗透吸力（即溶质吸力）来表述。渗透吸力作用在微观层面，所有的应变都是可逆的。采用渗透吸力来表述孔隙水的化学作用，将不同的离子成分采用统一变量讨论，具有更大的优势[20]。为了建立一个可以定量描述化学-力学作用的本构模型，Laloui[250]提出了改进环境岩土力学模型（advanced constitutive model for environmental geomechanics，ACMEG），Witteveen 等[80]提出的 ACMEG-C 模型则在此弹塑性模型的基础上考虑溶质吸力这一变量。

Witteveen 等[80]将伊利石土与不同浓度的溶液混合后，进行渗透吸力试验，建立渗透吸力和 NaCl 溶液浓度的关系，然后进行压缩试验，得出如下结论：①初始压缩模量随着渗透吸力的增加而减小；②屈服应力随着渗透吸力的增加而减小；③正常固结线（NCL）的斜率与回弹线的斜率并不随着渗透吸力的变化产生明显的改变。因此，将屈服应力表达为渗透吸力的函数：

$$\sigma_c = \left(1 - \gamma_\pi \lg\frac{s_\pi}{s_{\pi 0}}\right)\sigma_{c0} \qquad (5.56)$$

式中：σ_c 为屈服应力；γ_π 为化学作用的常数；s_π 为当前的渗透吸力；$s_{\pi0}=0.61\,\text{MPa}$，为蒸馏水制备试样的渗透吸力；$\sigma_{c0}$ 为渗透吸力为 $s_{\pi0}$ 时的屈服应力。

将弹性应变分解为体应变和偏应变，定义如下：

$$d\varepsilon_p^e = \frac{dp'}{K_v} \tag{5.57}$$

$$d\varepsilon_q^e = \frac{dq}{3G} \tag{5.58}$$

式中：K_v 为体积模量；G 为剪切模量。它们定义如下：

$$K_v = K_{\text{ref}}\left(\frac{p'}{p'_{\text{ref}}}\right)^{n^e} \tag{5.59}$$

$$G = G_{\text{ref}}\left(\frac{p'}{p'_{\text{ref}}}\right)^{n^e} \tag{5.60}$$

式中：K_{ref} 和 G_{ref} 为参考体积模量和剪切模量，由参考有效应力 p'_{ref} 决定；n^e 为与材料相关的常数。由于初始弹性模量与渗透吸力有一定的关系，建立参考体积模量 K_{ref} 与渗透吸力的关系如下：

$$K_{\text{ref}} = K_{\text{ref},0}\left(\frac{s_\pi}{s_{\pi0}}\right)^{-\delta} \tag{5.61}$$

式中：$K_{\text{ref},0}$ 为参考渗透吸力下参考体积模量，由一维固结试验获得；$-\delta$ 为拟合参数。

Hujeux[251] 提出的塑性模型将总塑性应变分为两个不可逆的过程：各向同性塑性应变和塑性偏应变。一旦应力状态达到其中的一个屈服函数，则采用相应的塑性模型。基于这一假设，Witteveen 等[80] 在 s_π-p' 平面定义等向塑性变形函数：

$$f_{\text{iso}} = p' - p'_c r_{\text{iso}} \tag{5.62}$$

式中：p' 为当前有效应力；p'_c 为主屈服应力；r_{iso} 为与等向压缩过程中与塑性体应变相关的假想方程，代表等向屈服极限的软化程度，表达式如下：

$$r_{\text{iso}} = r_{\text{iso}}^e + \frac{\varepsilon_v^{\text{p,iso}}}{c_r + \varepsilon_v^{\text{p,iso}}} \tag{5.63}$$

$$dr_{\text{iso}} = \frac{(1-r_{\text{iso}})^2}{c_r}d\varepsilon_v^{\text{p,iso}} \tag{5.64}$$

式中：c_r 和 r_{iso}^e 是与材料相关的参数；$\varepsilon_v^{\text{p,iso}}$ 为等向压缩条件下的塑性体应变。假设垂直屈服应力与主屈服应力有相同的形式，将式（5.56）转换为

$$p'_c = p'_{c0}\exp(\beta\varepsilon_v^p)\left(1-\gamma_\pi \lg\frac{s_\pi}{s_{\pi0}}\right) \tag{5.65}$$

$$\beta = \left(1 + \gamma_\beta \lg \frac{s_\pi}{s_{\pi0}}\right)\beta_0 \tag{5.66}$$

式中：β 为塑性刚度模量；β_0 为在渗透吸力为 $s_{\pi0}$ 时塑性刚度模量。将式（5.65）和式（5.66）代入式（5.62），得到屈服方程：

$$f_{\text{iso}} = p_{\text{c}}' - p_{\text{c0}}' \exp\left[\left(1 + \gamma_\beta \lg \frac{s_\pi}{s_{\pi0}}\right)\beta_0 \varepsilon_v^{\text{p}}\right]\left(1 - \gamma_\pi \lg \frac{s_\pi}{s_{\pi0}}\right) r_{\text{iso}} = 0 \tag{5.67}$$

偏应力塑性本构模型是 Hujeux[251] 及 Roscoe 等[252] 在 p'-q 平面对剑桥模型的扩展：

$$f_{\text{dev}} = q - Mp'\left(1 - b \ln \frac{p'}{p_{\text{c}}'}\right) r_{\text{dev}} \tag{5.68}$$

式中：M 为临界状态应力比；b 为一个决定屈服面形状的常数；r_{dev} 为极限偏应力作用下的软化程度，定义如下：

$$r_{\text{dev}} = r_{\text{dev}}^{\text{e}} + \frac{\varepsilon_d^{\text{p}}}{a + \varepsilon_d^{\text{p}}} \tag{5.69}$$

$$\mathrm{d}r_{\text{dev}} = \frac{(1 - r_{\text{dev}})^2}{a}\mathrm{d}\varepsilon_d^{\text{p}} \tag{5.70}$$

式中：a 和 $r_{\text{dev}}^{\text{e}}$ 为与材料相关的参数；ε_d^{p} 为偏应力作用下的塑性应变。

式（5.55）、式（5.66）代入式（5.68），得到屈服方程：

$$f_{\text{dev}} = q - Mp'\left\{1 - b \ln \frac{p'}{p_{\text{c0}}' \exp\left[\left(1 + \gamma_\beta \lg \frac{s_\pi}{s_{\pi0}}\right)\beta_0 \varepsilon_v^{\text{p}}\right] \times \left(1 - \gamma_\pi \lg \frac{s_\pi}{s_{\pi0}}\right)}\right\} r_{\text{dev}} = 0 \tag{5.71}$$

将 s_π-q-p 坐标结合在一个三维空间表示，如图 5.5 所示。

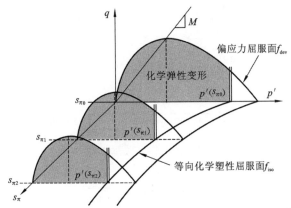

图 5.5　ACMEG-C 不同渗透吸力偏应变和体应变的理论模型[81]

该模型所需参数较少，物理意义明确，较容易应用于实践，但试验材料仅采用伊利石土，屈服方程基于剑桥模型，理论模型的参数基于一维压缩试验获得，未通过试验获得实际的 $s_\pi\text{-}q\text{-}p$ 空间临界状态参数。

4. 双孔结构模型

以往学者研究表明：压实的活性黏土颗粒组成土骨架，土骨架内部的孔隙直径小于土骨架之间的孔隙直径[253,254]。Gens 和 Alonso 提出双结构模型概念[159]，即压实黏性土的化学-力学耦合作用是由宏观孔隙和微观孔隙相互作用来控制的。Romero 等[154]和 Musso 等[210]提出划分宏观孔径和微观孔径的界限为 1 000 nm。Gens[20]通过在考虑双孔结构的热-水-力耦合（thermo-hydro-mechanical，THM）模型的基础上，建立了热-水-力和化学耦合（thermo-hydro-mechanical and chemical，THMC）模型，其基本假设是大孔结构不影响小孔结构的力学行为，而小孔结构的变形则会影响大孔结构，造成不可逆的变形。Guimaraes 等[246]在 THMC 模型的基础上考虑了离子交换。

Musso 等[211]通过对不同浓度溶液混合 FEBEX 钠基膨润土的击实试样淋滤后进行的 MIP 试验，提出基于宏观孔隙率 e_M 和微观孔隙率 e_m 概念的理论模型。即总孔隙比 $e = e_M + e_m = V_M/V_s + V_m/V_s$，其中 V_M 为宏观体积，V_m 为微观体积，V_s 为固体颗粒的体积。

首先，通过 MIP 试验测得微观孔隙比 e_m 与渗透吸力 s_π 的关系如图 5.6 所示，拟合后的函数关系为

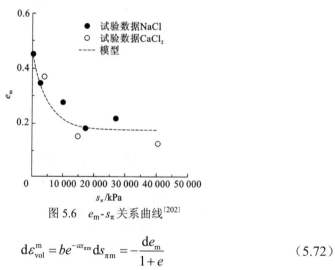

图 5.6　$e_m\text{-}s_\pi$ 关系曲线[202]

$$\mathrm{d}\varepsilon_{vol}^m = be^{-as_{\pi m}}\mathrm{d}s_{\pi m} = -\frac{\mathrm{d}e_m}{1+e} \tag{5.72}$$

式中：ε_{vol}^m 为微观体应变；$s_{\pi m}$ 为微观孔径的渗透吸力；a、b 为材料相关的常数。

总体应变可表示为

$$d\varepsilon_{vol} = d\varepsilon_{vol}^M + a^* d\varepsilon_{vol}^m = m_\pi ds_{\pi M} + a^* d\varepsilon_{vol}^m = \frac{k_\pi}{s_{\pi M}} ds_{\pi M} + a^* d\varepsilon_{vol}^m \tag{5.73}$$

式中：ε_{vol}^M 为宏观体应变；$s_{\pi M}$ 为宏观孔径的渗透吸力；m_π 为宏观体应变与渗透吸力的拟合参数，为了表示其非线性变化规律，将 m_π 表示为 $k_\pi/s_{\pi M}$，k_π 为常数，是 ε_{vol}-$\lg s_\pi$ 的斜率；a^* 为不影响大孔隙体积变化的微观体应变所占的比例。

水和溶质在双结构中交换的平衡方程如下：

$$\frac{\partial \rho_w \eta_m}{\partial t} - q_w^{EX} = 0 \tag{5.74}$$

$$\frac{\partial \rho_w \eta_M}{\partial t} + \nabla(\rho_w \upsilon_w) + q_w^{EX} = 0 \tag{5.75}$$

$$\frac{\partial c_m \eta_m}{\partial t} - q_s^{EX} = 0 \tag{5.76}$$

$$\frac{\partial c_M \eta_M}{\partial t} + \nabla(j) + q_s^{EX} = 0 \tag{5.77}$$

式中：η_m 和 η_M 分别如式（5.78）和式（5.79）所示，为微观和宏观孔隙比占总体积的比例；ρ_w 为水的密度；υ_w 为流动的水的体积与土骨架的体积的比值；q_w^{EX} 为水的交换质量；q_s^{EX} 为溶质的交换质量，计算方法见式（5.80）和式（5.81）；c_m 为微观孔隙水的浓度；c_M 为宏观孔隙水的浓度；j 为盐分的扩散函数，计算公式如式（5.82）所示。

$$\eta_m = \frac{e_m}{1+e} \tag{5.78}$$

$$\eta_M = \frac{e_M}{1+e} \tag{5.79}$$

$$q_w^{EX} = \frac{\rho_w q_s^{EX}}{c_m} - \frac{\rho_w \eta_m}{c_m} \frac{\partial c_m}{\partial t} \tag{5.80}$$

$$q_s^{EX} = \chi_T(c_M - c_m) = \alpha' \exp(-\gamma' c_M)(c_M - c_m) \tag{5.81}$$

$$j = c_M(1-\omega)\upsilon_w - D_M \nabla c_M = c_M(1-\omega)\left[-\frac{K_M}{\rho_w g}\nabla(p_M + \rho_w gz) + \frac{K_\pi}{\rho_w g}\nabla(\pi_M) \right] - D_M \nabla c_M \tag{5.82}$$

式（5.81）中，χ_T 为一阶传递系数，主要与介质的导水系数相关，而渗透系数与溶液的物理性质相关，因此根据以往研究可以将其表示为宏观溶质的浓度 c_M 的函数；α' 和 γ' 为试验结果的拟合参数。式（5.82）中，ω 为盐分的渗透效率参数，表达式见式（5.83）；p_M 为宏观孔隙水压力；K_M 为渗透系数；D_M 为宏观孔隙内的溶质扩散系数；g 为重力加速度；z 为重力加速度方向的值。

$$\lg \omega = B - \arctan\left\{ A\left[\lg(10 d_{\text{Layer}} \sqrt{c_{\text{M}}}) + C \right] \right\} = B - \arctan\left\{ A\left[\lg\left(10 \frac{1}{2} \frac{e_{\text{M}}}{S\rho_{\text{s}}} \sqrt{c_{\text{M}}} \right) + C \right] \right\}$$

(5.83)

式中：S 为颗粒的比表面积；ρ_{w} 为颗粒的密度；A、B、C 为与盐分的价态有关的参数，对于二价的盐，$A=5.5$，$B=-1.5$，$C=-1.3$。

采用孔径分布曲线得到了微观孔隙比与渗透吸力的关系，建立了化学力作用下微观孔径和宏观孔径相互转化的双结构模型，模型可用于计算压实膨润土盐分溶脱和入侵过程中的变形和浓度变化，但是模型建立在精确的土体孔径分布曲线的试验数据基础上，适用于非饱和的压实膨润土，其膨胀或收缩变形计算只考虑化学力作用（图 5.7）。

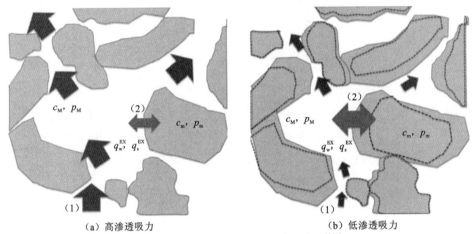

（a）高渗透吸力　　　　　　　　　　（b）低渗透吸力

图 5.7　双结构转换的概念模型[211]

（1）土骨架之间的质量通量；（2）土骨架内部与外部之间的质量交换量

5. 考虑离子交换的 BBM

Alonso 等[239]提出了非饱和土的 BBM，Guimaraes 等[246]在 BBM 的基础上建立了考虑离子含量和离子交换的压实膨润土的化学-力学耦合模型。根据 BBM 中有效应力的表达方法，微观有效应力可以表达为

$$p'_{\text{m}} = p + \chi s_{\text{m}} = p + S_{\text{r}}^{n} s_{\text{m}}$$

(5.84)

式中：p 为平均主应力；p'_{m} 为控制微观结构的微观有效应力；s_{m} 为微观吸力（土骨架内部），根据假设微观吸力与宏观吸力相同，为基质吸力 s 和渗透吸力 s_{π} 之和，$s_{\text{m}}=s_{\text{M}}=s+s_{\pi}$；$S_{\text{r}}$ 为饱和度；n 为 Alonso 等[255]提出的与土的性质相关的参数；χ 为与饱和度有关的参数。根据经验关系假定微观体应变可表示为

$$\varepsilon_{\mathrm{m}}^{\mathrm{e}} = -\frac{\beta_{\mathrm{m}}}{\alpha_{\mathrm{m}}} e^{-\alpha_{\mathrm{m}} p'_{\mathrm{m}}} = -\frac{\sum \beta_{\mathrm{m}}^{i} x_i}{\alpha_{\mathrm{m}}} e^{-\alpha_{\mathrm{m}} p'_{\mathrm{m}}} = -\frac{1}{\alpha_{\mathrm{m}}} e^{-\alpha_{\mathrm{m}} \psi} \tag{5.85}$$

$$x_i = \frac{某种可交换阳离子的浓度}{阳离子交换容量\mathrm{CEC}} \tag{5.86}$$

$$\psi = p'_{\mathrm{m}} - \frac{1}{\alpha_{\mathrm{m}}} \ln \beta_{\mathrm{m}} = p + \chi s_{\mathrm{m}} - \frac{1}{\alpha_{\mathrm{m}}} \ln \beta_{\mathrm{m}} = p + \chi s_{\mathrm{m}} + \psi_{\mathrm{c}} \tag{5.87}$$

式（5.85）中，$\varepsilon_{\mathrm{m}}^{\mathrm{e}}$ 为微观弹性体应变；α_{m} 为与材料有关的常数；β_{m} 为与可交换阳离子的浓度有关的参数。从式（5.85）可以看出，β_{m} 决定材料的刚度。x_i 为交换阳离子浓度占阳离子交换容量的比例，见式（5.86）。ψ_{c} 为与材料和离子交换相关的参数，ψ 的表达式见式（5.87），为修正的与化学相关的有效应力，即 $\psi = p + \chi s_{\mathrm{m}} + \psi_{\mathrm{c}}$。当 ψ 增加时，微观结构体应变减小。

在以上基础上，Guimaraes 等[246]进一步提出 $p\text{-}s_{\mathrm{m}}\text{-}\psi_{\mathrm{c}}$ 空间屈服面。如图 5.8 所示，中性平面（neutral plane，NP）为微观结构不发生变形的中性面，即不发生离子交换。吸力增加（suction increase，SI）平面和吸力降低（suction decrease，SD）平面分别指 BBM 中的吸力增加和吸力降低的屈服面。Guimaraes 等[246]将其重新定义如下：

$$\text{SI：} \quad F_{\mathrm{SI}} = \psi_{\mathrm{I}}^{*} - \psi \leqslant 0 \tag{5.88}$$

$$\text{SD：} \quad F_{\mathrm{SD}} = \psi - \psi_{\mathrm{D}}^{*} \leqslant 0 \tag{5.89}$$

式中：ψ_{I}^{*} 和 ψ_{D}^{*} 分别为不引起宏观结构塑性变形的最大值和最小值，当 $\psi^{*} = \psi_{\mathrm{I}}^{*} = \psi_{\mathrm{D}}^{*}$，三个平面重合，则微观结构变形总是产生宏观结构的塑性变形[256]；F_{SI} 为吸力增加的屈服函数；F_{SD} 为吸力减少的屈服函数。

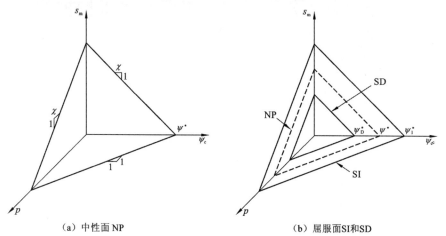

（a）中性面 NP　　　　　　　　（b）屈服面 SI 和 SD

图 5.8　$p\text{-}s_{\mathrm{m}}\text{-}\psi_{\mathrm{c}}$ 空间屈服面

Alonso 等[255]提出了宏观体应变和微观体应变之间的关系：

$$d\varepsilon_M^p = f_D d\varepsilon_m^e \qquad (5.90)$$

$$d\varepsilon_M^p = f_I d\varepsilon_m^e \qquad (5.91)$$

式中：ε_M^p 为宏观体应变；ε_m^e 为微观体应变；f_D 和 f_I 为与应力状态 p/p_0^* 相关的函数；p_c 为屈服应力。式（5.90）适用于 SD 平面，微观结构膨胀；式（5.91）适用于 SI 平面，微观结构收缩。

在此基础上，Guimaraes 等[246]进一步提出由离子交换引起的宏观体应变可表示为

$$d\varepsilon_{M\beta}^p = f_\beta d\varepsilon_m^e = f_\beta \frac{d\psi}{K_m} \qquad (5.92)$$

式中：$\varepsilon_{M\beta}^p$ 为与离子交换相关的宏观体应变；K_m 为微观体应变的刚度。将式（5.92）代入 BBM 中的非饱和土屈服应力的表达式，则可以得

$$\frac{dp_0^*}{p_0^*} = \frac{1+e_M}{\lambda_0 - \kappa}(d\varepsilon_{MLC}^p + d\varepsilon_{M\beta}^p) \qquad (5.93)$$

式中：p_0^* 为屈服应力；λ_0 和 κ 为 BBM 中饱和土塑性变形和回弹变形的参数；$d\varepsilon_{MLC}^p$ 为基质吸力引起的塑性变形。

该模型考虑了不同离子类型的分布对饱和及非饱和膨润土的化学-力学耦合作用，但是仅适用于矿物成分单一、孔隙水离子成分简单的条件。对于实际场地的天然土，离子交换过程复杂，孔隙水化学成分分布不均，主要参数较难确定。并且主要适用于一维压缩的情况，未涉及偏应力 q 下对临界状态参数的影响。

5.2 考虑盐分作用的人工软黏土本构模型

5.2.1 基本假定

1. 弹性应变与渗透吸力的关系

孔隙水化学成分主要通过两种作用对土体力学性质产生影响：①当溶质通过扩散进入黏土孔隙水中，外表面带负电荷的片状黏土颗粒及黏土凝聚体便会吸引正电荷离子，从而使得相邻黏土颗粒及凝聚体之间的电荷斥力和双电层厚度减小，进而引起孔隙直径和体积的减小；②由于黏土颗粒与层间离子的半透膜特性，膜两侧的渗透压力差产生的强结合水流动使得土体发生变形，这种化学力可以采用渗透吸力 s_π 表征。根据 Witteveen 等[80]所述的方法，通过 NaCl 的摩尔浓度 c 得到对应的渗透吸力 s_π。

根据 Gens 和 Alonso[159]和 Musso 等[211]对非饱和土理论模型的假设，土的微观结构的变化是可逆的。从微观的物理化学机理考虑，化学力主要作用在微观层面，且主要是电荷的浓度变化引起的[109]。Loret 等[110]指出如果试样的化学成分在荷载作用下不发生变化，则压缩过程接近剑桥模型中的弹性变形[图 5.5（a）和图 5.5（b）]。

因此，为了简化模型，作者在以往研究的基础上，假设化学力引起的变形是可逆的弹性变形。对于饱和土，假设孔隙水离子浓度增加，渗透吸力 s_π 增加，相当于荷载增加，产生弹性体积变形；离子浓度减小，渗透吸力减小，则产生弹性回弹变形。

根据固结压缩试验得到的结果，土的渗透吸力越大，土的絮凝程度越大，则刚度越大，e-lg$p$ 压缩曲线的斜率 C_c 越小，即 λ 越小；渗透吸力越小，则刚度越小，e-ln$p$ 压缩曲线的斜率 λ 越大。因此，将 λ 随渗透吸力的变化用 $\lambda(s_\pi)$ 表示，这与 BBM 中假设土的吸力影响压缩曲线斜率相似。不同的是，化学力引起的絮凝作用，无法通过宏观孔隙比 e 反映。

Hong 等[126]对不同初始含水率的重塑土进行压缩试验，证明了饱和土在较小的压力下存在类似的前期屈服压力，称为吸压力，经验公式为

$$\sigma_s' = 5.66/(e_0/e_L)^2 \tag{5.94}$$

式中：σ_s' 为吸压力；e_0 为初始孔隙比；e_L 为液限状态下孔隙比，即初始含水率 $w_0 = w_L$。在本书压缩试验中也发现类似的现象，因此假设重塑软黏土的 e-ln$p$ 不再是一条直线，而是存在前期屈服应力 p_c。参考 BBM，可以将这一前期屈服应力作为某渗透吸力作用下的参考应力。至此，等向压缩的关系在 e-ln$p$ 可以表示为

$$v = 1 + e = \Gamma_e - \lambda(s_\pi)\ln\frac{p}{p_c} \tag{5.95}$$

式中：$\Gamma_e = 1 + e_0$，为比容；$\lambda(s_\pi)$ 为与渗透吸力相关的 e-lg$p$ 压缩曲线斜率；p 为平均正应力；p_c 为屈服应力。Alonso 等[255]假定对不同的吸力，e-ln$p$ 回弹曲线的斜率 κ 是一个常数，不随吸力 s 的变化而变化，由常规固结试验和渗滤固结试验的结果可知，孔隙水盐分浓度对 κ 的影响较小，为了简化模型，假定 κ 不随渗透吸力的改变而改变；由于化学力作用的过程与应力状态无关，同时假定对于不同的应力 p，e-lns_π 线的斜率 $\kappa(s_\pi)$ 也是常数。

弹性体应变和剪应变的关系可表示为

$$d\varepsilon_v^e = \frac{dp'}{K} \tag{5.96}$$

$$d\varepsilon_q^e = \frac{dq}{3G} \tag{5.97}$$

式中：ε_v^e 为弹性体应变；ε_q^e 为弹性剪应变；p' 为有效应力；q 为偏应力。而弹性模量 K 和剪切模量 G 可表示为

$$K(s_\pi) = \frac{vp'}{\kappa(s_\pi)} = \frac{(1+e_0)p'}{\kappa(s_\pi)} \qquad (5.98)$$

$$G(s_\pi) = \frac{3K(s_\pi)(1-2\mu)}{2(1+\mu)} \qquad (5.99)$$

由于土的泊松比 μ 很难确定，常采用 μ 与侧压力系数 K_0 的关系计算泊松比，而 K_0 可以通过与内摩擦角的经验关系得

$$\mu = \frac{K_0}{1+K_0} \qquad (5.100)$$

$$K_0 = 1 - \sin\varphi(s_\pi) \qquad (5.101)$$

同样的，根据固结不排水剪切强度结果，在莫尔-库仑体系下得到的强度参数内摩擦角 φ 也是与渗透吸力相关的函数。至此，剑桥模型中的基本参数有效内摩擦角 φ'、e-$\ln p$ 的斜率 λ 和 κ 都与渗透吸力 s_π 建立了关系。

2. 屈服应力与塑性应变

设初始状态为泥浆的重塑软黏土，渗透吸力为 $s_{\pi 0}$，当前的前期固结压力为 $p = p_0^*$，这时的屈服应力是 p_0^*，对应图 5.9 中的点 3，应力应变关系处于 $s_\pi = s_{\pi 0}$ 的加载线上。由固结不排水三轴剪切试验结果可知，盐分的增加提高了屈服应力，那么意味着加载的屈服准则也发生了变化。假设渗透吸力增加，土的屈服应力变为 p_0。

如果盐分的淡化过程用 1-2-3 表示，则同非饱和土相似，吸力降低的过程相当于一个卸载回弹过程[图 5.9（a）]。当渗透吸力增加到 s_π，加载曲线斜率变为 $\lambda(s_\pi)$，路径 1-2 为渗透吸力相同时的回弹曲线，路径 2-3 为渗透吸力减小引起的回弹，1-2-3 总的弹性变形量分为两部分：由渗透吸力变化引起的回弹 Δe_π，及由屈服应力变化引起的回弹 Δe_p，表达式为

$$\Delta e_\pi = \kappa_\pi \Delta \ln s_\pi \qquad (5.102)$$

$$\Delta e_p = \kappa \ln \frac{p_0}{p_c} - \kappa \ln \frac{p_0^*}{p_c} \qquad (5.103)$$

由图 5.9（a）可知，点 1 与点 3 的孔隙比 e_1 与 e_3 可采用式（5.104）表示：

$$e_1 = e_3 + \Delta e_p + \Delta e_\pi \qquad (5.104)$$

由式（5.104）、式（5.53）～式（5.55）联立得

$$e_0(s_\pi) + \lambda(s_\pi)\ln\frac{p_0}{p_c} = e_0(s_{\pi 0}) + \lambda(s_{\pi 0})\ln\frac{p_0^*}{p_c} + \kappa\ln\frac{p_0}{p_c} - \kappa\ln\frac{p_0^*}{p_c} + \Delta e_\pi \qquad (5.105)$$

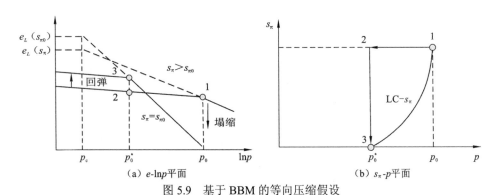

（a）e-$\ln p$ 平面 （b）s_π-p 平面

图 5.9 基于 BBM 的等向压缩假设

整理后得

$$e_0(s_\pi) - e_0(s_{\pi0}) + [\lambda(s_\pi) - \kappa]\ln\frac{p_0}{p_c} = \Delta e_\pi + [\lambda(s_{\pi0}) - \kappa]\ln\frac{p_0^*}{p_c} \qquad (5.106)$$

根据 BBM，当选择合适的参考应力 p_c 使 $\Delta e_\pi = e_0(s_\pi) - e_0(s_{\pi0})$，则可以由式（5.106）得到屈服应力 p_0 与渗透吸力和固结压力 p_0^* 相关的屈服函数为

$$\frac{p_0}{p_c} = \left(\frac{p_0^*}{p_c}\right)^{\frac{\lambda(s_{\pi0}) - \kappa}{\lambda(s_\pi) - \kappa}} \qquad (5.107)$$

但是，在非饱和土中，没有外力作用，土的干湿循环也会造成体积的收缩和膨胀，而在正常固结饱和土中，如果没有上部荷载和排水条件，则加盐无法从宏观上改变土的孔隙比。因此，e_π-s_π 在不同的初始孔隙比和不同的应力状态下，具有不同的参考应力 p_c。如果选用同一 p_c 作为参考应力，则会在当前应力 p_0^* 增大的情况下，使渗透吸力变化带来的实际屈服应力 p_0 非常大，这与非饱和土的特性相类似，但是对饱和土，则并不符合实际。

Zhang 等[76]对 GMZ01 压实膨润土在不同垂直应力下，用不同的溶液浸润膨胀，然后进行高压力下压缩试验，结果显示参考应力 p_c 是关于当前应力状态的函数。因此，如果参考应力 p_c 随应力状态改变，则需要对盐分作用和加载的路径进行重新假定。

与基质吸力不同的是，渗透吸力一般认为不能单独改变宏观孔隙比的变化，所以渗透吸力改变后的 e-$\ln p$ 曲线并不是固定的，而应该是随着当前的应力状态移动的。如图 5.10（a）所示，在 $p = p_1$ 的竖向压力下，如果进行盐水的浸润，则沿着 $e(s_{\pi0}, p_1)$-$\ln p$ 从 p_1 点开始压缩；在 $p = p_2$ 的竖向压力下，如果进行盐水的浸润，则沿着 $e(s_{\pi0}, p_2)$-$\ln p$ 从 p_2 点开始压缩。

图 5.10（b）显示了渗透吸力作用的表观应力路径，在 p_1 不变的情况下，表面上看孔隙比沿着 1-2-4 的路径变化，先在恒定压力下进行坍塌，然后沿着回弹

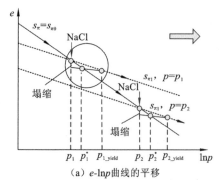 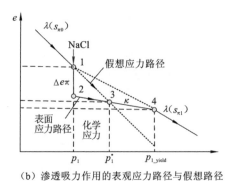

（a）e-$\ln p$ 曲线的平移　　　　　　（b）渗透吸力作用的表观应力路径与假想路径

图 5.10　基于渗透吸力作用模型的假设

路径到达新的屈服应力 p_{1_yield}。假设化学力作用路径为图 5.10（b）中的 1-3-4，首先化学力使实际的有效应力增大到 p_1^*，则孔隙比沿着 1-3-4 路径变化。因此，从图 5.7（b）看出，化学力产生的变形 Δe_π 可以表达为

$$\Delta e_\pi = [\lambda(s_\pi) - \kappa]\ln\frac{p_{1\_\text{yield}}}{p_1} = [\lambda(s_{\pi 0}) - \kappa]\ln\frac{p_1^*}{p_1} \qquad (5.108)$$

可得

$$p_{1\_\text{yield}} = p_1\left(\frac{p_1^*}{p_1}\right)^{\frac{\lambda(s_{\pi 0}) - \kappa}{\lambda(s_\pi) - \kappa}} = p_1\left(\frac{p_1 + p_\pi}{p_1}\right)^{\frac{\lambda(s_{\pi 0}) - \kappa}{\lambda(s_\pi) - \kappa}} \qquad (5.109)$$

与式（5.107）不同的是，式（5.109）中 p_1 为上部荷载，即 BBM 中参考应力 p_c；p_π 可以认为是与化学作用等效的力。由于泥浆状态，土颗粒之间充满水而完全分离，互相没有直接接触，可以认为其屈服应力由孔隙水溶液提供。因此，Hong 等[126]提出的泥浆状态 e-$\lg p$ 曲线的屈服应力——吸压力 σ_s'，假定其为化学作用等效的力，根据经验公式（5.94）求得。实际应用过程中，也可以根据压缩曲线得到。至此，得到盐分相关的屈服应力计算方法，主要与外部应力 p、化学力 p_π 和 $\lambda(s_\pi)$ 有关。

同时，在修改剑桥模型的基础上，塑性应变增量可以分别表示为

$$d\varepsilon_p^p = d\varepsilon_p - d\varepsilon_p^e = \frac{\lambda(s_\pi) - \kappa(s_\pi)}{1 + e_0}\frac{dp}{p} \qquad (5.110)$$

$$d\varepsilon_{p\pi}^p = 0 \qquad (5.111)$$

式中：$d\varepsilon_p^p$ 为由平均正应力 p 引起的塑性体应变增量，可认为是 LC 屈服面的硬化规律。$d\varepsilon_{p\pi}^p$ 为由渗透吸力引起的塑性体应变增量，假设其为完全弹性变形，不存在硬化。

3. 基本参数的获取方法

模型所需的基本参数 $\lambda(s_\pi)$、$\kappa(s_\pi)$可根据固结试验得到屈服后的压缩指数 C_c 和回弹指数 C_s，通过 $\lambda=0.424C_c$ 和 $\kappa=0.424C_s$ 计算。实际应用中为了简便，也可根据液限与盐分的相关性，通过 Burland[25][式（5.112）] 和 Nagaraj 和 Murthy[192] [式（5.113）]提供的液限孔隙比 e_L 与 C_c 的经验关系估算。如图 5.8 所示，将人工软黏土及文献中软黏土的压缩指数 C_c 和回弹指数 C_s 的实测结果与经验关系进行对比，证明了液限孔隙比 e_L 与 C_c 的相关性。

$$C_c^* = e_{100}^* - e_{1000}^* = 0.256e_L - 0.04 \tag{5.112}$$

$$C_c = 0.223\,7e_L \tag{5.113}$$

式中：C_c^* 为 Burland 定义的固有压缩系数；e_{100}^* 为 100 kPa 的有效应力作用下的孔隙比；e_{1000}^* 为 1 000 kPa 的有效应力作用下的孔隙比。

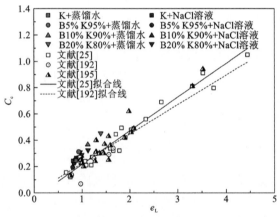

图 5.11　压缩指数 C_c 与液限孔隙比 e_L 的经验关系

另外，模型所需的另一重要参数 $\varphi'(s_\pi)$也可通过固结不排水三轴剪切试验或以往研究提供的与塑性指数 I_p 或液限含水率 w_L 的经验关系估算（详见第 4 章），然后利用该参数计算剑桥模型中的参数 M 为

$$M(s_\pi) = \frac{6\sin\varphi'(s_\pi)}{3 - \sin\varphi'(s_\pi)} \tag{5.114}$$

4. 存在的问题

基于以上假设，可以建立三维偏应力分量 q 作用下的本构模型，但该模型仍需注意以下问题。

（1）化学力 p_π 的数值还需要进一步的研究，因为在数值上 p_π 并不完全等于渗透吸力，其不仅与溶液有关，还与土的应力状态和矿物成分有关。

（2）渗透吸力的增加引起体积的压缩，而渗透吸力的减小引起体积的回弹，根据 Loret 等[110]提出的理想化学循环模型，及 Gajo 和 Maines[75]对膨润土进行 NaCl 循环淋滤的结果，因此假设化学作用产生的是可恢复的弹性变形，孔隙水溶液的变化，会带来可逆转的变形和强度的变化；但是也指出不同的 pH 及不同的离子交换，会产生不可恢复的塑性变形，因此 e-$\ln s_\pi$ 平面的塑性变形还需进一步研究。

5.2.2 屈服函数与硬化参数

修正剑桥模型中完全重塑土，即历史上未受任何历史应力的情况下，其屈服方程为

$$\left(1+\frac{q^2}{M^2 p^2}\right)p = p_x \tag{5.115}$$

式中：p_x 为当前的等向固结应力；$M=\dfrac{q_{cr}}{p_{cr}}$ 为临界状态应力比。由于临界应力比 M 与土体有效内摩擦角相关，根据试验结果人工软黏土 B20%K80 的内摩擦角与孔隙水盐分浓度相关，因此认为 M 是与渗透吸力相关的函数 $M(s_\pi)$。

塑性势函数和塑性应变增量的计算方法与剑桥模型相同，等向固结（$q=0$）阶段塑性体积应变（硬化参数）为

$$\varepsilon_p^p = \varepsilon_p - \varepsilon_p^e = \frac{\lambda-\kappa}{1+e_0}\ln\frac{p_x}{p_0} \tag{5.116}$$

式中：p_0 为前期屈服应力，根据式（5.109），将吸压力 σ_s' 作为泥浆状态重塑黏土的屈服应力，$p\pi=\sigma_s'$，进一步将 p_0 替换为 p_{1_yield}[式（5.109）]，整理式（5.116）得

$$\ln p_x = \frac{1+e_0}{\lambda-\kappa}\varepsilon_p^p + \ln\left[p_1\left(\frac{p_1+p_\pi}{p_1}\right)^{\frac{\lambda(s_{\pi 0})-\kappa}{\lambda(s_\pi)-\kappa}}\right] \tag{5.117}$$

对式（5.115）两边取自然对数并整理得

$$\ln\left(1+\frac{q^2}{M^2 p^2}\right) = \ln p_x - \ln p \tag{5.118}$$

联立式（5.117）和式（5.118）得到与渗透吸力相关的屈服函数：

$$f = \frac{\lambda(s_\pi)-\kappa(s_\pi)}{1+e_0}\ln\frac{p}{\left[p_1\left(\dfrac{p_1+p_\pi}{p_1}\right)^{\frac{\lambda(s_{\pi 0})-\kappa}{\lambda(s_\pi)-\kappa}}\right]} + \frac{\lambda(s_\pi)-\kappa(s_\pi)}{1+e_0}\ln\left[1+\frac{q^2}{M(s_\pi)^2 p^2}\right] - \varepsilon_p^p = 0$$

$$\tag{5.119}$$

图 5.12 为屈服面随渗透吸力发展的示意图，其中 p_0^* 为不考虑渗透吸力的屈服应力。如图 5.12（a）所示，如果渗透吸力 $s_{\pi0}<s_{\pi1}<s_{\pi2}$，随着渗透吸力的增大，实际屈服面（球应力 p_1 形成的屈服面），大于当前固结压力 p_0^* 形成的屈服面，使当前的应力状态处于实际屈服面内，因此开始阶段属于弹性变形。当应力比 η 超出实际屈服面后，再逐渐发展至临界状态，$\eta=M_1$。渗透吸力增加至 $s_{\pi2}$，临界状态应力比和屈服面沿着渗透吸力 s_π 坐标轴继续扩大，p-q-s_π 坐标内屈服面的发展如图 5.12（b）所示。这一概念模型解释了盐分浓度的增加，带来的抗剪强度增加。

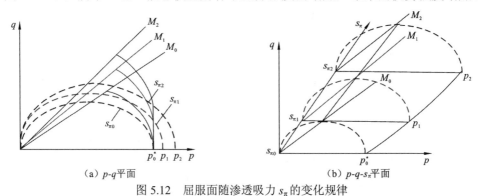

（a）p-q 平面　　　　　　　　　（b）p-q-s_π 平面

图 5.12　屈服面随渗透吸力 s_π 的变化规律

根据相关流动法则 $g(\sigma_{ij})=f(\sigma_{ij})$，及屈服函数式（5.119）可以得到塑性应变的增量比：

$$\frac{\mathrm{d}\varepsilon_p^{\mathrm{p}}}{\mathrm{d}\varepsilon_q^{\mathrm{p}}}=\frac{\partial g/\partial p}{\partial g/\partial q}=\frac{\partial f/\partial p}{\partial f/\partial q}=\frac{M^2(s_\pi)\left[2p-p_1\left(\dfrac{p_1+p_\pi}{p_1}\right)^{\frac{\lambda(s_{\pi0})-\kappa}{\lambda(s_\pi)-\kappa}}\right]}{2q} \tag{5.120}$$

与剑桥模型相同，硬化参数是塑性体应变 $\varepsilon_p^{\mathrm{p}}$。塑性体变形增量 $\mathrm{d}\varepsilon_p^{\mathrm{p}}$ 和偏应变增量 $\mathrm{d}\varepsilon_q^{\mathrm{p}}$ 通过式（5.120）和式（5.121）计算：

$$\mathrm{d}\varepsilon_p^{\mathrm{p}}=\frac{\partial f}{\partial p}\mathrm{d}p+\frac{\partial f}{\partial q}\mathrm{d}q \tag{5.121}$$

5.2.3　弹塑性市构方程

根据弹塑性理论，将总应变分为弹性应变 ε^{e} 与塑性应变 ε^{p} 两部分，弹性应变按胡克定律计算，塑性应变按照塑性理论计算。计算塑性应变采用增量法，应力增量和应变增量的关系为

$$\{d\sigma\} = C^e[\{d\varepsilon\} - \{d\varepsilon^p\}] \tag{5.122}$$

$$\{d\sigma\} = C^{ep}\{d\varepsilon\} \tag{5.123}$$

式中：C^e 为弹性刚度矩阵；C^{ep} 为弹塑性刚度矩阵。当前的应力状态在塑性屈服面内，则根据弹性刚度矩阵 C^e 和弹性应力增量 $\{d\sigma\}$ 与应变增量 $\{d\varepsilon^e\}$ 之间的关系，可以得到求弹性应变的矩阵 $\{d\varepsilon^e\}$：

$$\{d\varepsilon^e\} = \frac{\{d\sigma\}}{[C^e]} \tag{5.124}$$

$$C^e = \begin{bmatrix} K+\dfrac{4}{3}G(s_\pi) & K-\dfrac{2}{3}G(s_\pi) & K-\dfrac{2}{3}G(s_\pi) & 0 & 0 & 0 \\ K-\dfrac{2}{3}G(s_\pi) & K+\dfrac{4}{3}G(s_\pi) & K-\dfrac{2}{3}G(s_\pi) & 0 & 0 & 0 \\ K-\dfrac{2}{3}G(s_\pi) & K-\dfrac{2}{3}G(s_\pi) & K+\dfrac{4}{3}G(s_\pi) & 0 & 0 & 0 \\ 0 & 0 & 0 & G(s_\pi) & 0 & 0 \\ 0 & 0 & 0 & 0 & G(s_\pi) & 0 \\ 0 & 0 & 0 & 0 & 0 & G(s_\pi) \end{bmatrix} \tag{5.125}$$

模型中得到剪切模量 G 需要确定土的泊松比 μ，因此可采用式（5.100）与式（5.101）得到。由泊松比 μ 与侧压力系数 K_0 的关系可知，剪切模量 G 与土的内摩擦角相关，这也间接建立了剪切模量与渗透吸力的关系。

为了得到塑性应变，需要计算塑性应变增量，由塑性位势理论可知：

$$\{d\varepsilon^p\} = \Lambda\left\{\frac{\partial g}{\partial \sigma}\right\} \tag{5.126}$$

式（5.126）表示塑性流动方向与塑性势面 g 垂直，Λ 为表示塑性应变增量大小的一个标量，称为塑性标量因子，它由屈服函数 $f(\sigma_{ij}, H)=0$ 求微分[式（5.127）]和塑性应变增量[式（5.122）]联立得

$$df = \left\{\frac{\partial f}{\partial \sigma}\right\}^T \{d\sigma\} + \frac{\partial f}{\partial H}\left\{\frac{\partial H}{\partial \varepsilon^p}\right\}^T \{d\varepsilon^p\} = 0 \tag{5.127}$$

$$\Lambda = \frac{\left\{\dfrac{\partial f}{\partial \sigma}\right\}^T C^e\{d\varepsilon\}}{-\dfrac{\partial f}{\partial H}\left\{\dfrac{\partial H}{\partial \varepsilon^p}\right\}^T\left\{\dfrac{\partial g}{\partial \sigma}\right\} + \left\{\dfrac{\partial f}{\partial \sigma}\right\}^T C^e\left\{\dfrac{\partial g}{\partial \sigma}\right\}} \tag{5.128}$$

联立式（5.122）和式（5.126）得

$$\{d\sigma\} = C^e\{d\varepsilon\} - \Lambda C^e\left\{\frac{\partial g}{\partial \sigma}\right\} \tag{5.129}$$

将式（5.128）代入式（5.129）可得

$$\{\mathrm{d}\sigma\} = \left(\boldsymbol{C}^{\mathrm{e}} - \frac{\boldsymbol{C}^{\mathrm{e}}\left\{\dfrac{\partial g}{\partial \sigma}\right\}\left\{\dfrac{\partial f}{\partial \sigma}\right\}^{\mathrm{T}}\boldsymbol{C}^{\mathrm{e}}}{-\dfrac{\partial f}{\partial H}\left\{\dfrac{\partial H}{\partial \varepsilon^{\mathrm{p}}}\right\}^{\mathrm{T}}\left\{\dfrac{\partial g}{\partial \sigma}\right\} + \left\{\dfrac{\partial f}{\partial \sigma}\right\}^{\mathrm{T}}\boldsymbol{C}^{\mathrm{e}}\left\{\dfrac{\partial g}{\partial \sigma}\right\}}\right)\{\mathrm{d}\varepsilon\} \tag{5.130}$$

根据式（5.123）和式（5.130）可知，弹塑性刚度矩阵 $\boldsymbol{C}^{\mathrm{ep}}$ 的表达式为

$$\boldsymbol{C}^{\mathrm{ep}} = \left(\boldsymbol{C}^{\mathrm{e}} - \frac{\boldsymbol{C}^{\mathrm{e}}\left\{\dfrac{\partial g}{\partial \sigma}\right\}\left\{\dfrac{\partial f}{\partial \sigma}\right\}^{\mathrm{T}}\boldsymbol{C}^{\mathrm{e}}}{-\dfrac{\partial f}{\partial H}\left\{\dfrac{\partial H}{\partial \varepsilon^{\mathrm{p}}}\right\}^{\mathrm{T}}\left\{\dfrac{\partial g}{\partial \sigma}\right\} + \left\{\dfrac{\partial f}{\partial \sigma}\right\}^{\mathrm{T}}\boldsymbol{C}^{\mathrm{e}}\left\{\dfrac{\partial g}{\partial \sigma}\right\}}\right) = \boldsymbol{C}^{\mathrm{e}} - \boldsymbol{C}^{\mathrm{p}} \tag{5.131}$$

式（5.131）中参数的计算方法为

$$\left\{\frac{\partial f}{\partial \sigma}\right\}^{\mathrm{T}} = \left\{\frac{\partial g}{\partial \sigma}\right\}^{\mathrm{T}} = \left\{\frac{\partial f}{\partial \sigma_{11}}, \frac{\partial f}{\partial \sigma_{22}}, \frac{\partial f}{\partial \sigma_{33}}, 2\frac{\partial f}{\partial \sigma_{12}}, 2\frac{\partial f}{\partial \sigma_{23}}, 2\frac{\partial f}{\partial \sigma_{31}}\right\} \tag{5.132}$$

$$-\frac{\partial f}{\partial H}\left\{\frac{\partial H}{\partial \varepsilon^{\mathrm{p}}}\right\}^{\mathrm{T}} = -\left\{\frac{\partial f}{\partial \varepsilon^{\mathrm{p}}}\right\}^{\mathrm{T}} = -\left\{\frac{\partial f}{\partial \varepsilon_{11}^{\mathrm{p}}}, \frac{\partial f}{\partial \varepsilon_{22}^{\mathrm{p}}}, \frac{\partial f}{\partial \varepsilon_{33}^{\mathrm{p}}}, 2\frac{\partial f}{\partial \varepsilon_{12}^{\mathrm{p}}}, 2\frac{\partial f}{\partial \varepsilon_{23}^{\mathrm{p}}}, 2\frac{\partial f}{\partial \varepsilon_{31}^{\mathrm{p}}}\right\} \tag{5.133}$$

对于以上所述模型，如果屈服函数 $f < 0$，则

$$\left\{\frac{\partial f}{\partial \sigma}\right\}^{\mathrm{T}} = \left\{\frac{\partial g}{\partial \sigma}\right\}^{\mathrm{T}} = \{0, 0, 0, 0, 0, 0\} \tag{5.134}$$

$$\left\{\frac{\partial f}{\partial \varepsilon^{\mathrm{p}}}\right\}^{\mathrm{T}} = \{0, 0, 0, 0, 0, 0\} \tag{5.135}$$

如果屈服函数 $f \geqslant 0$，则

$$\left\{\frac{\partial f}{\partial \sigma}\right\}^{\mathrm{T}}$$
$$= \left\{\frac{2p - p_0(s_\pi)}{3} + 3\frac{\sigma_1 - p}{M^2(s_\pi)}, \frac{2p - p_0(s_\pi)}{3} + 3\frac{\sigma_2 - p}{M^2(s_\pi)}, \frac{2p - p_0(s_\pi)}{3} + 3\frac{\sigma_3 - p}{M^2(s_\pi)}, 0, 0, 0\right\} \tag{5.136}$$

$$\left\{\frac{\partial f}{\partial \varepsilon^{\mathrm{p}}}\right\}^{\mathrm{T}} = \left\{-\frac{p \cdot p_0(s_\pi) \cdot (1 + e_0)}{\lambda(s_\pi) - \kappa}, -\frac{p \cdot p_0(s_\pi) \cdot (1 + e_0)}{\lambda(s_\pi) - \kappa}, -\frac{p \cdot p_0(s_\pi) \cdot (1 + e_0)}{\lambda(s_\pi) - \kappa}, 0, 0, 0\right\} \tag{5.137}$$

式中：$p_0(s_\pi)$ 为与渗透吸力相关的屈服应力。最终，根据式（5.131）～式（5.137）建立了关于渗透吸力的弹塑性本构关系。

5.2.4　模型验证与参数影响

1. 模型计算过程

为了利用本书中建立的弹塑性本构模型，评价孔隙水盐分变化对土体变形和

强度的影响，将模型的计算过程总结在图 5.13 中。图中 $e_L(s_\pi)$ 为与渗透吸力 s_π 相关的液限孔隙比；$\varphi(s_\pi)$ 为渗透吸力相关的内摩擦角；$\lambda(s_\pi)$ 和 $\kappa(s_\pi)$ 为 $v\text{-}\ln p$ 平面压缩曲线和回弹曲线的斜率；$p_0(s_\pi)$ 为与渗透吸力相关的屈服应力。具体过程如下。

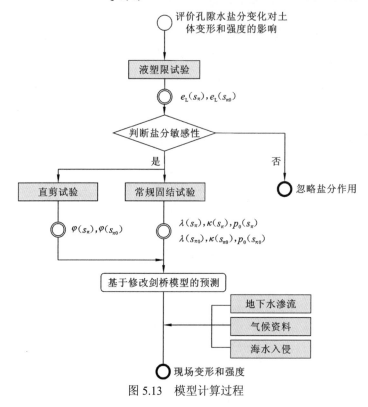

图 5.13　模型计算过程

（1）按照 Witteveen 等[80]提出的经验公式或范托夫方程[式（3.1）]，根据加入的盐分浓度 c 计算孔隙水的渗透吸力 s_π。进行不同盐分浓度的液塑限试验，判断盐分浓度是否会影响土体的液限。如果产生影响，则进一步确定 $e_L(s_\pi)$ 的函数关系。如果未产生影响，则忽略盐分的作用。

（2）进行常规固结试验，确定土体 $v\text{-}\ln p$ 平面压缩曲线和回弹曲线的斜率 $\lambda(s_\pi)$ 和 $\kappa(s_\pi)$。定义初始屈服面对应的 $p_0(s_\pi)$，即固结压力 p_0 与 $s_\pi=s_{\pi 0}$ 对应化学力 $p_{\pi 0}$ 之和。$p_{\pi 0}$ 计算方法根据 Hong 等[126]提出的吸压力计算方法，$p_{\pi 0}=5.66/(e_0/e_L)^2$，或者泥浆状态重塑黏土的压缩曲线确定。

（3）根据重塑土的直接剪切试验或三轴剪切试验结果，得到内摩擦角 $\varphi(s_\pi)$，并依据式（5.114）建立临界状态应力比的函数 $M(s_\pi)$；根据 $\kappa(s_\pi)$ 计算弹性模量 $K(s_\pi)$ 和剪切模量 $G(s_\pi)$。

（4）基于本书中的本构模型，以及地下水渗流、气候变化和海水入侵等条件下场地的盐分浓度，对地基的变形和强度进行预测。

2. 参数敏感性

在与试验数据进行对比前，首先对参数敏感性进行分析。图 5.14 为参数 M 对应力应变关系 ε_1-q 和应力路径 p-q 的影响，其他参数不变的情况下（$\lambda(0)=0.1$，$\kappa(0)=0.02$，$\lambda(s_\pi)=0.1$，$\kappa(s_\pi)=0.02$，$e_0=1.2$，$p_{\pi0}=2.51$，$p_0=100$ kPa），随着 M 的增大（$M=0.6\sim1.6$），偏应力 q 从 30 kPa 增大至 90 kPa，屈服面纵向半径增加。

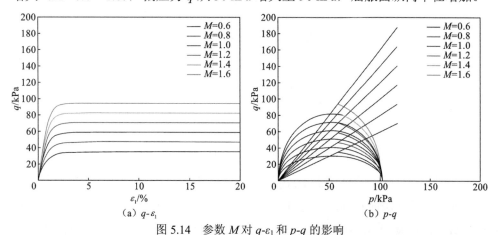

图 5.14　参数 M 对 q-ε_1 和 p-q 的影响

图 5.15 为参数 $\lambda(s_\pi)$ 对应力应变关系 q-ε_1 和应力路径 p-q 的影响，保持其他参数不变（$M=1.4$，$\lambda(0)=0.05$，$\kappa(0)=0.02$，$\kappa(s_\pi)=0.02$，$e_0=1.2$，$p_{\pi0}=2.51$，$p_0=100$ kPa），随着 $\lambda(s_\pi)$ 的增大（$\lambda(s_\pi)=0.05\sim0.3$），剪应力 q 从 100 kPa 降低至 70 kPa，屈服面横轴半径减小。

图 5.15　参数 $\lambda(s_\pi)$ 对 q-ε_1 和 p-q 的影响

图 5.16 为参数 $\kappa(s_\pi)$ 的敏感性分析，其他参数的值为 $M=1.4$，$\lambda(0)=0.2$，$\lambda(s_\pi)=0.2$，$\kappa(0)=0.01$，$e_0=1.2$，$p_{\pi0}=2.51$，$p_0=100\,\text{kPa}$；$\kappa(s_\pi)$ 为 $0.01\sim0.06$，从图 5.16 中看出，$\kappa(s_\pi)$ 主要影响应力-应变曲线弹性阶段的斜率，而对初始屈服面和临界状态的偏应力 q 影响较小。

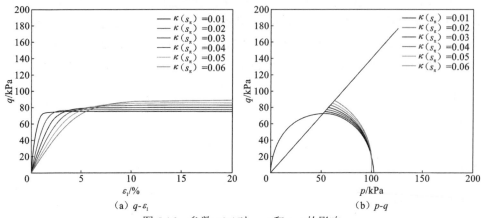

（a）q-ε_1 （b）p-q

图 5.16   参数 $\kappa(s_\pi)$ 对 ε_1-q 和 p-q 的影响

如图 5.17 所示，初始孔隙比 e_0 的变化主要影响应力-应变曲线弹性阶段的斜率，而对初始屈服面和 p-q 平面的应力路径无影响。图 5.17 中 e_0 为 $0.8\sim1.8$，其他参数的值：$M=1.4$，$\lambda(0)=0.2$，$\kappa(0)=0.03$，$\lambda(s_\pi)=0.2$，$\kappa(s_\pi)=0.03$，$p_{\pi0}=2.51$，$p_0=100\,\text{kPa}$。

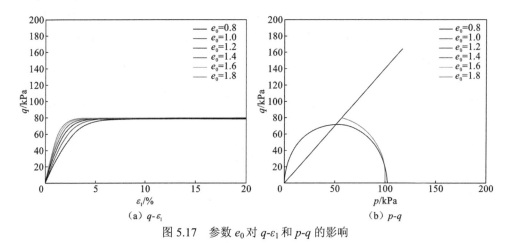

（a）q-ε_1 （b）p-q

图 5.17   参数 e_0 对 q-ε_1 和 p-q 的影响

图 5.18 可以看出，化学力 $p_{\pi0}$ 在 $1.2\sim11.6\,\text{kPa}$ 变化，其他参数的值：$M=1.4$，$\lambda(0)=0.2$，$\kappa(0)=0.03$，$\lambda(s_\pi)=0.2$，$\kappa(s_\pi)=0.03$，$e_0=0.9$，$p_0=100\,\text{kPa}$，初始屈服面

和破坏偏应力相应改变，但影响较小。因此，化学力对屈服面的影响与当前的应力状态及化学力的大小相关。

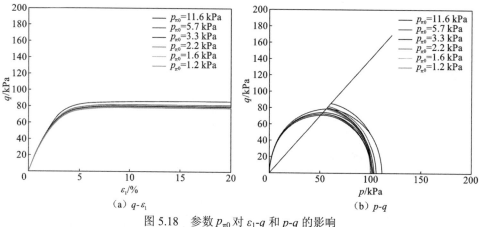

图 5.18　参数 $p_{\pi0}$ 对 ε_1-q 和 p-q 的影响

综上所述，参数 M 和 $\lambda(s_\pi)$ 对模型的计算结果有较大影响，而另一关键参数化学力 $p_{\pi0}$ 对屈服面和强度的影响与当前的应力状态及化学力的大小相关。

3. 理论结果与试验结果的对比

根据如上计算过程，将本书中一维压缩试验和固结不排水三轴剪切试验得到的参数，代入模型得到应力应变和应力路径的计算值。图 5.19～图 5.22 显示了计算值和试验结果的对比，说明试验结果与计算值较为接近，该模型基本可以描述盐分对人工软黏土的本构关系的影响。

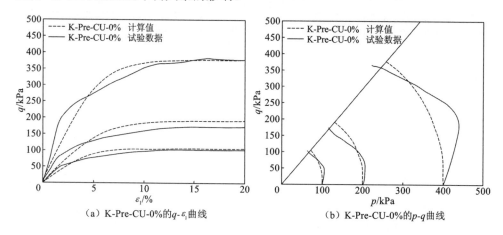

（a）K-Pre-CU-0%的 q-ε_1 曲线　　　　（b）K-Pre-CU-0%的 p-q 曲线

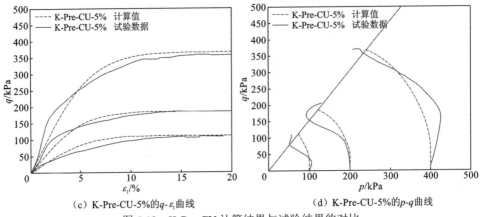

（c）K-Pre-CU-5%的q-ε_1曲线 （d）K-Pre-CU-5%的p-q曲线

图 5.19　K-Pre-CU 计算结果与试验结果的对比

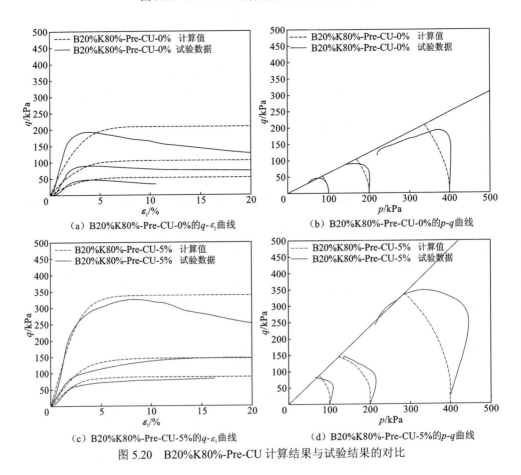

（a）B20%K80%-Pre-CU-0%的q-ε_1曲线 （b）B20%K80%-Pre-CU-0%的p-q曲线

（c）B20%K80%-Pre-CU-5%的q-ε_1曲线 （d）B20%K80%-Pre-CU-5%的p-q曲线

图 5.20　B20%K80%-Pre-CU 计算结果与试验结果的对比

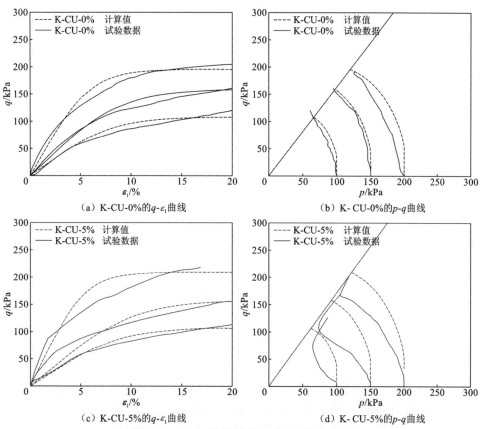

（a）K-CU-0%的q-ε_1曲线　　　　　　（b）K-CU-0%的p-q曲线

（c）K-CU-5%的q-ε_1曲线　　　　　　（d）K-CU-5%的p-q曲线

图 5.21　K-CU 计算结果与试验结果的对比

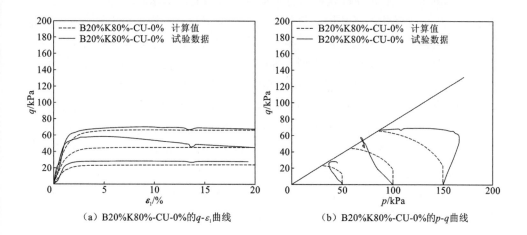

（a）B20%K80%-CU-0%的q-ε_1曲线　　　（b）B20%K80%-CU-0%的p-q曲线

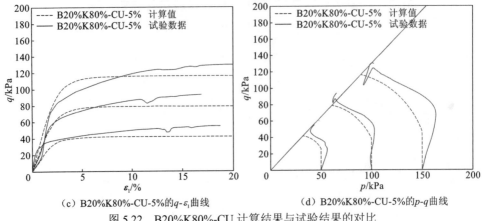

(c) B20%K80%-CU-5%的q-ε_1曲线　　　　(d) B20%K80%-CU-5%的p-q曲线

图 5.22　B20%K80%-CU 计算结果与试验结果的对比

5.3　数值模拟算例

5.3.1　建模方法

为了验证盐分变迁条件对工程产生的潜在危害，采用数值分析软件创建一个海堤工程，耦合海堤应力场与渗流场、盐分迁移场和土体参数变化，分析海堤应力分布、基础变形、孔隙水压和盐分浓度变化下海堤安全系数的动态演化。

GeoStudio 有限元分析软件具有全耦合分析功能，即求解土体应力应变、渗流场的变化和化学物的迁移同步进行。其中，SIGMA/W 模块可以进行排水和不排水的总应力和有效应力分析，模拟软黏土的固结过程，求解常见的应力应变问题，土体本构模型包括线弹性模型、各向异性的线弹性模型、弹塑性模型、修正剑桥模型等,该模块计算的孔隙水压力和应力场等可以应用到边坡稳定性分析中。SEEP/W 模块可以分析从简单的饱和问题到复杂的非饱和问题，通过稳态渗流分析和瞬态渗流分析，可以得出不同时刻不同点的孔隙水压力分布状况，其结果可以被用于计算边坡稳定性与污染物迁移。CTRAN/W 模块是一款污染物运移分析程序，分析污染物浓度在土层和岩石等介质中随空间和时间的分布和变化，不仅可以对由水的运动而引起的微粒运动轨迹进行分析，而且可以对包括扩散、散射、吸附、辐射衰减和密度对流动的依赖性等复杂过程的问题分析，CTRAN/W 模块与 SEEP/W 模块相结合，SEEP/W 计算地下水的流速、水体积含量和水流量，而CTRAN/W 则用这些参数计算污染物的迁移。SLOPE/W 模块主要用于分析岩土边坡稳定性，使用包括 Morgenstern-Price、Bishop 和 Janbu 等方法的极限平衡理论，结合渗流场和应力场进行耦合分析。

本节通过 SEEP/W 模块进行孔隙水压力分析和渗流场分析，在此基础上采用 SIGMA/W 模块进行应力应变分析，CTRAN/W 模块进行盐分迁移和浓度变化的计算。根据 CTRAN/W 模块确定的盐分浓度等值曲线重新计算土体参数，在应力应变分析的基础上进行边坡稳定性分析。

5.3.2　算例概况

工程实例的尺寸参数如图 5.23 所示，计算范围为海堤中心线外 105 m，海堤高度 10 m，地基计算深度为 10 m。计算模型的初始土体参数采用 B20%K80%-PreCU 人工软黏土参数，计算深度内主要包括海相软黏土和粉质砂土，计算厚度分别为 6 m 和 4 m。

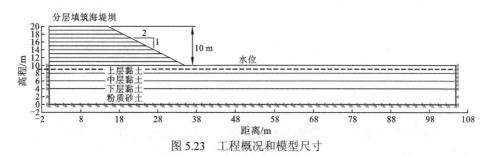

图 5.23　工程概况和模型尺寸

人工软黏土的应力应变分析使用修正剑桥模型，软黏土下部的粉质砂土采用非线性弹塑性模型，海堤填料采用线弹性模型，材料的主要参数见表 5.1 和表 5.2。初始盐分浓度自上而下设置为 20 kg/m³、10 kg/m³、5 kg/m³。

表 5.1　软黏土材料初始参数

名称	类型	OCR	泊松比 μ	初始孔隙比 e_0	重度 γ /(kN/m³)	λ	κ	有效内摩擦角 φ'/(°)	渗透系数 k/(m/d)
上层黏土	修正剑桥模型	1.1	0.25	1.4	1.4	0.09	0.02	23	0.001 28
中层黏土	修正剑桥模型	1.1	0.25	1.3	1.45	0.09	0.02	22	0.001 28
下层黏土	修正剑桥模型	1.1	0.25	1.1	1.5	0.09	0.02	21	0.001 28

注：OCR 为超固结比，表中超固结比根据邵光辉等[92]对连云港地区孔压静力触探结果选取。

表 5.2　粉质砂土和海堤材料参数

名称	类型	弹性模量 /kPa	泊松比 ν	有效黏聚力 c /(kPa)	重度 γ /(kN/m³)	体积含水率 /%	渗透系数 k /(m/d)
粉质砂土	非线性弹塑性模型	4 000	0.2	0	20	0.5	0.98
海堤填料	弹性模型	10 000	0.2		18		

如图 5.23 所示,初始水位线位于地下 1 m。计算模型的渗流场和污染物运移,需要考虑降雨入渗对其产生的影响。因此,考虑连云港地区属于暖温带气候,历年平均降雨 960 mm,对降雨边界采用流量控制,选取 0.003 m/d。

整个模型的计算过程如下:

(1)SIGMA/W 模块下,计算场地自重应力下形成初始应力场;

(2)6 天完成 1 层海堤的填筑,60 天内完成 10 m 高海堤的填筑,并完成主固结,地基的计算模型选用 Geo-Slope 内修正剑桥模型,模型参数见表 5.1;

(3)SLOPE/W 模块下,计算固结完成后海堤的边坡安全系数;

(4)SEEP/W 模块下,改变边界水头高度,增加降雨条件,形成稳定渗流场;

(5)SLOPE/W 模块下,计算稳定渗流场下海堤的边坡安全系数;

(6)CTRAN/W 模块下,计算稳定渗流场下 55 年内盐分分布,根据盐分浓度对土层划分区域;

(7)根据盐分浓度与修正剑桥模型参数的关系,改变材料的有效内摩擦角、屈服应力、泊松比、λ 和 κ 等参数,见表 5.3;

表 5.3　盐分改变后软黏土材料参数

名称	类型	OCR	盐分浓度 /(kg/m³)	泊松比 μ	重度 γ /(kN/m³)	λ	κ	有效内摩擦角 φ' /(°)	渗透系数 k /(m/d)
上层黏土	修正剑桥模型	1.0	0	0.3	1.6	0.2	0.02	13	0.000 1
中层黏土	修正剑桥模型	1.0	5	0.3	1.65	0.2	0.02	16	0.000 15
下层黏土	修正剑桥模型	1.05	10	0.3	1.7	0.15	0.02	19	0.000 2

(8)采用表 5.3 的参数,重新计算基础的应力应变分布,地基的计算模型选用 Geo-Slope 内修正剑桥模型;

(9)SLOPE/W 模块下,重新计算海堤的边坡安全系数。

应力场的边界条件设置为:海堤中心线为 X 方向位移为 0,模型下部边界 X、Y 方向均为 0,远离海堤的侧边界 X 方向为 0。

渗流场与化学场的边界条件如图 5.24 所示。具体的:左侧水头高度 18 m,

盐分浓度边界为 0 g/m^3，代表渗滤模型的盐分浓度；右侧水头高度为 10 m，溢出总流量 Q_m>0；底部的含砂层同样为溢出边界，总流量 Q_m>0；海堤坡面为自由渗流面；顶部边界条件为降雨量 q = 0.003 m/d。

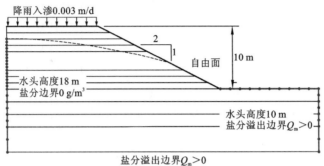

图 5.24　渗流场与化学场的边界条件

整个模型的计算流程如图 5.25 所示。

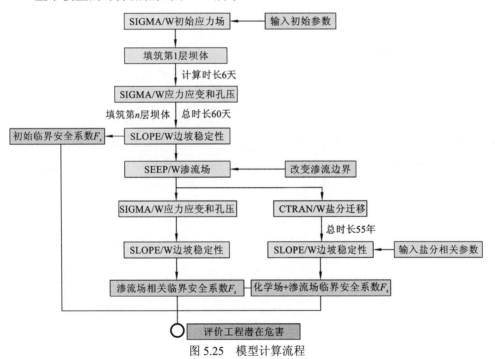

图 5.25　模型计算流程

5.3.3　基本计算原理

SIGMA/W[257]采用渗流方程和应力-应变方程的耦合解决固结变形问题，在有限单元网格的每个节点，将本构方程和连续流动方程联立，可以得到每个节点的位移和孔隙水压力。其中应力-应变方程是 Fredlund 和 Rahardjo[258]在 Biot[259]固结方程的基础上发展的，如式（5.138）所示：

$$\begin{Bmatrix}\Delta\varepsilon_x\\\Delta\varepsilon_y\\\Delta\varepsilon_z\\\Delta\gamma_{xy}\\\Delta\gamma_{yz}\\\Delta\gamma_{zx}\end{Bmatrix}=\frac{1}{E}\begin{bmatrix}1&-\mu&-\mu&0&0&0\\-\mu&1&-\mu&0&0&0\\-\mu&-\mu&1&0&0&0\\0&0&0&2(1+\mu)&0&0\\0&0&0&0&2(1+\mu)&0\\0&0&0&0&0&2(1+\mu)\end{bmatrix}\begin{Bmatrix}\Delta(\sigma_x-u_a)\\\Delta(\sigma_y-u_a)\\\Delta(\sigma_z-u_a)\\\Delta\tau_{xy}\\\Delta\tau_{yz}\\\Delta\tau_{zx}\end{Bmatrix}$$

$$+\frac{1}{H}\begin{bmatrix}1&&&&&\\&1&&&&\\&&1&&&\\&&&0&&\\&&&&0&\\&&&&&0\end{bmatrix}\begin{Bmatrix}\Delta(u_a-u_w)\\\Delta(u_a-u_w)\\\Delta(u_a-u_w)\\\Delta(u_a-u_w)\\\Delta(u_a-u_w)\\\Delta(u_a-u_w)\end{Bmatrix}\tag{5.138}$$

式中：E 为弹性模量；H 为与基质吸力 u_a-u_w 相关的弹性模量。

二维平面内，单元的土体流动方程如式（5.139）所示：

$$\frac{\partial}{\partial x}\left(k_x\frac{1}{\gamma_w}\frac{\partial u_w}{\partial x}\right)+\frac{\partial}{\partial y}\left[k_y\left(\frac{1}{\gamma_w}\frac{\partial u_w}{\partial y}+1\right)\right]+Q=\frac{\partial\theta_w}{\partial t}\tag{5.139}$$

式中：k_x、k_y 为 x，y 方向的渗透系数；Q 为边界流量；θ_w 为体积含水率。根据式（5.138）、式（5.139）和有限单元法的基本原理，最终建立有限单元解的平衡方程式（5.140）和连续性方程式（5.141）：

$$\boldsymbol{K}\{\Delta\delta\}+\boldsymbol{L}_d\{\Delta u_w\}=\{\Delta F\}\tag{5.140}$$

$$\beta\boldsymbol{L}_f\{\Delta\delta\}-\left(\frac{\Delta t}{\gamma_w}\boldsymbol{K}_f+\omega\boldsymbol{M}_N\right)\{\Delta u_w\}=\Delta t\left(\{Q\}|_{t+\Delta t}+\boldsymbol{K}_f\{y\}+\frac{1}{\gamma_w}\boldsymbol{K}_f u_w|_t\right)\tag{5.141}$$

式（5.140）和式（5.141）中各参数的计算方法为

$$\boldsymbol{K}=\sum\boldsymbol{B}^T\boldsymbol{D}\boldsymbol{B}\tag{5.142}$$

$$\boldsymbol{L}_d=\sum\boldsymbol{B}^T\boldsymbol{D}\{m_H\}\boldsymbol{N}\tag{5.143}$$

$$\{m_H\}=\left\{\frac{1}{H},\frac{1}{H},\frac{1}{H},0\right\}\tag{5.144}$$

$$\boldsymbol{K}_f=\sum\boldsymbol{B}^T\boldsymbol{K}_w\boldsymbol{B}\tag{5.145}$$

$$\boldsymbol{M}_N=\sum\boldsymbol{N}^T\boldsymbol{N}\tag{5.146}$$

$$\boldsymbol{L}_f=\sum\boldsymbol{N}^T\{m\}\boldsymbol{B}\tag{5.147}$$

式中：B 为几何矩阵，代表应变与节点位移之间的关系；D 为弹性矩阵，代表应力应变之间的关系；K_w 为渗透系数的矩阵；N 为单元节点形函数，代表位移与孔隙水压之间的关系。

SEEP/W[260]的稳定流分析建立在达西定律的基础上，二维的水流连续方程为

$$\frac{\partial}{\partial x}\left(k_x\frac{\partial h_w}{\partial x}\right)+\frac{\partial}{\partial y}\left(k_y\frac{\partial h_w}{\partial y}\right)+Q=\frac{\partial\theta_w}{\partial t} \tag{5.148}$$

式中：h_w 为水头高度；θ_w 为体积含水率；k_x 和 k_y 为渗透系数。

根据有限单元的原理建立基本的二维渗流：

$$b_\tau\int_A(B_w^T K_w B_w)\mathrm{d}A\{h_w\}+b_\tau\int_A(\lambda_w N_w^T N_w)\mathrm{d}A\{h_w\},t=q_m b_\tau\int_L N_w^T\mathrm{d}L \tag{5.149}$$

式中：b_τ 为单元的厚度；B_w 为水力梯度矩阵；K_w 为渗透系数矩阵；N_w 为插值函数向量，代表单元体节点的水头与单元体内任意一点水头的关系；$\lambda_w=m_w\gamma_w$，m_w 为孔隙水压力与体积含水率关系曲线的斜率，用于非饱和土；$\{h_w\}$ 为水头高度；A 为单元体的面积；L 为单元体的高度。

CTRAN/W[261]的污染物迁移建立在达西流速分析的基础上，运用质量平衡方程求解。一维方向的质量平衡示意图如图 5.26 所示，基本质量平衡方程如式（5.150）所示：

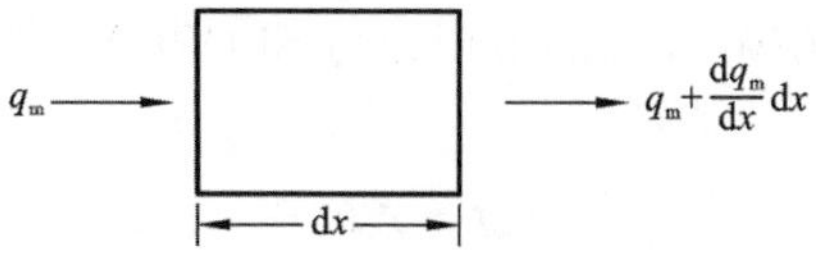

图 5.26　一维质量平衡示意图

$$\frac{\partial m}{\partial t}\mathrm{d}x=-\frac{\partial q_m}{\partial x}\mathrm{d}x \tag{5.150}$$

式中：m 为总质量，与污染物质量浓度 C 和溶液体积 V_w 的关系为 $M=CV_w$，进一步得到与体积含水率的关系为 $m=C\theta_w$。流出质量 q_m 的改变取决于移流方程与弥散方程的差值，将 $m=C\theta_w$ 和移流-弥散方程代入式（5.150），可得

$$\theta_w\frac{\partial C}{\partial t}=-\frac{\partial}{\partial x}\left(-\theta_w D\frac{\partial C}{\partial x}+UC\right)\mathrm{d}x=\theta_w D\frac{\partial^2 C}{\partial x^2}-U\frac{\partial C}{\partial x} \tag{5.151}$$

式中：D 为水动力弥散系数；$U=nv$ 为达西流速；$n=e/(1+e)$ 为孔隙率；v 为流速。考虑衰变方程和吸附方程后，最终的质量平衡方程为

$$\theta_w\frac{\partial C}{\partial t}+\rho_d\frac{\partial S}{\partial C}\frac{\partial C}{\partial t}=\theta_w D\frac{\partial^2 C}{\partial x^2}-U\frac{\partial C}{\partial x}-\lambda_c\theta_w C-\lambda_c S_m\rho_d \tag{5.152}$$

式中：λ_c 为衰变因子，表达式为 $C=C_0 \mathrm{e}_c^{-\lambda t}$，代表浓度随时间变化的关系；$S_m$ 为单

位质量的土吸附溶剂的质量，表示为 $S_m = m_s/\rho_d$，m_s 为吸附质量。在式（5.152）上建立有限单元解为

$$\int_v \theta_w \boldsymbol{B}^T \boldsymbol{D}_d \boldsymbol{B} dv\{C\} + \int_v \boldsymbol{N}^T \boldsymbol{U}\boldsymbol{B} dv\{C\} + \lambda \int_v \theta_w \boldsymbol{N}^T N dv\{C\}$$

$$+ \int_v \left(\theta_w + \rho_d \frac{\partial S_m}{\partial C} \right) \boldsymbol{N}^T N dv\{C\}, t + \int_s U_b \boldsymbol{N}^T N ds\{C\} = \int_s q_m \boldsymbol{N}^T ds - \lambda_c \rho_d \int_v S_m \boldsymbol{N}^T dv$$

（5.153）

式中：U_b 为边界的达西流速；$\boldsymbol{D}_d$ 为弥散系数的矩阵；v 为流速；S_b 为边界面积。

SLOPE/W 的理论基础为极限平衡法和条分法，解决基于力的平衡方程的安全系数和力矩平衡方程的安全系数。本节采用基于 SIGMA/W 计算的应力分布的安全系数。边坡的安全系数 SF 表示为

$$SF = \frac{\sum F_r}{\sum F_m}$$

（5.154）

式中：F_r 为每条滑动体的抗剪力；F_m 为滑动力。τ_r 计算采用饱和-非饱和土的莫尔-库仑强度公式为

$$F_r = [c' + (\sigma_n - u_a)\tan\varphi' + (u_a - u_w)\tan\varphi^b]\beta_L$$

（5.155）

式中：β_L 为滑动面的长度；σ_n 为法向应力；滑动力 $F_m = \tau_m \beta_L$。

通过 SIGMA/W 计算的节点力为 $\boldsymbol{F}$，SLOPE/W 条块的节点力为 f；$\boldsymbol{N}$ 为插值函数矩阵，代表 SIGMA/W 计算的节点力与 SLOPE/W 条块的节点力的关系，表示为

$$f = \boldsymbol{N}\boldsymbol{F}$$

（5.156）

然后运用莫尔圆计算法向应力 σ_n[式（5.110）]与滑动剪应力 τ_m[式（5.111）]：

$$\sigma_n = \frac{\sigma_x + \sigma_y}{2} + \frac{\sigma_x - \sigma_y}{2}\cos 2\theta + \tau_{xy}\sin 2\theta$$

（5.157）

$$\tau_m = \tau_{xy}\cos 2\theta - \frac{\sigma_x - \sigma_y}{2}\sin 2\theta$$

（5.158）

5.3.4　计算结果

1. 有效应力与变形

图 5.27 为初始状态下土的有效应力分布，与土的重度和初始地下水位相关，图中标签单位为 kPa。

图 5.28 显示了不同填筑高度单元的变形，从图 5.28 中看出，海堤底部沉降变形最大，侧面土体隆起，符合填筑过程中现场的变形规律。

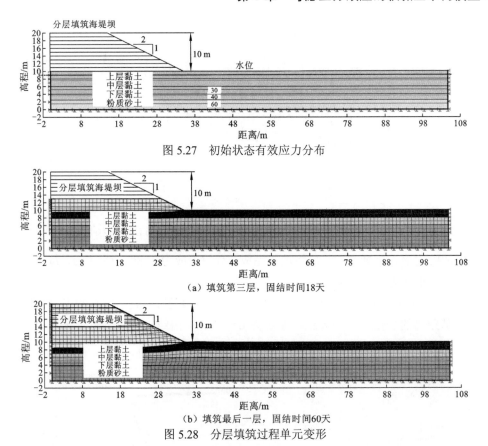

图 5.27　初始状态有效应力分布

（a）填筑第三层，固结时间18天

（b）填筑最后一层，固结时间60天

图 5.28　分层填筑过程单元变形

图 5.29 显示了距中心线 5 m 处地基不同深度超静孔压 u_w、位移和平均有效应力 p' 随时间的变化，选取节点的坐标如图 5.29 所示，为海堤下软黏土层至粉砂层 3～7 m。由结果可以看出，不同深度处超静孔压随时间逐渐消散，有效应力增大；最大位移发生在距离上层软黏土层处，60 天累积沉降 0.4 m，每填筑一层，

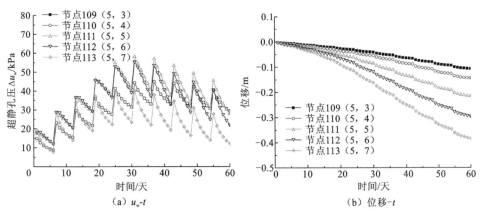

（a）u_w-t

（b）位移-t

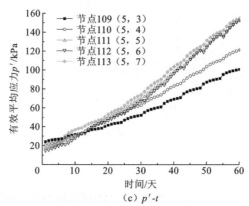

图 5.29 距中心线 5 m 处地基不同深度超静孔压、位移和平均有效应力随时间的变化

变形随时间增长逐渐减小；最终填筑完成，有效正应力为 80～150 kPa，每一级荷载下有效正应力先增长并逐渐稳定。

图 5.30 显示不同填筑时期，地表下 2 m 处超静孔压 u_w、位移和平均有效应力 p' 随距离的变化，范围为距离左边界 0～62 m。由结果可以看出，海堤范围内

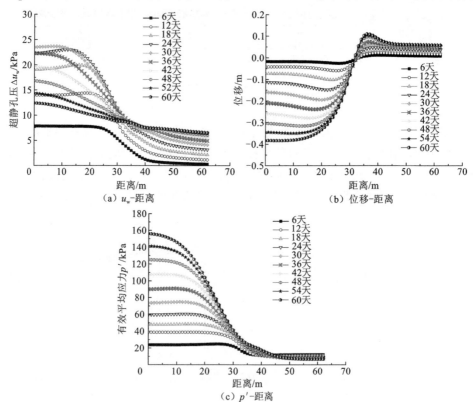

图 5.30 不同时期，地表下 2 m 处瞬间超静孔压、位移和平均有效应力随距离的变化

瞬间超静孔压与填筑高度相关，远离海堤超静孔压较小；不同时期，中心线处沉降最大，距离中心线 36 m 处隆起高度最大，为海堤坡脚处，累积隆起高度 0.1 m；平均有效正应力最大发生在中心线处，从中心线外 20 m 处开始减小，从 35 m 处开始趋近于初始状态的有效应力。

2. 渗流与盐分迁移

图 5.31 为渗流条件改变后总水头的等势面，从等势面的分布看出，流动方向由模型的左侧流向右侧。三层黏土层中心处的水头高度 h、水平流动速率 v、流量 Q 与水平距离的关系如图 5.32 所示。从图 5.32 中进一步看出，三层黏土的总水

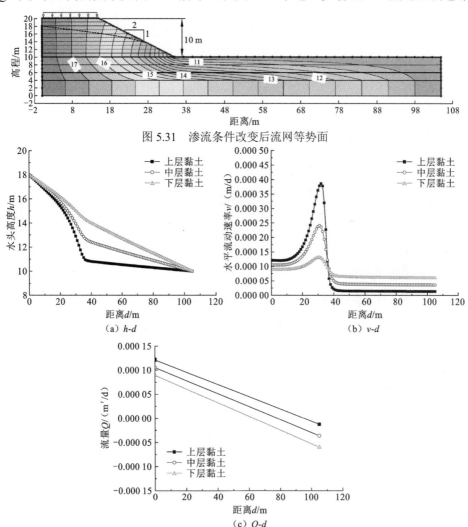

图 5.31　渗流条件改变后流网等势面

（a）h-d

（b）v-d

（c）Q-d

图 5.32　渗流场改变后黏土层总水头高度、水平流动速率和水流量随距离的变化

头高度沿着水平距离逐渐降低；水平流动速率在距离中心线 30 m 处，即坡脚处达到最大，三层黏土的最大流动速率自上而下依次分布为 0.000 4 m/d、0.000 25 m/d、0.000 15 m/d；模型的右边界处流量 $Q<0$，为流出区。

污染物在土体中的运移的机理有三方面：①对流，即污染物在水流的带动下，向下游的运动；②分子扩散，在浓度梯度作用下，污染物由高浓度向低浓度位置的扩散；③机械弥散作用，土体中孔隙通道不均匀，污染物的微观运移速度无论大小还是方向，都随着水流速度不同而不同[262]。CTRAN/W 将分子扩散和机械弥散作用采用水平弥散系数和竖向弥散系数表示，本模型采用黏性土中的经验参数，水平弥散系数和竖向弥散系数取 14×10^{-10} m²/s[263]。

初始状态至 55 年的盐分迁移计算结果如图 5.33 所示，初始状态，由于弥散作用，盐分向低浓度的海堤范围扩散，在对流和弥散的综合作用下，盐分整体向下部迁移，55 年后，最上层黏土的浓度变化最大，在坡脚范围可认为平均浓度为 0 kg/m³。

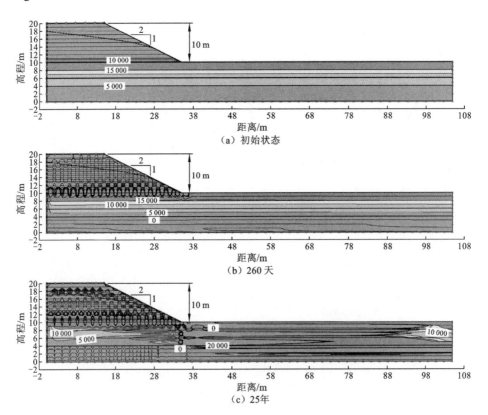

（a）初始状态

（b）260 天

（c）25 年

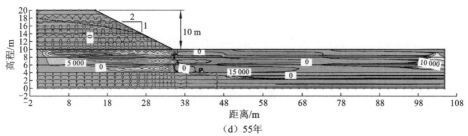

（d）55年

图 5.33　不同时间的盐分浓度分布（单位：g/m³）

3. 边坡稳定性

对填筑完成、渗流场改变和盐分迁移这三个阶段下部软黏土的应力-应变状态进行计算后，在计算结果的基础上，采用 SLOPE/W 评价边坡的临界安全系数。

图 5.34 为三个阶段边坡最小安全系数的滑移面（临界滑移面）。从图 5.34 中可以看出，渗流场改变后，滑移面扩大，安全系数由 1.670 下降为 1.211；盐分迁移后，土体的力学参数改变，安全系数由 1.211 下降为 1.002，不再满足设计要求。

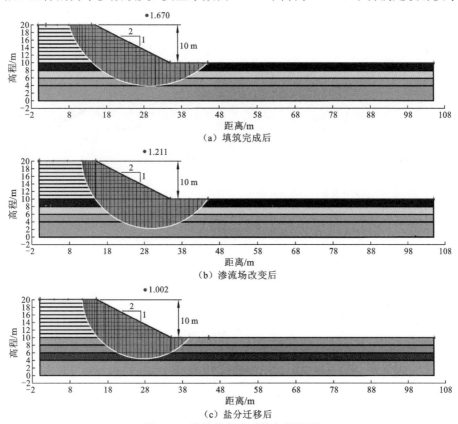

图 5.34　边坡的安全系数与滑移面

滑体总体积、总质量、总抗滑力与总下滑力列于表5.4。从表5.4可以看出，由阶段一到阶段二，总下滑力增大，滑体质量和体积增大，总抗滑力减小；由阶段二到阶段三，滑体质量和体积减小，抗滑力也减小，安全系数整体下降。

表5.4　边坡参数对比

工况	安全系数	滑体总体积/m³	滑体总质量/kN	总抗滑力/kN	总下滑力/kN
填筑完成	1.688	272.60	4396.8	2044.9	1224.4
渗流场改变	1.211	288.07	4641.4	1464.5	1209.7
盐分迁移	1.002	219.27	3563.8	1069.3	1066.7

图5.35为每一个条块的滑动剪应力和抗剪应力，由结果可知，10#条块（宽度1 m）以前三个阶段的抗剪应力未下降，11#条块以后抗剪应力逐渐小于剪应力，造成总体安全系数的下降。

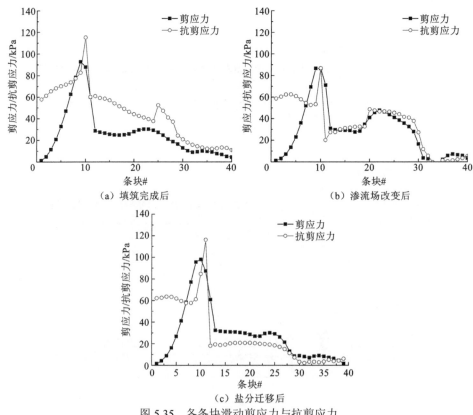

图5.35　各条块滑动剪应力与抗剪应力

5.4　本　章　小　结

本章在修正剑桥模型和非饱和土 BBM 的基础上，提出了考虑盐分的本构模型，对模型计算结果进行验证和参数分析后，为了验证盐分变迁条件对工程产生的潜在危害，采用数值分析软件，计算海堤工程的基础在盐分浓度变化下边坡安全系数的动态演化，主要结论如下。

（1）提出渗透吸力模型的假设：盐分引起的应变为弹性应变；渗透吸力对屈服面的影响，与当前的应力状态相关，因此假设参考屈服应力为当前的应力状态；渗透吸力作为当前应力状态的增量，从参考屈服应力开始，首先沿着 $\lambda(s_{\pi 0})$ 继续压缩，然后沿着斜率 $\kappa(s_\pi)$ 的回弹路径到达斜率为 $\lambda(s_\pi)$ 的新压缩曲线；临界状态应力比 M 是决定屈服函数的参数，与渗透吸力相关。

（2）通过参数敏感性分析可知，对计算结果影响最大的是参数临界状态应力比 $M(s_\pi)$，即有效内摩擦角，说明盐分对黏性土主要作用是增加内摩擦角；根据一维压缩试验和不排水剪切试验得到的参数，代入模型得到应力-应变关系和应力路径的计算值，对比计算值和试验结果可知，该模型可以描述盐分对软黏土应力-应变关系的影响。

（3）通过基于有效应力原理的 SIGMA/W 模块，计算分层填筑的海堤进行应力-应变分析，在该结果的基础上计算边坡的临界安全系数为 1.688；改变渗流场，通过 SEEP/W 模块进行渗流场分析，在该结果的基础上计算边坡的临界安全系数为 1.211；在渗流场的作用下，通过 CTRAN/W 模块进行 55 年的盐分迁移计算，根据盐分浓度等值曲线重新设置土体参数，计算边坡的临界安全系数为 1.002。通过工程实例的数值模拟，验证了盐分变迁条件对工程产生的潜在危害。

参 考 文 献

[1] 赵九斋. 连云港软土路基沉降研究[J]. 岩土工程学报, 2000(6): 643-649.

[2] 陈艺南, 谈清, 殷红岩, 等. 江苏连云港地区滨海相软土地质特性研究[J]. 江苏地质, 2001(2): 106-110.

[3] 经纬, 邵光辉, 刘松玉. 滨海相软土地基路堤沉降规律研究[J]. 公路交通科技, 2001(6): 13-16.

[4] LEROUEIL S, MAGNAN J, TAVENAS F. Embankments on soft clays[M]. London: Ellis Horwood Limited, 1990: 29-30.

[5] KARIN R, YVONNE A S, CARINA H. Quick clay in sweden[R]. Oslo: Swedish Geotechnical Institute, 2004.

[6] OHTSUBO M, EGASHIRA K, KASHIMA K. Depositional and post-depositional geochemistry, and its correlation with the geotechnical properties of marine clays in Ariake Bay, Japan[J]. Géotechnique, 1995, 45(3): 509-523.

[7] TANAKA H, LOCAT J, SHIBUYA S, et al. Characterization of Singapore, Bangkok, and Ariake Clays[J]. Canadian geotechnical journal, 2001, 38(2): 378-400.

[8] 邵光辉. 连云港海相黏土结构性模型与变形规律研究[D]. 南京: 东南大学, 2010.

[9] 易敏, 章定文. 连云港海相软土基本特性与处理方法探讨[J]. 公路交通科技, 2005(5): 52-55.

[10] 李国刚. 中国近海表层沉积物中粘土矿物的组成、分布及其地质意义[J]. 海洋学报(中文版), 1990(4): 470-479.

[11] 赵全基. 黄海沉积物粘土矿物研究[J]. 海洋通报, 1983(6): 48-56.

[12] 陈邦本, 方明, 胡蓉卿, 等. 江苏省海涂土壤的粘土矿物组成[J]. 南京农业大学学报, 1985, 1(8): 47-53.

[13] 任美锷. 江苏省海岸带与海涂资源综合考察报告[M]. 北京: 海洋出版社, 1987.

[14] 刘彬昌. 江苏沿海沉积物中几种化学成分的相关性[J]. 黄渤海海洋, 1987(2): 49-52.

[15] 易淑棠, 陈邦本, 王绍华. 江苏海涂土壤粘土矿物的数值分类[J]. 土壤学报, 1988(4): 349-355.

[16] 赵全基. 江苏沿海 Py_19 孔沉积物中的粘土矿物[J]. 黄渤海海洋, 1990, 2(8): 47-52.

[17] 中国地质科学院. 江苏省水文地质图[EB/OL]. (2016-10-28) [2021-3-20]. http: //www. geoscience. cn/swdz/swdzt/index. htm.

[18] 邓永锋, 岳喜兵, 张彤炜, 等. 连云港海相软土在孔隙水盐分溶脱环境下的固结特性[J]. 岩土工程学报, 2015(1): 47-53.

[19] 叶青超. 试论苏北废黄河三角洲的发育[J]. 地理学报, 1986(2): 112-122.

[20] GENS A. Soil-Environment Interactions in Geotechnical Engineering[J]. Géotechnique, 2010, 60(1): 3-74.

[21] 查甫生, 刘松玉, 杜延军, 等. 黄土湿陷过程中微结构变化规律的电阻率法定量分析[J]. 岩土力学, 2010(6): 1692-1698.

[22] 李永红. 氯盐渍土的变形和强度特性研究[D]. 杨凌: 西北农林科技大学, 2006.

[23] 刘启贞. 长江口细颗粒泥沙絮凝主要影响因子及其环境效应研究[D]. 上海: 华东师范大学, 2007.

[24] BJERRUM L. Engineering geology of norwegian normally-consolidated marine clays as related to settlements of buildings[J]. Géotechnique, 1967, 17(2): 83-118.

[25] BURLAND J B. On the compressibility and shear strength of natural clays[J]. Géotechnique, 1990, 3(40): 329-378.

[26] 须藤俊男. 粘土矿物学[M]. 北京: 地质出版社, 1981.

[27] 高翔. 黏土矿物学[M]. 北京: 化学工业出版社, 2017.

[28] MEUNIER A. Clays[M]. Berlin: Springer, 2005.

[29] 赵杏媛, 张有瑜. 粘土矿物与粘土矿物分析[M]. 北京: 海洋出版社, 1990: 5-8.

[30] GMBH K R. Clay mineralogy[EB/OL]. (2017-10-12)[2013-3-20] https: //www. geo-ceramic-laboratory. com/geo-ceramic -laboratory/clay-mineralogy/.

[31] 任磊夫. 粘土矿物与粘土岩[M]. 北京: 地质出版社, 1992: 88.

[32] ESLINGER E, PEVEAR D. Clay minerals for petroleum geologists and engineers[M]// DARLINGTON S. SEPM society for sedimentary geology, Tulsa: SEPM, 1985: 405.

[33] GRIFFIN J J, WINDOM H, GOLDBERG E D. The distribution of clay minerals in the world ocean[J]. Deep sea research and oceanographic abstracts, 1968, 15(4): 433-459.

[34] GRIFFIN G M. Regional clay-mineral facies—products of weathering intensity and current distribution in the Northeastern Gulf of Mexico[J]. Geological society of America bulletin, 1962, 73(6): 737-767.

[35] MACKENZIE F, GARRELS R. Evolution of sedimentary rocks[M]. New York: W. W. Norton Co., 1971.

[36] 王璞. 系统矿物学[M]. 北京: 地质出版社, 1982: 154-160.

[37] VAN OLPHEN H. Introduction to clay colloid chemistry[M]. 2nd. New Jersey: Wiley, 1977: 317.

[38] SPOSITO G. The surface chemistry of soils[M]. Oxford: Oxford University Press, 1984: 234.

[39] STUMM W. Chemistry of the solid-water interface. processes at the mineral-water and particle-water interface in natural systems[M]. New Jersey: Wiley, 1992: 428.

[40] MCBRIDE M B. Environmental chemistry of soils[M]. Oxford: Oxford University Press, 1994:

406.

[41] SHANNON R D. Revised effective ionic radii and systematic studies of interatomic distances in halides and chalcogenides[J]. Acta crystallographica, 1976, 32(5): 751-767.

[42] BURGESS J. Ions in solution: basic principles of chemical interactions[M]. Chichester: Ellis Horwood Limited, 1988.

[43] MCEWAN D M C. Montmorillonite minerals[M]// BROWN G. The X-ray identification and crystal structures of clay minerals. London: Mineralogical Society, 1961: 143-207.

[44] GRAHAME D C. The electrical double layer and the theory of electrocapillarity[J]. Chemical reviews, 1947, 41(3): 441-501.

[45] OHSHIMA H. The derjaguin-landau-verwey-overbeek (DLVO)theory of colloid stability[M]. New Jersey: Wiley, 2012.

[46] PIGNON F, MAGNIN A, PIAU J M. Thixotropic colloidal suspension and flow curves with minimum: identification of flow regimes and rheometric consequences[J]. Journal of rheology, 1996, 40(4): 573-587.

[47] SPOSITO G. The chemistry of soils[M]. 2nd. Oxford: Oxford University Press, 2008.

[48] CHOROVER J, ZHANG J, AMISTADI M K, et al. Comparison of hematite coagulation by charge screening and phosphate adsorption: differences in aggregate structure[J]. Clays and clay minerals, 1997, 45(5): 690-708.

[49] SCHUDEL M, BEHRENS S H, HOLTHOFF H, et al. Absolute aggregation rate constants of hematite particles in aqueous suspensions: a comparison of two different surface morphologies[J]. Journal of colloid and interface science, 1997, 196(2): 241-253.

[50] FERRETTI R, ZHANG J, BUFFLE J. Kinetics of hematite aggregation by polyacrylic acid: effect of polymer molecular weights[J]. Colloids & surfaces a physicochemical & engineering aspects, 1997, 121(2): 203-215.

[51] GUGGENHEIM S, VAN GROOS A F K. High-pressure differential thermal analysis (HP-DTA)[J]. Journal of thermal analysis, 1992, 38(11): 2529-2548.

[52] MERCURY L, VIEILLARD P, TARDY Y. Thermodynamics of ice polymorphs and 'ice-like' water in hydrates and hydroxides[J]. Applied geochemistry, 2001, 16(2): 161-181.

[53] VELDE B. Structure of surface cracks in soil and muds[J]. Geoderma, 1999, 93(1): 101-124.

[54] VAN DAMME H, FRIPIAT J J. A fractal analysis of adsorption processes by pillared swelling clays[J]. Journal of chemical physics, 1985, 82(6): 2785-2789.

[55] NEWMAN A C D. Chemistry of clays and clay minerals[M]. London: Longman Scientific & Technical, 1987.

[56] CHEN J, ANADARAJAH A. Influence of pore fluid composition on volume of sediments in

kaolinite suspensions[J]. Clays and clay minerals, 1998, 2(46): 145-152.

[57] SRIDHARAN A, PRAKASH K. Influence of clay mineralogy and pore-medium chemistry on clay sediment formation[J]. Canadian geotechnical journal, 1999, 36(5): 961-966.

[58] KAYA A, HAKAN O A, YUKSELEN-AKSOY Y. Settling of kaolinite in different aqueous environment[J]. Marine georesources and geotechnology, 2006, 24(3): 203-218.

[59] KAYA A, FANG H Y. The effects of organic fluids on physicochemical parameters of fine-grained soils[J]. Canadian geotechnical journal, 2000, 37(5): 943-950.

[60] ÖREN A H, KAYA A. Some engineering aspects of homoionized mixed clay minerals[J]. Environmental monitoring and assessment, 2003, 84(1-2): 85-98.

[61] YUKSELEN-AKSOY Y, KAYA A, OREN A H. Seawater effect on consistency limits and compressibility characteristics of clays[J]. Engineering geology, 2008, 102(1-2): 54-61.

[62] DI MAIO C, SANTOLI L, SCHIAVONE P. Volume change behaviour of clays: the influence of mineral composition, pore fluid composition and stress state[J]. Mechanics of materials, 2004, 36(5-6): 435-451.

[63] BOWDERS J J, DANIEL D E. Hydraulic conductivity of compacted clay to dilute organic chemicals[J]. Journal of geotechnical engineering, 1987, 113(12): 1432-1448.

[64] SCHMITZ R M. Can the diffuse double layer theory describe changes in hydraulic conductivity of compacted clays?[J]. Geotechnical and geological engineering, 2006, 24(6): 1835-1844.

[65] SMILES D E. Effects of solutes on clay-water interactions: some comments[J]. Applied clay science, 2008, 42(1-2): 158-162.

[66] WINTERKORN H F, MOORMAN R B B. A study on changes in physical properties of putnam soil induced by ionic substitution: proceedings of the twenty-first annual meeting of the highway research board[C]// Johns Hopkins University, Baltimore, Maryland, 1941.

[67] BOLT G H. Physico-chemical analysis of the compressibility of pure clays[J]. Géotechnique, 1956, 2(6): 86-93.

[68] BOLT G H, MILLER R D. Compression studies of illite suspensions[J]. Soil science society of America journal, 1955, 19(3): 285.

[69] BJERRUM L, ROSENQVIST I T. Some experiments with artificially sedimented clays[J]. Géotechnique, 1956, 3(6): 124-136.

[70] KENNEY T C. The influence of mineral composition on the residual strength of natural soils[C]// Proceedings of the Oslo conference on shear strength properties of natural soils and rocks. Oslo, 1967.

[71] BARBOUR S L. Osmotic flow and volume change in clay soils[D]. Saskatoon, Sask.: University of Saskatchewan Department of Civil Engineering, 1987.

[72] BARBOUR S L, FREDLUND D G. Mechanisms of osmotic flow and volume change in clay soils[J]. Canadian geotechnical journal, 1989, 26(4): 551-562.

[73] ABDULLAH W S, ALZOUBI M S, ALSHIBLI K A. On the physicochemical aspects of compacted clay compressibility[J]. Canadian geotechnical journal, 1997, 34(4): 551-559.

[74] SRIDHARAN A, EL-SHAFEI A, MIURA N. Mechanisms controlling the undrained strength behavior of remolded ariake marine clays[J]. Marine georesources and geotechnology, 2002, 20(1): 21-50.

[75] GAJO A, MAINES M. Mechanical Effects of aqueous solutions of inorganic acids and bases on a natural active clay[J]. Géotechnique, 2007, 57(8): 687-699.

[76] ZHANG F, YE W, CHEN Y, et al. Influences of salt solution concentration and vertical stress during saturation on the volume change behavior of compacted GMZ01 bentonite[J]. Engineering geology, 2016, 207: 48-55.

[77] WAKIM J. Influence des solutions aqueuses sur le comportement mecanique des roches argileuses[D]. Paris: Ecole Nationale Supérieure des Mines de Paris, 2005.

[78] DENG Y F, CUI Y J, TANG A M, et al. Investigating the pore-water chemistry effects on the volume change behaviour of boom clay[J]. Physics and chemistry of the earth, 2011, 36(17-18SI): 1905-1912.

[79] NGUYEN X P, CUI Y J, TANG A M, et al. Effects of pore water chemical composition on the hydro-mechanical behavior of natural stiff clays[J]. Engineering geology, 2013, 166: 52-64.

[80] WITTEVEEN P, FERRARI A, LALOUI L. An experimental and constitutive investigation on the themo-mechanical behaviour of a clay[J]. Géotechnique, 2013, 63(3): 244-255.

[81] 郭玲, 武海顺, 金志浩. 电解质对细颗粒泥沙稳定性的影响研究[J]. 山西师范大学学报(自然科学版), 2004, 18(3): 67-71.

[82] 曹玉鹏, 吉锋. 吹填淤泥沉积规律室内试验[J]. 水利水电科技进展, 2011(3): 36-39.

[83] 詹良通, 童军, 徐洁. 吹填土自重沉积固结特性试验研究[J]. 水利学报, 2008(2): 201-205.

[84] 刘莹, 王清. 江苏连云港地区吹填土室内沉积试验研究[J]. 地质通报, 2006(6): 762-765.

[85] 王俊鹏. 黄河三角洲沉积物团聚体影响因素及其稳定性的研究[D]. 青岛: 中国海洋大学, 2010.

[86] 吴恒, 代志宏, 张信贵, 等. 水土作用研究现状与研究要点[J]. 广西大学学报(自然科学版), 1999(4): 255-258.

[87] 汤连生, 王思敬, 张鹏程, 等. 水-岩土化学作用与地质灾害防治[J]. 中国地质灾害与防治学报, 1999(3): 62-70.

[88] 汤连生. 水-土化学作用的力学效应及机理分析[J]. 中山大学学报(自然科学版), 2000(4): 104-109.

[89] 梁健伟, 房营光, 陈松. 含盐量对极细颗粒黏土强度影响的试验研究[J]. 岩石力学与工程学报, 2009(S2): 3821-3829.

[90] 张倩. 水化学环境变化对多孔介质强度和渗透性的影响[D]. 青岛: 中国海洋大学, 2010.

[91] 拓勇飞, 孔令伟, 郭爱国, 等. 湛江地区结构性软土的赋存规律及其工程特性[J]. 岩土力学, 2004(12): 1879-1884.

[92] 邵光辉, 刘松玉, 杜广印, 等. 海相黏土孔压静力触探试验指标与离子化学特性的关系[J]. 岩土工程学报, 2007(10): 1582-1586.

[93] 刘汉龙, 朱春鹏, 张晓璐. 酸碱污染土基本物理性质的室内测试研究[J]. 岩土工程学报, 2008(8): 1213-1217.

[94] 朱春鹏, 刘汉龙, 张晓璐. 酸碱污染土压缩特性的室内试验研究[J]. 岩土工程学报, 2008(10): 1477-1483.

[95] 朱春鹏, 刘汉龙, 沈扬. 酸碱污染土强度特性的室内试验研究[J]. 岩土工程学报, 2011(7): 1146-1152.

[96] 相兴华, 韩鹏举, 王栋, 等. NaOH 和 $NH_3 \cdot H_2O$ 环境污染土的试验研究[J]. 太原理工大学学报, 2010(2): 134-138.

[97] 刘宏泰. 渗流条件下重塑黄土强度的变化规律试验研究[D]. 杨凌: 西北农林科技大学, 2011.

[98] 柴寿喜, 王晓燕, 仲晓梅, 等. 含盐量对石灰固化滨海盐渍土稠度和击实性能的影响[J]. 岩土力学, 2008, 29(11): 3066-3070.

[99] 柴寿喜, 杨宝珠, 王晓燕, 等. 含盐量对石灰固化滨海盐渍土力学强度影响试验研究[J]. 岩土力学, 2008, 29(7): 1769-1772, 1777.

[100] 柴寿喜, 王晓燕, 王沛, 等. 含盐量对石灰固化滨海盐渍土微结构参数的影响[J]. 岩土力学, 2009, 30(2): 305-310.

[101] GOUY G. Sur la constitution de la charge électrique à la surface d'un electrolyte[J]. Journal of theoretical and applied physics, 1910, 1(9): 457-468.

[102] CHAPMAN L D. A contribution to the theory of electrocapillarity[J]. The London, Edinburgh, and Dublin philosophical magazine and journal of science, 1913, 148(25): 475-481.

[103] MESRI G, OLSON R E. Consolidation characteristics of montorillonite[J]. Géotechnique, 1971, 21(4): 341-352.

[104] SRIDHARAN A, JAYADEVA M S. Double layer theory and compressibility of clays[J]. Géotechnique, 1982, 32(2): 133-144.

[105] 叶为民, 黄伟, 陈宝, 等. 双电层理论与高庙子膨润土的体变特征[J]. 岩土力学, 2009(7): 1899-1903.

[106] VAN OLPHEN H. An introduction to clay colloid chemistry[M]. New York: Interscience, 1963.

[107] SRIDHARAN A, RAO G V. Mechanisms controlling volume change of saturated clays and role effective stress concept[J]. Géotechnique, 1973, 23(3): 359-382.

[108] HORPIBULSUK S, YANGSUKKASEAM N, CHINKULKIJNIWAT A, et al. Compressibility and permeability of bangkok clay compared with kaolinite and bentonite[J]. Applied clay science, 2011, 52(1-2): 150-159.

[109] MITCHELL J K. Fundamentals of soil behavior[M]. New Jersey: Wiley, 1976.

[110] LORET B, HUECKEL T, GAJO A. Chemo-mechanical coupling in saturated porous media: elastic-plastic behaviour of homoionic expansive clays[J]. International journal of solids and structures, 2002, 39: 2773-2806.

[111] DENG Y F, YUE X B, CUI Y J, et al. Effect of pore water chemistry on the hydro-mechanical behaviour of lianyungang soft marine clay[J]. Applied clay science, 2014, 95: 167-175.

[112] 施斌, 阎长虹. 工程地质学[M]. 北京: 科学出版社, 2017.

[113] 丁喜桂, 叶思源, 高宗军. 粒度分析理论技术进展及其应用[J]. 世界地质, 2005(2): 203-207.

[114] 殷杰, 邓永锋, 徐飞. 激光衍射粒度仪在连云港软土颗粒分析中的应用[J]. 河海大学学报 (自然科学版), 2008(3): 379-383.

[115] 程鹏, 高抒, 李徐生. 激光粒度仪测试结果及其与沉降法、筛析法的比较[J]. 沉积学报, 2001(3): 449-455.

[116] 李启厚, 黄异龄, 王红军, 等. 粒径≤2 mm 的超细粉体颗粒分散方式探讨[J]. 粉末冶金材料科学与工程, 2007(5): 284-289.

[117] 李洪良, 樊恒辉, 党进谦, 等. 介质环境中阳离子和酸碱度变化对粘土分散性的影响[J]. 水资源与水工程学报, 2009(6): 26-29.

[118] 樊恒辉, 李洪良, 赵高文. 黏性土的物理化学及矿物学性质与分散机理[J]. 岩土工程学报, 2012(9): 1740-1745.

[119] 赵高文, 樊恒辉, 陈华, 等. 蒙脱石对黏性土分散性的影响[J]. 岩土工程学报, 2013(10): 1928-1932.

[120] WANG Q, TANG A M, CUI Y J, et al. Experimental study on the swelling behaviour of bentonite/claystone mixture[J]. Engineering geology, 2012, 124: 59-66.

[121] 孙文静, 刘仕卿, 孙德安, 等. 高掺砂率膨润土混合土膨胀特性及其膨胀量预测[J]. 岩土工程学报, 2015(9): 1620-1626.

[122] SRIDHARAN A, PRAKASH K. Percussion and cone methods of determining the liquid limit of soils: controlling mechanisms[J]. Geotechnical testing journal, 2000, 23(2): 236-244.

[123] 郭莹, 王琦. 落锥法确定粉土液限和塑限的试验研究[J]. 岩土力学, 2009(9): 2569-2574.

[124] SRIDHARAN A, RAO G V. Mechanisms Controlling the Liquid Limit of Clays[C]//

Proceeding of the Istanbul conference on soil mechanics and foundation engineering, 1975.

[125] HASTED J B, RITSON D M, COLLIE C H. Dielectric properties of aqueous ionic solutions[J]. Journal of chemical physics, 1948, 16(1): 1-21.

[126] HONG Z S, YIN J, CUI Y J. Compression behaviour of reconstituted soils at high initial water contents[J]. Géotechnique, 2010, 60(9): 691-700.

[127] HONG Z S. Void ratio-suction behavior of remolded ariake clays[J]. Geotechnical testing journal, 2007, 3(30): 234.

[128] IMAI G. Settling behavior of clay suspension[J]. Soils and foundations, 1980, 2(20): 62-77.

[129] KYNCH G J. A theory of sedimentation[J]. Transactions of the faraday society, 1952(48): 166-176.

[130] MCROBERTS E C, NIXON J F. A theory of soil sedimentation[J]. Canadian geotechnical journal, 1976, 3(13): 294-310.

[131] IMAI G. Experimental studies on sedimentation mechanism and sediment formation of clay materials[J]. Soils and foundations, 1981, 1(21): 7-20.

[132] SRIDHARAN A, PRAKASH K. Settling behaviour and clay mineralogy[J]. Soils and foundations, 2001, 2(41): 105-109.

[133] 殷宗泽. 土工原理[M]. 北京: 中国水利水电出版社, 2007.

[134] CUI Y J, DELAGE P. Yielding and plastic behaviour of an unsaturated compacted Silt[J]. Géotechnique, 1996, 46(2): 291-311.

[135] NG C W W, YUNG S Y. Determination of the anisotropic shear stiffness of an unsaturated decomposed soil[J]. Géotechnique, 2008, 58(1): 23-35.

[136] NG C W W, XU J, YUNG S Y. Effects of wetting-drying and stress ratio on anisotropic stiffness of an unsaturated soil at very small strains[J]. Canadian geotechnical journal, 2009, 46(9): 1062-1076.

[137] INCI G, YESILLER N, KAGAWA T. Experimental investigation of dynamic response of compacted clayey soils[J]. Geotechnical testing journal, 2003, 26(2): 125-141.

[138] KHOSRAVI A, MCCARTNEY J S. Impact of hydraulic hysteresis on the small-strain shear modulus of low plasticity soils[J]. Journal of geotechnical and geoenvironmental engineering, 2012, 138(11): 1326-1333.

[139] HEITOR A, INDRARATNA B, RUJIKIATKAMJORN C. The role of compaction energy on the small strain properties of a compacted silty sand subjected to drying-wetting cycles[J]. Geotechnique, 2015, 65(9): 717-727.

[140] LAMAS-LOPEZ F, CUI Y J, DUPLA J C, et al. Increasing loading frequency: effects on railway platform materials: the second international conference on railway technology: research,

development and maintenance[C]// Stirlingshire, Scotland: Civil-Comp Press, 2014.

[141] ASTM. ASTM-D2487 Standard Test Methods for Liquid Limit, Plastic Limit and Plasticity Index of Soils[S]. WestConshohocken, Pennsylvania, USA: 2005.

[142] AFNOR. AFNOR NF P 94-093 Sols: Reconnaissance Et Essais: Détermination Des Références De Compactage D'Un Matériau. [S]. France: 1999.

[143] BLOTZ L R, BENSON C H, BOUTWELL G P. Estimating optimum water content and maximum dry unit weight for compacted clays[J]. Journal of geotechnical and geoenvironmental engineering, 1998, 124(9): 907-912.

[144] DA FONSECA A V, FERREIRA C, FAHEY M. A framework interpreting bender element tests, combining time-domain and frequency-domain methods[J]. Geotechnical testing journal, 2009, 32(2): 91-107.

[145] LEONG E C, CAHYADI J, RAHARDJO H. Measuring shear and compression wave velocities of soil using bender-extender elements[J]. Canadian geotechnical journal, 2009, 46(7): 792-812.

[146] LEE J, SANTAMARINA J C. Bender elements: performance and signal interpretation[J]. Journal of geotechnical and geoenvironmental engineering, 2005, 9(131): 1063-1070.

[147] LEONG E C, YEO S H, RAHARDJO H. Measuring shear wave velocity using bender elements[J]. Geotechnical testing journal, 2005, 28(5): 488-498.

[148] OGINO T, KAWAGUCHI T, YAMASHITA S, et al. Measurement deviations for shear wave velocity of bender element test using time domain, cross-correlation, and frequency domain approaches[J]. Soils and foundations, 2015, 55(2): 329-342.

[149] ARROYO M, WOOD D M, GREENING P D. Source near-field effects and pulse tests in soil samples[J]. Géotechnique, 2003, 53(3): 337-345.

[150] LEONG E C, TRIPATHY S, RAHARDJO H. Total suction measurement of unsaturated soils with a device using the chilled-mirror dew-point technique[J]. Géotechnique, 2003, 2(53): 173-182.

[151] VANAPALLI S K, FREDLUND D G, PUFAHL D E. The influence of soil structure and stress history on the soil-water characteristics of a compacted till[J]. Géotechnique, 1999, 2(49): 143-159.

[152] DELAGE P, MARTINE A, YU-JUN C, et al. Microstructure of a compacted silt[J]. Canadian geotechnical journal, 1996(33): 150-158.

[153] ROMERO E, DELLA V G, JOMMI C. An insight into the water retention properties of compacted clayey soils[J]. Géotechnique, 2011, 61(4): 313-328.

[154] ROMERO E, GENS A, LLORET A. Water permeability, water retention and microstructure of unsaturated compacted boom clay[J]. Engineering geology, 1999, 54(1-2): 117-127.

[155] WANG Y, CUI Y J, TANG A M, et al. Effects of aggregate size on water retention capacity and microstructure of lime-treated silty soil[J]. Géotechnique letters, 2015, 5(4): 269-274.

[156] PRAPAHARAN S, ALTSCHAEFFL A G, DEMPSEY B J. Moisture curve of compacted clay - mercury intrusion method[J]. Journal of geotechnical engineering-asce, 1985, 111(9): 1139-1146.

[157] BRIAUD J L, LI Y F, RHEE K. BCD: a soil modulus device for compaction control[J]. Journal of geotechnical and geoenvironmental engineering, 2006, 132(1): 108-115.

[158] LEE J O, LIM J G, KANG I M, et al. Swelling pressures of compacted Ca-bentonite[J]. Engineering geology, 2012, 129: 20-26.

[159] GENS A, ALONSO E E. A framework for the behavior of unsaturated expansive clays[J]. Canadian geotechnical journal, 1992, 29(6): 1013-1032.

[160] SUZUKI S, PRAYONGPHAN S, ICHIKAWA Y, et al. In situ observations of the swelling of bentonite aggregates in NaCl solution[J]. Applied clay science, 2005, 29(2): 89-98.

[161] VILLAR M V, LLORET A. Influence of temperature on the hydro-mechanical behaviour of a compacted bentonite[J]. Applied clay science, 2004, 26(1-4): 337-350.

[162] CUI Y J, YAHIA-AISSA M, DELAGE P. A model for the volume change behavior of heavily compacted swelling clays[J]. Engineering geology, 2002, 64(PII S0013-07952(01)00113-22-3SI): 233-250.

[163] 范日东, 杜延军, 陈左波, 等. 受铅污染的土-膨润土竖向隔离墙材料的压缩及渗透特性试验研究[J]. 岩土工程学报, 2013(5): 841-848.

[164] ASTM. ASTM D4546-08 Test Methods for One-Dimensional Swell Or Collapse of Cohesive Soils[S]. 2008.

[165] 李培勇, 杨庆, 栾茂田, 等. 膨润土加砂混合物膨胀特性研究[J]. 岩土力学, 2009(5): 1333-1336.

[166] LAIRD D A. Influence of layer charge on swelling of smectites[J]. Applied clay science, 2006, 34(1-4): 74-87.

[167] LIU L. Prediction of swelling pressures of different types of bentonite in dilute solutions[J]. Colloids and surfaces a: physicochemical and engineering aspects, 2013, 434: 303-318.

[168] KOMINE H, OGATA N. Prediction for swelling characteristics of compacted bentonite[J]. Canadian geotechnical journal, 1996, 1(33): 11-22.

[169] KOMINE H, OGATA N. Predicting swelling characteristics of bentonites[J]. Journal of geotechnical and geoenvironmental engeering, 2004, 130(8): 818-829.

[170] 刘泉声, 王志俭. 砂-膨润土混合物膨胀力影响因素的研究[J]. 岩石力学与工程学报, 2002(7): 1054-1058.

[171] MARCIAL D, DELAGE P, CUI Y J. On the high stress compression of bentonites[J]. Canadian geotechnical journal, 2002, 39(4): 812-820.

[172] 唐朝生, 施斌, 刘春, 等. 黏性土在不同温度下干缩裂缝的发展规律及形态学定量分析[J]. 岩土工程学报, 2007(5): 743-749.

[173] MORRIS P H, GRAHAM J, WILLIAMS D J. Cracking in drying soils[J]. Canadian geotechnical journal, 1992, 29(2): 263-277.

[174] ALBRECHT B A, BENSON C H. Effect of desiccation on compacted natural clays[J]. Journal of geotechnical and geoenvironmental engineering, 2001, 127(1): 67-75.

[175] MILLER C J, MI H, YESILLER N. Experimental analysis of desiccation crack propagation in clay liners[J]. Journal of the American water resources association, 1998, 34(3): 677-686.

[176] 姚海林, 郑少河, 陈守义. 考虑裂隙及雨水入渗影响的膨胀土边坡稳定性分析[J]. 岩土工程学报, 2001(5): 606-609.

[177] 孔令伟, 陈建斌, 郭爱国, 等. 大气作用下膨胀土边坡的现场响应试验研究[J]. 岩土工程学报, 2007, 29(7): 1065-1073.

[178] TANG C S, SHI B, LIU C, et al. Influencing factors of geometrical structure of surface shrinkage cracks in clayey soils[J]. Engineering geology, 2008, 101(3-4): 204-217.

[179] TANG C S, SHI B, LIU C, et al. Experimental investigation of the desiccation cracking behavior of soil layers during drying[J]. Journal of materials in civil engineering, 2011, 23(6): 873-878.

[180] TANG C S, CUI Y J, TANG A M, et al. Experiment evidence on the temperature dependence of desiccation cracking behavior of clayey soils[J]. Engineering geology, 2010, 114(3-4): 261-266.

[181] TANG C S, CUI Y J, SHI B, et al. Desiccation and cracking behaviour of clay layer from slurry state under wetting-drying cycles[J]. Geoderma, 2011, 166(1): 111-118.

[182] LIMA L A, GRISMER M E. Soil crack morphology and soil-salinity[J]. Soil science, 1992, 153(2): 149-153.

[183] 唐朝生, 崔玉军, ANH-MINH T, 等. 膨胀土收缩开裂过程及其温度效应[J]. 岩土工程学报, 2012(12): 2181-2187.

[184] 唐朝生, 施斌, 刘春, 等. 影响黏性土表面干缩裂缝结构形态的因素及定量分析[J]. 水利学报, 2007(10): 1186-1193.

[185] WILLIAMS D, WILLIAMS K P. Electrophoresis and Zeta potential of kaolinite[J]. Journal of colloid and interface science, 1978, 65(1): 79-87.

[186] DELGADO A, GONZALEZCABALLERO F, BRUQUE J M. On the Zeta-potential and surface-charge density of montmorillonite in aqueous-electrolyte solutions[J]. Journal of colloid and interface science, 1986, 113(1): 203-211.

[187] OHTSUBO M, IBARAKI M. Particle-size characterization of flocs and sedimentation volume in electrolyte clay suspensions[J]. Applied clay science, 1991, 6(3): 181-194.

[188] VANE L M, ZANG G M. Effect of aqueous phase properties on clay particle Zeta potential and electro-osmotic permeability: implications for electro-kinetic soil remediation processes[J]. Journal of hazardous materials, 1997, 1(55): 1-22.

[189] KAYA A, YUKSELEN Y. Zeta potential of clay minerals and quartz contaminated by heavy metals[J]. Canadian geotechnical journal, 2005, 42(5): 1280-1289.

[190] RIDDICK T M. Control of colloid stability through Zeta potential[M]. Wynnewood: Livingston, 1968.

[191] FREDLUND D G, RAHARDJO H. Measurements of soil suction[M]. New Jersey: John Wiley & Sons, 1993: 64-106.

[192] NAGARAJ T S, MURTHY B. Rationalization of skempton's compressibility equation[J]. Géotechnique, 1983, 4(33): 433-443.

[193] SKEMPTON A W, JONES O T. Notes on the compressibility of clays[J]. Quarterly journal of the geological society, 1944.

[194] NAGARAJ T S, MURTHY B. A critical reappraisal of compression index equations[J]. Géotechnique, 1986, 36(1)27-32.

[195] SRIDHARAN A, NAGARAJ H B. Compressibility behaviour of remoulded, fine-grained soils and correlation with index properties[J]. Canadian geotechnical journal, 2000, 3(37): 712-722.

[196] SRIDHARAN A, RAO S M, MURTHY N S. Liquid limit of montmorillonite soils[J]. Geotechnical testing journal, 1986, 9(3): 156-195.

[197] FARRAR D M, COLEMAN J D. Correlation of surface area with other properties of 19 British clay soils[J]. Journal of soil science, 1967, 18(1): 118-124.

[198] 曾玲玲, 洪振舜, 刘松玉, 等. 重塑黏土次固结性状的变化规律与定量评价[J]. 岩土工程学报, 2012(8): 1496-1500.

[199] MESRI G, CHOI Y K. Settlement analysis of embankments on soft clays[J]. Journal of geotechnical engineering-asce, 1985, 111(4): 441-464.

[200] 殷宗泽, 张海波, 朱俊高, 等. 软土的次固结[J]. 岩土工程学报, 2003, 25(5): 521-526.

[201] SRIDHARAN A, RAO A S. Mechanisms controlling the secondary compression of clays[J]. Géotechnique, 1982, 32(3): 249-260.

[202] MESRI G, STARK T D, AJLOUNI M A, et al. Secondary compression of peat with or without surcharging[J]. Journal of geotechnical and geoenvironmental engineering, 1997, 123(5): 411-421.

[203] MESRI G, CASTRO A. C-Alpha/C-C concept and K0 during secondary compression[J].

Journal of geotechnical engineering-asce, 1987, 113(3): 230-247.

[204] MESRI G, VARDHANABHUTI B. Secondary compression[J]. Journal of geotechnical and geoenvironmental engineering, 2005, 131(3): 398-401.

[205] MESRI G, GODLEWSKI P M. Time-compressibility and stress-compressibility interrelationship[J]. Journal of the geotechnical engineering division-asce, 1979, 105(1): 106-113.

[206] TAYLOR D W. Fundamentals of soil mechanics[M]. New Jersey: John Wiley & Sons, 1948: 700.

[207] MESRI G, OLSON R E. Mechanisms controlling the permeability of clays[J]. Clays & clay minerals, 1971, 19(3): 151-158.

[208] TAVENAS F, JEAN P, LEBLOND P, et al. The permeability of natural soft clays, 2: permeability characteristics[J]. Canadian geotechnical journal, 1983, 20(4): 645-660.

[209] CALVELLO M, LASCO M, VASSALLO R, et al. Compressibility and residual shear strength of smectitic clays: influence of pore aqueous solutions and organic solvents[J]. Italian geotechnical journal, 2005(1): 34-46.

[210] MUSSO G, MORALES E R, GENS A, et al. The role of structure in the chemically induced deformations of FEBEX bentonite[J]. Applied clay science, 2003, 23(1-4): 229-237.

[211] MUSSO G, ROMERO E, DELLA VECCHIA G. Double-structure effects on the chemo-hydro-mechanical behaviour of a compacted active clay[J]. Géotechnique, 2013, 63(3): 206-220.

[212] 张先伟, 孔令伟, 郭爱国, 等. 基于 Sem 和 Mip 试验结构性黏土压缩过程中微观孔隙的变化规律[J]. 岩石力学与工程学报, 2012(2): 406-412.

[213] 张季如, 祝杰, 黄丽, 等. 固结条件下软黏土微观孔隙结构的演化及其分形描述[J]. 水利学报, 2008(4): 394-400.

[214] GRIFFITHS F J, JOSHI R C. Change in pore-size distribution due to consolidation of clays[J]. Géotechnique, 1989, 39(1): 159-167.

[215] LAPIERRE C, LEROUEIL S, LOCAT J. Mercury intrusion and permeability of louiseville clay[J]. Canadian geotechnical journal, 1990, 27(6): 761-773.

[216] 孔令伟, 吕海波, 汪稔, 等. 湛江海域结构性海洋土的工程特性及其微观机制[J]. 水利学报, 2002(9): 82-88.

[217] ZHANG T, YUE X, DENG Y, et al. Mechanical behaviour and micro-structure of cement-stabilised marine clay with a metakaolin agent[J]. Construction and building materials, 2014, 73: 51-57.

[218] AL-RAWAS A A, MCGOWN A. Microstructure of omani expansive soils[J]. Canadian geotechnical journal, 1999, 36(2): 272-290.

[219] HONG Z S, BIAN X, CUI Y J, et al. Effect of initial water content on undrained shear

behaviour of reconstituted clays[J]. Géotechnique, 2013, 63(6): 441-450.

[220] SKEMPTON A W. The pore-pressure coefficients a and b[J]. Géotechnique, 1954(4): 143-147.

[221] 王铁儒, 陈龙珠, 李明逑. 正常固结饱和粘性土孔隙水压力性状的研究[J]. 岩土工程学报, 1987(4): 23-32.

[222] 张先伟, 兰孝龙, 田洪琴. 淤泥质土固结过程孔压及变形规律研究[J]. 岩土工程技术, 2009(4): 178-182.

[223] SKEMPTON A W, SOWA V A. The behaviour of saturated clays during sampling and testing[J]. Géotechnique, 1963, 4(13): 269-290.

[224] 王兴陈. 基于物理性质的土体强度和变形特性研究[D]. 杭州: 浙江大学, 2014.

[225] 李广信. 高等土力学[M]. 北京: 清华大学出版社, 2004.

[226] 卢肇钧. 粘性土抗剪强度研究的现状与展望[J]. 土木工程学报, 1999(4): 3-9.

[227] FREDLUND D G, MORGENSTERN N R, WIDGER R A. Shear-strength of unsaturated soils[J]. Canadian geotechnical journal, 1978, 15(3): 313-321.

[228] VANAPALLI S K, FREDLUND D G, PUFAHL D E, et al. Model for the prediction of shear strength with respect to soil suction[J]. Canadian geotechnical journal, 1996, 33(3): 379-392.

[229] WARKENTIN B P, YONG R N. Shear strength of montmorillonite and kaolinite related to interparticle forces[J]. Clays and clay minerals, 1962(9): 210-218.

[230] TRASK P D, CLOSE J E H. Effecte of clay content on strength of soils: coastal engineering proceedings[C]// Proceedings of 6th Conference on Coastal Engineering, Gainesville, Florida, 1957.

[231] TIWARI B, AJMERA B. A new correlation relating the shear strength of reconstituted soil to the proportions of clay minerals and plasticity characteristics[J]. Applied clay science, 2011, 53(1): 48-57.

[232] DIMAIO C, FENELLI G B. Residual strength of kaolin and bentonite - the influence of their constituent pore fluid[J]. Géotechnique, 1994, 44(2): 217-226.

[233] SRIDHARAN A, RAO V G. Shear strength behaviour of saturated clays and the role of the effective stress concept[J]. Géotechnique, 1979, 2(29): 177-193.

[234] HAMAKER H C. The London-van Der Waals attraction between spherical particles[J]. Physica, 1937, 4(10): 1058-1072.

[235] ROSCOE K H, SCHOFIELD A N, WROTH C P. On the yielding of soils[J]. Géotechnique, 1958, 1(8): 22-53.

[236] SCHOFIELD M A, WROTH C P. Critical state soil mechanics[M]. London: McGraw-Hill, 1968.

[237] WOOD D M. Soil behaviour and critical state soil mechanics[M]. Cambridge: Cambridge

University Press, 1990.

[238] 卞夏, 洪振舜, 蔡正银, 等. 重塑黏土临界状态线随初始含水率的变化规律[J]. 岩土工程学报, 2013(1): 164-169.

[239] ALONSO E E, GENS A, JOSA A. A constitutive model for partially saturated soils[J]. Géotechnique, 1990, 40(3): 405-430.

[240] GENS A, SÁNCHEZ M, SHENG D. On constitutive modelling of unsaturated soils[J]. Acta geotechnica, 2006, 1(3): 137-147.

[241] SHENG D, SLOAN S W, GENS A. A constitutive model for unsaturated soils: thermomechanical and computational aspects[J]. Computational mechanics, 2004, 33(6): 453-465.

[242] YU H S. Plasticity and geotechnics[M]. Berlin: Springer, 2006.

[243] OHMAKI S. Stress-strain behaviour of anisotropically, normally consolidated cohesive soil[C]// Proceedings of the lst International Symposium on Numerical Models in Geomechanics, Balkema Zurich, 1982.

[244] MCDOWELL G R, HAU K W. A simple non-associated three surface kinematic hardening model[J]. Géotechnique, 2003, 53(4): 433-437.

[245] HUECKEL T. Chemo-plasticity of clays subjected to stress and flow of a single contaminant[J]. International journal for numerical and analytical methods in geomechanics, 1997, 21(1): 43-72.

[246] GUIMARAES L D N, GENS A, SANCHEZ M, et al. A chemo-mechanical constitutive model accounting for cation exchange in expansive clays[J]. Géotechnique, 2013, 63(3): 221-234.

[247] SCHOFIELD R K. Ionic forces in thic films of liquid between charged surfaces[J]. Transactions of the faraday society, 1946(42): B219-B225.

[248] GAJO A, LORET B. Finite element simulations of chemo-mechanical coupling in elastic-plastic homoionic expansive clays[J]. Computer methods in applied mechanics engineering, 2003, 192(31-32): 3489-3530.

[249] GUIMARAES L D N, GENS A, OLIVELLA S. Coupled thermo-hydro-mechanical and chemical analysis of expansive clay subjected to heating and hydration[J]. Transport in porous media, 2007, 66(3): 341-372.

[250] LALOUI L. Mechanics of unsaturated soils[M]. New Jersey: John Wiley & Sons, 2013: 29-54.

[251] HUJEUX J C. Calcul numérique de problèmes de consolidation élastoplastique[D]. Paris: Ecole Centrale de Paris, 1979.

[252] ROSCOE K H, BURLAND J. On the generalized stress-strain behaviour of 'wet' clay: engineering plasticity[C]. Cambridge: Cambridge University Press, 1968.

[253] PUSCH R. Mineral-water interactions and their influence on the physical behaviour of highly

compacted Na-bentonite[J]. Canadian geotechnical journal, 1982, 19(3): 381-387.

[254] LLORET A, VILLAR M V, SANCHEZ M, et al. Mechanical behaviour of heavily compacted bentonite under high suction changes[J]. Géotechnique, 2003, 53(1): 27-40.

[255] ALONSO E E, VAUNAT J, GENS A. Modelling the mechanical behaviour of expansive clays[J]. Engineering geology, 1999, 54(1-2): 173-183.

[256] SANCHEZ M, GENS A, GUIMARAES L D, et al. A double structure generalized plasticity model for expansive materials[J]. International journal for numerical and analytical methods in geomechanics, 2005, 29(8): 751-787.

[257] KRAHN J. Stress-deformation modeling with SIGMA/W: an engineering methodology[M]. Calgary: GEO-SLOPE International Ltd, 2014.

[258] FREDLUND D G, RAHARDJO H. Soil mechanics for unsaturated soils[M]. New Jersey: John Wiley & Sons, 1993.

[259] BIOT M A. General theory of three-dimensional consolidation[J]. Journal of applied physics, 1941, 2(12): 155-164.

[260] KRAHN J. Seepage modeling with SEEP/W: an engineering methodology[M]. Calgary: GEO-SLOPE International Ltd, 2014.

[261] KRAHN J. Contaminant modeling with CTRAN/W: an engineering methodology[M]. Calgary: GEO-SLOPE International Ltd, 2014.

[262] 钟孝乐. 重金属在高岭土中对流-弥散参数的测试研究[D]. 杭州: 浙江大学, 2013.

[263] FREMPONG E M, YANFUL E K. Interactions between three tropical soils and municipal solid waste landfill leachate[J]. Journal of geotechnical and geoenvironmental engineering 2008, 134(3): 379-396.